Karsten Brensing

Die Sprache der Tiere

aufbau

KARSTEN BRENSING

DIE SPRACHE DER TIERE

Wie wir einander besser verstehen

aufbau

Mit 53 Abbildungen

MIX
Papier aus verantwortungsvollen Quellen
FSC® C083411

ISBN 978-3-351-03729-1

Aufbau ist eine Marke der Aufbau Verlag GmbH & Co. KG

1. Auflage 2018

Einbandgestaltung zero-media.net, München
Satz und Reproduktion LVD GmbH, Berlin
Druck und Binden CPI books GmbH, Leck, Germany
Printed in Germany

www.aufbau-verlag.de

INHALT

I. KÖNNEN WIR TIERE VERSTEHEN?

Vermutlich kennen Sie viele Menschen, die mit ihren Tieren reden, ich mache das auch. Doch was ist daran wirklich Kommunikation, reden wir vielleicht nur aneinander vorbei? Oder können wir tatsächlich mit Tieren sprechen? Gibt es vielleicht ein universelles Verständnissystem oder sogar eine Handy-App mit Übersetzungsfunktion?

Tatsächlich teilen wir mit den anderen Menschenaffenarten ein gemeinsames Grundvokabular an Gesten, und seit wir wissen, dass Meisen in Sätzen reden, Delfine eine komplizierte Grammatik sicher anwenden können und manche Tierarten 300 und mehr Vokabeln beherrschen, erscheint fast alles möglich. Wir können sogar am Klang des Quakens eines Froschs hören, wie es ihm geht.

Doch jede Form der Kommunikation ist abhängig vom Kontext. Wenn ich einem Wildschwein im Wald begegne, werde ich mit ihm anders kommunizieren als mit einer Katze auf meinem Schoß, und ein Mensch in Indien kommuniziert mit einer Kuh, die er als heilig betrachtet, anders als ein deutscher Milchbauer in seinem Stall. Dieses Buch zeigt Ihnen das breite Spektrum des menschlichen Umgangs mit Tieren und beleuchtet das Verhalten der beteiligten Interaktionspartner. Anhand unzähliger Beispiele werden wir sowohl tierisches als auch menschliches Verhalten und Kommunizieren erleben und aus dem Blickwinkel aktueller wissenschaftlicher Erkenntnisse neu interpretieren. Dabei wird die Vermenschlichung zu einem wichtigen Werkzeug, und der Leser erfährt, wann und wie er seine tierischen Freunde vermenschlichen darf und wo die Grenzen liegen.

Für die meisten Menschen sind Tiere ein Buch mit sieben Siegeln. Dieses Buch wird nun geöffnet. Es geht darin nicht um uns Menschen und auch nicht um den Nutzen oder Schaden für uns.

Es geht auch nicht um das Verhalten von Tieren untereinander, auch wenn dieses oft erklärend herangezogen wird. Und jeder Leser, der sich neue Tricks für sein Training oder die Dressur erhofft, sei gewarnt: Die Enttäuschung ist vorprogrammiert. Dennoch: Nach der Lektüre dieses Buches werden Sie Tiere besser verstehen, und wenn Sie dann richtig kommunizieren, werden Sie auch besser verstanden werden. Die Zeiten der instinktgesteuerten Bioroboter und vermenschlichten tierischen Clowns sind vorbei, die Zeiten eines fairen Miteinanders haben begonnen. Warum? Weil wir einander heute besser verstehen können!

In diesem Sinne folge ich dem mehr als 150 Jahre alten Motto von Emil Adolf Roßmäßler und stelle die Tiere unter den Schutz des Wissens aller.[1]

II. DIE SUCHE NACH DEM UNIVERSELLEN ÜBERSETZUNGSPROGRAMM

Noch vor kurzem wäre die Suche nach einem universellen Übersetzungsprogramm als esoterisch oder romantisch verklärter Quatsch abgetan worden. Wie sollte es ein Übersetzungsprogramm geben, wenn es bei Tieren doch gar nichts zu übersetzen gibt? Doch selbst Darwin hat bereits vor etwa 150 Jahren über einen universellen Verständigungscode zwischen Mensch und Tier spekuliert.[2]

Natürlich kann ich Ihnen hier viel erzählen, und daher möchte ich Sie lieber in ein beeindruckendes Experiment entführen: Sie sitzen entspannt in einem kleinen Raum und lauschen den Geräuschen aus Ihrem Kopfhörer. Damit Ihr internes Übersetzungsprogramm langsam auf Touren kommt, hören Sie Babygeschrei unterschiedlicher Intensität, von leichtem Quengeln bis hin zu panikartigem Geschrei. Auf einem Monitor vor sich lesen Sie Ihre Instruktionen. Nun geht es los, und Sie dürfen gespannt auf die kommenden 180 Lautäußerungen sein. In völlig unregelmäßiger Reihenfolge hören Sie jeweils zwei akustische Beispiele einer Tierart und müssen sich entscheiden, welcher Ruf Ihnen intensiver oder erregter erscheint.

Hätten Sie gedacht, dass Sie mit 90-prozentiger Sicherheit bestimmen können, ob ein Frosch oder ein Panda erregt ist oder nicht? Obwohl ich mir durchaus einbilde, mit offenen Augen und Ohren durch die Natur zu wandern, käme ich niemals auf die Idee, den emotionalen Status eines Frosches anhand seines Quakens zu erkennen. Und doch ist genau dies möglich. Bei der Untersuchung bekamen 75 Studenten aus unterschiedlichen Nationen den Auftrag, anhand von Lautäußerungen den emotionalen Status von Schweinen, Berberaffen, Elefanten, Pandas, Fröschen, Alligatoren, Raben und Meisen sowie von Menschen, die Tamil (eine indische Sprache) sprachen, einzuschätzen. Und siehe da: Tamilen, Pandas und Frösche wurden mit über 90-prozentiger Wahrscheinlichkeit richtig eingeschätzt. Am schlechtesten – aber immer noch mit mehr als 60 Prozent – wurden Schweine, Raben und Makaken verstanden.[3]

Die Untersuchung wurde von über zehn international anerkannten Forschern, unter anderem auch dem deutschen Biopsychologen Onur Güntürkün, verfasst und in einer renommierten wissenschaftlichen Zeitschrift publiziert. In einer neurologischen Untersuchung konnte sogar gezeigt werden, welche Bereiche des Gehirns bei vergleichbaren Aufgaben aktiv sind.[4]

Doch die Dimension dieser Kenntnis geht viel weiter, und ich darf hier ein echtes kleines Mysterium lüften. Vor einigen Jahren hatte ich die große Freude, von Bettina Tietjen und Eckart von Hirschhausen zu ihrer Talkshow eingeladen zu werden, und ich lernte dort den Geiger David Garrett kennen. Ich höre gern Musik, ohne auch nur die Ahnung von diesem Metier zu haben, und so nutzte ich die Gelegenheit, Herrn Garrett zu fragen, warum Musik so unterschiedliche Gefühle ansprechen kann und alle Menschen die Sprache der Musik verstehen. Seine Antwort hat mich damals nicht befriedigt, und ich habe sie vergessen, aber backstage erzählte mir Eckart von Hirschhausen, dass es Untersuchungen gibt, die darauf hindeuten, dass Kinder schon sehr früh in der Menschheitsgeschichte mit Liedern zum Einschlafen gebracht wurden. Das klang zwar plausibel, doch so richtig war meine Frage immer noch nicht beantwortet.

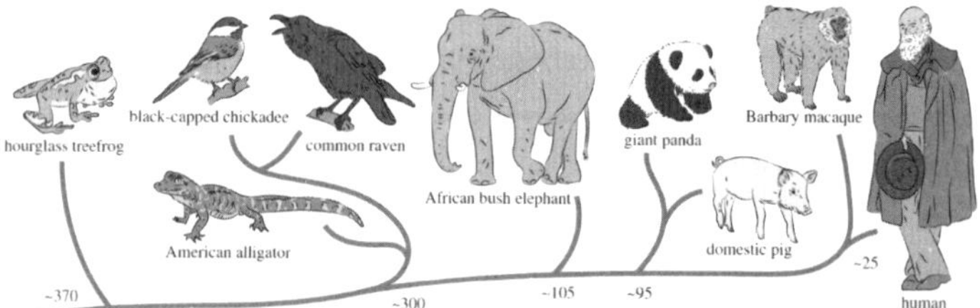

Der Universalcode zwischen Mensch und Tier reicht 370 Millionen Jahre in die Vergangenheit zurück.

Tanzende Vögel mit Rhythmusgefühl, ein Beispiel für die universelle Sprache der Musik? Vermutlich ja!

Vielleicht ahnen Sie schon, was jetzt kommt. Tatsächlich konnte in einer Metastudie, in der 104 Studien zum emotionalen Verständnis von Sprache und 41 Studien zur Wahrnehmung von Musik ausgewertet wurden, gezeigt werden, dass die zugrundeliegenden Mechanismen vergleichbar sind.[5] Die Tatsache, dass wir Menschen sowohl tierische als auch menschliche Rufe emotional einschätzen können und wir genauso dazu in der Lage sind, Musik emotional einzuordnen, lässt den Schluss zu, dass wir alle ähnlich fühlen, Gefühle vergleichbar zum Ausdruck bringen und uns sogar auf einer emotionalen Ebene verstehen können. Wir alle teilen die gleichen evolutionären Wurzeln. Doch damit sind wir mit den Aha-Erlebnissen noch nicht am Ende. Unter den gegebenen Umständen ist es durchaus wahrscheinlich, dass auch Tiere die Sprache der Musik verstehen. Sehen Sie nur mal tanzenden Tieren zu.[6] Wir kommen im Kapitel »Vokales Lernen oder Welche Tiere können sprechen« darauf zurück.

Wir dürfen allerdings auch nicht den Fehler begehen und den in vielen Kinderliedern noch heute besungenen Tanzbären als echten Tänzer betrachten. Tatsächlich wurde ihm das Tanzen auf äu-

Der Tanzbär: kein Beispiel für Musikverstand, sondern für abartiges menschliches Handeln und ein großes Missverständnis.

ßerst grausame Weise beigebracht. So wurde er im Training auf eine heiße Eisenplatte gestellt, und es wurde ihm zeitgleich Musik vorgespielt. Aufgrund der Hitze musste er seine Füße abwechselnd anheben, so wie wir eine heiße Kartoffel oder ein Ei von einer Hand in die andere nehmen. Auf dieses Verhalten wurde der Bär mit Musik konditioniert. Dem Zuschauer zeigt sich später ein Tier, das, sobald Musik ertönt, zu tanzen beginnt. Dies ist ein trauriges Beispiel dafür, wie schnell wir das Verhalten von Tieren missverstehen. Wem der Begriff der Konditionierung nichts sagt, den möchte ich bitten, sich bis zum Kapitel »Unser altes Bild von Tieren« zu gedulden.

Wir haben in der Vergangenheit gelernt, dass wir keine menschlichen Gefühle oder Gedanken in das Verhalten von Tieren hineininterpretieren dürfen. Doch genau dies haben die Probanden in dem erwähnten Experiment mit den unterschiedlich erregten Rufen gemacht. Sie haben sich in die Lautäußerungen hineingefühlt und hatten die richtigen Assoziationen. Wir wundern uns, warum bestimmte Musik bestimmte Emotionen auslöst, und doch ist dies ganz einfach zu erklären, wenn man ein gemeinsames emotionales Verständnis, das sich im Verlauf der Evolution im Tierreich entwickelt hat, voraussetzt.

Auch gibt es eine Vielzahl von Untersuchungen der vergleichenden Verhaltensbiologie, in der Tiere genauso gut abschneiden wie wir Menschen. Logisches Denken bleibt logisches Denken, egal, wer denkt. Meiner Meinung nach ist das Vermenschlichungsverbot heute nicht mehr haltbar. Im Gegenteil: Wenn wir Tiere verstehen wollen, müssen wir diese Gemeinsamkeiten erkennen und nutzen.

Doch bevor wir in unserem zweiten großen Kapitel beginnen, Tiere *richtig* zu vermenschlichen, schauen wir uns zunächst einmal an, was Kommunikation ist und ob Tiere vielleicht sogar eine Sprache sprechen.

1. Was ist Kommunikation?

Gestern Abend habe ich meine Kinder angeschnauzt. Es war ein schöner Tag, wir hatten Besuch, und der Mittagsschlaf war ausgefallen. Dementsprechend müde waren meine beiden kleinen Söhne, und irgendwie fanden sie Spaß daran, ihren Vater bis an die Grenzen der Weißglut zu bringen. Ich hatte ebenfalls einen schönen, aber eben auch anstrengenden Tag gehabt, und zum Dank für so viel Mühe wurde ich nun auch noch geärgert und provoziert. Da ich ein ganz normaler Vater bin, wurde ich laut. Dies ist sonst nicht meine Art, und so wurde meine Aufforderung diesmal als wirklich dringlich wahrgenommen. Ohne ein anderes Wort zu sagen, konnte ich also die Bedeutung einer Aussage durch die Lautstärke steigern. Doch ist es vorstellbar, dass so etwas auch Bakterien können?

Bakterien leben normalerweise als Einzeller, auch wenn sie, wann immer es geht, als Kolonie oder als sogenannter Bakterienfilm zusammenleben. Soweit ich weiß, gibt es nur eine Bakteriengattung, die von diesem Muster abweicht. Es handelt sich um einen Vertreter aus der Gruppe der Mykobakterien. Bei der Art *Myxococcus xanthus* spezialisieren sich unterschiedliche Individuen, und man könnte sogar von einem mehrzelligen Organismus sprechen, denn in dem Moment, in dem sie ihren »Fruchtkörper« bilden, agieren sie als ein Organismus.[7] Im Prinzip stehen solche Lebewesen am Beginn der Entwicklung vielzelliger Lebewesen. Doch eine solche Lebensweise muss koordiniert sein, und dies funktioniert nicht ohne ein Mindestmaß an Kommunikation. Die Kommunikation bei *Myxococcus xanthus* geht sogar so weit, dass in einer Art chemischer Abstimmung nach den Gesetzen der Mehrheit darüber entschieden wird, wer sich zugunsten der anderen opfern muss und Suizid begeht beziehungsweise wer zu einer Spore wird und in dieser Überdauerungsform weiterleben darf.

Im Verlauf der Evolution müssen diese Bakterien Rezeptoren (Empfangsmoleküle für die Botenstoffe) entwickelt haben, die konzentrationsabhängig unterschiedliche Verhaltensweisen auslösen. Im Zentrum des neuen Organismus ist die Konzentration des Botenstoffes zwangsläufig höher als am Rand, und so gehören die im Zentrum befindlichen Bakterien zu den Gewinnern, und die anderen müssen sich opfern.

Der Botenstoff ist dabei das gesprochene Wort, mit dem ich meine Kinder ins Bett geschickt habe, und die chemische Konzentration ist die Lautstärke, mit der ich meine Worte aussprach. In beiden Fällen wurde differenziert kommuniziert.

Anders als in den menschlichen Kommunikationswissenschaften ist in der Biologie Kommunikation etwas sehr Einfaches. Sobald es einen Sender, ein kodiertes Signal, ein Übertragungsmedium und einen Empfänger, der das Signal dekodieren kann, gibt, spricht man von einer Kommunikation. Manche Forscher fordern noch ein Feedback, so dass es sich um einen bilateralen Informationsaustausch handelt. Folgt man aber dieser Definition, dann würde ich als Autor dieses Buches im Moment gar nicht mit Ihnen kommunizieren – ein Gedanke, der mir nicht behagt.

Die Signale und die Übertragungswege können dabei so unterschiedlich wie die Sender und Empfänger sein. In der englischen Wikipedia werden daher unter »Animal communication« folgende Sinneseindrücke gelistet: Sehen, Hören, Chemorezeption (Riechen und Schmecken), Fühlen sowie die Wahrnehmung für Vibration, Temperatur und Elektrizität. Auf all diesen Ebenen können Informationen ausgetauscht werden, und wir Menschen können meist sogar mitmachen. Freilich würde uns die Nutzung von Temperaturunterschieden (Schlangen und Vampirfledermäuse) und der Elektrizität (einige Fischarten und Bienen) ein wenig schwerfallen. Aber Vibrationen, wie sie beispielsweise Elefanten zum Kommunizieren über große Entfernungen einsetzen, können wir auch erzeugen, indem wir einfach unsere Füße über einen rauen Boden reiben. Sitze ich beispielsweise auf meiner Terrasse über dem Wintergarten, kann ich, ohne dass es jemand hört, mit meinem Fußballen Vibrationen erzeugen, die unter mir prima wahrnehmbar sind.

Grundsätzlich – und das ist der Punkt – können wir mit den meisten Tieren prima kommunizieren. Das Problem ist nur: Wir wissen nicht, wie. Wir kennen zwar ihre Signale, aber können wir sie auch dekodieren? Und wenn wir sie richtig dekodiert haben, können wir die Tiere auch verstehen?

Ludwig Wittgenstein hatte da seine Zweifel: »Wenn ein Löwe sprechen könnte, wir könnten ihn nicht verstehen.«[8] Dieses Diktum seines nach seinem Tod erschienenen Spätwerks »Philosophische Untersuchungen« wird oft zitiert und zielt auf ein weiteres Problem. Selbst wenn mir ein Selbstmordattentäter in klarem und verständlichem Deutsch erklären würde, warum er sich und andere im Namen Allahs oder eines anderen Gottes in die Luft jagt, könnte ich ihn nicht verstehen.

Ein anderes und grundsätzlicheres Hindernis kann heute nicht mehr gelten. Vor noch nicht einmal 100 Jahren beharrte Martin Heidegger auf einem unüberwindlichen Abgrund zwischen Mensch und Tier.[9] Das ist insofern erstaunlich, weil der Philosoph Heidegger in seinem Hauptwerk »Sein und Zeit« durchaus denkt, wie heute gedacht wird. Er spricht beispielsweise von Existenzialien, so wie ich im Verlauf des Buches von kognitiven Fähigkeiten spreche, und geht davon aus, dass sich die Gesamtheit der menschlichen Existenz aus einzelnen Elementen ergibt. Warum sein Standpunkt heute nicht mehr zu halten ist, erfahren wir im Kapitel »Wir müssen Tiere vermenschlichen«.

Die Geschichte mit der Kommunikation kann beliebig komplex werden, doch wenn wir uns auf einfache und naheliegende Aspekte des Lebens beschränken, dann können wir mit Tieren sehr wohl kommunizieren und sogar eine enge soziale Bindung aufbauen. Wem dies reicht, der wird an den folgenden Kapiteln viel Freude haben.

2. Nonverbale Kommunikation

Als nonverbale Kommunikation wird im Prinzip jede Art der Interaktion bezeichnet, die nichts mit Sprache zu tun hat. Auch wenn ich Ihnen im Titel des Buches versprochen habe, Ihnen die Sprache der Tiere näherzubringen, so möchte ich doch die nichtsprachliche Kommunikation nicht ganz ignorieren.

Ohne Zweifel ist diese Form der Kommunikation viel älter als die sprachliche, und es ist daher auch nicht verwunderlich, dass die nonverbale Kommunikation sehr einfach, aber auch ausgesprochen komplex sein kann. Es ist beispielsweise relativ leicht, an der Körpersprache eines Menschen oder eines Tieres bestimmte Dinge abzulesen. Psychologen und Verhaltensbiologen haben gleichermaßen viel Freude daran, in einer bestimmten Körperhaltung oder einer Bewegung Dinge zu entdecken, die nicht offenkundig etwas mit aktiver Kommunikation zu tun haben. Dabei handelt es sich oft um unbewusst ablaufendes Verhalten, und es spielt überhaupt keine Rolle, ob wir dies bei Tieren oder Menschen beobachten.

Etwas komplizierter wird die echte Kommunikation, wenn der Organismus darauf angewiesen ist, verstanden zu werden. Dies klingt zwar logisch, ist aber etwas ganz anderes als die Interpretation einer Körperhaltung oder gerichteten Bewegung. Zunächst einmal müssen wir uns über eines klar sein: Jedes Signal ist nur so gut, wie es eindeutig codiert werden kann. Es geht nämlich darum, ein Signal so zu codieren, dass es unmissverständlich ist. Nun haben sich im Verlauf der Evolution nicht irgendwann einmal ein paar Tiere einen Code ausgedacht und sich darüber verständigt, wie er zu verwenden ist. Der Code hat sich über Jahrmillionen ausgeprägt. Doch wie muss man sich das vorstellen?

Vielleicht haben Sie schon einmal ein Tier, das Sie nicht kannte, gefüttert. Eine Nahrungsquelle ist zweifellos attraktiv, und die meisten Tiere verspüren einen unwiderstehlichen Drang, sich zu bedienen. Demgegenüber steht die Angst vor dem fütternden, aber auch potentiell gefährlichen Menschen. Viele Tiere tun dann etwas ziemlich Komisches, sie drehen beispielsweise den Kopf zur Nahrungsquelle, wohingegen ihre Füße versuchen, in die Gegenrichtung fortzulaufen. Für den Betrachter sieht dies oft albern aus, denn es ist sonnenklar, dass dieses Verhalten völlig sinnlos ist. Das arme Tierchen sitzt praktisch zwischen den Stühlen seiner einander widersprechenden inneren Motivationen. In der Verhaltensbiologie spricht man von sogenannten Übersprungshandlungen, und früher glaubte man hier das Wirken zweier gegensätzlicher Instinkte zu sehen.

Diese Handlungen sind an sich völlig sinnlos, haben aber als eindeutiges Signal einen großen Wert. Der Balztanz vieler Vögel beispielsweise besteht zu Teilen aus Übersprungsverhalten, das in diesem Kontext als eindeutiges Signal der Brautwerbung Verwendung findet.

Eine andere Form der eindeutigen Signalübermittlung ist der Tanz der Honigbienen. Bei diesem Tanz handelt es sich um eine extrem abstrakte Form der Kommunikation. Es gibt zwei verschiedene Tänze. Bei dem Rundtanz wird den anderen Bienen nur gesagt, dass sich eine Nahrungsquelle in unmittelbarer Umgebung des Bienenstocks befindet. Die Bienen, die mit dem Tanz animiert werden sollen, selbst auf Nahrungssuche zu gehen, riechen und schmecken die gesammelten Schätze der tanzenden Biene und sind dann entsprechend motiviert.

Die zweite Tanzform ist ausgesprochen kompliziert, denn mit dem Tanz wird nicht nur die Art der Nahrung, sondern auch die räumliche Position relativ genau beschrieben. Dazu werden zwei Informationen, nämlich Richtung und Entfernung, angegeben. Allein die Angabe der Richtung ist schon ein kleines Wunder. Bienen orientieren sich am Stand der Sonne. Diese können sie, dank ihrer Fähigkeit, auch polarisiertes Licht zu sehen, sogar bei bedecktem Himmel erkennen. Nun findet der Tanz aber im dunklen Bau statt und zu allem Überfluss nicht in der Horizontalen, sondern in der Vertikalen. Die Bienen erbringen dabei eine kleine Meisterleistung, indem sie die Schwerkraft mit der Sonne gleichsetzen. Ein Tanz nach oben bedeutet eine Flugrichtung direkt auf die Sonne zu. Wird von der Schwerkraftachse beispielsweise 10 Grad nach rechts abgewichen, dann bedeutet dies, dass die Nahrungsquelle 10 Grad rechts von der Sonne zu finden ist. Doch damit nicht genug. Während des Tanzes vibriert der Hinterleib seitlich hin und her (Schwänzeln). Je häufiger geschwänzelt wird und je länger der Tanz in eine Richtung dauert, desto weiter entfernt ist die Nahrungsquelle.[10] Vor einiger Zeit wurde sogar noch ein weiterer Mechanismus entdeckt.

Beim Flug entsteht durch die Bewegung der Flügel ein elektrisches Potential auf dem Bienenkörper. Die Höhe des Potentials richtet sich nach der Dauer des Fluges, und die elektrische Spannung kann sich bis maximal 450 Volt summieren. Diese Spannung kann von den anderen Bienen wahrgenommen werden, und so wird die wichtige Information der Distanz zweifach vermittelt.[11] Doch dies ist noch nicht alles, denn trotz dieser bereits komplexen Informationen wäre es für die Tiere schwer, die genaue Nahrungsquelle zu finden. Aus diesem Grund versprühen im Freiland andere Bienen mit ihren Nasanov-Drüsen Duftstoffe direkt über der Nahrungsquelle. Der Geruch hilft also den Bienen, auf den letzten Metern den richtigen Futterplatz zu finden.

Außerdem darf ich nicht unterschlagen, dass auch die Geräusche, die die Bienen während des Schwänzeltanzes von sich geben, eine Rolle spielen. Letzteres konnte man mit kleinen Roboterbienen nachweisen, denn erst nachdem die Roboterbienen auch summten, wurden sie ernst genommen und konnten andere Bienen überzeugen, den Bau zu verlassen, um auf Nahrungssuche zu gehen. Wir haben also bei Bienen eine ganze Vielzahl unterschiedlicher Kommunikationskanäle. Neben der Körpersprache und der Akustik kommen zusätzlich eine elektrische und chemische Kommunikation hinzu.

Natürlich fragt man sich, wie sich so etwas Komplexes entwickelt haben kann. Derzeit gehen die Forscher davon aus, dass der Rundtanz zuerst da war und dass sich eine einfache Form des Schwänzeltanzes entwickelt hat, um beim Ausschwärmen (Vermehrung eines

Volkes) sicherzustellen, dass ein Bienenvolk ungefährdet eine neue Bleibe findet. Für Bienen kann ein solcher Umzug lebensbedrohlich sein, und daher suchen Kundschafter vorher die Umgebung nach geeigneten Plätzen ab. Ist ein solcher Platz gefunden, muss den anderen Bienen eindeutig vermittelt werden, wo er ist.

Der Evolutionsdruck ist in solchen Momenten gigantisch, und die Natur ist bestrebt, eine möglichst perfekte Anpassung zu erreichen. In diesem Fall ist die Anpassung die Redundanz der Informationen. Auf unterschiedlichen Kanälen werden die wichtigen räumlichen Informationen vermittelt, und so wird das Risiko für Fehler minimiert.

Sie können sich sicher vorstellen, wie lange ein solcher Prozess im Verlauf der Evolution gedauert haben muss, und damit sind wir auch gleich bei einem extremen Nachteil der nonverbalen Kommunikation. In den allermeisten Fällen ist diese nämlich angeboren und unterliegt den Mechanismen der Selektion. Diese Form der Kommunikation ist also alles andere als dynamisch und anpassungsfähig. Jede kleine Veränderung bedarf einer Mutation, die sich dann über mehrere Generationen stabilisieren muss. Im Gegensatz dazu ist eine sprachliche Kommunikation so schnell wie das Licht im Verhältnis zur Durchschnittsgeschwindigkeit einer Weinbergschnecke. Doch Achtung! Die nonverbale Kommunikation hat es durchaus in sich, wie wir in den folgenden Beispielen sehen werden.

Ich kann mich noch gut daran erinnern, wie ich während meiner Schulzeit einen Vortrag halten musste und von meiner Deutschlehrerin für mein Herumhampeln kritisiert wurde. Heute werde ich wegen meiner lebhaften Präsentationen gelobt und in Talkshows eingeladen. Unsere Sprache beschränkt sich nicht nur auf das, was unseren Mund verlässt, sondern umfasst unseren ganzen Körper. Gorillas beispielsweise haben circa 126 Gesten,[12] Schimpansen 115. Orang-Utans haben nicht ganz so viele Gesten, denn sie leben bei weitem nicht so sozial und haben sich wahrscheinlich nicht so viel zu sagen. Erstaunlich ist aber, dass wir mit diesen Menschenaffenarten einen gemeinsamen »Grundwortschatz« von etwa 24 Gesten teilen[13] – Gesten, die schon Kindern genetisch in die Wiege gelegt wurden.[14] Ich möchte Ihnen aber auch nicht vorenthalten, dass die Übertragung tierischer auf menschliche Gesten durchaus umstritten ist. Der in Leipzig arbeitende Anthropologe Michael Tomasello bezweifelt dies. An der Geste des Auf-etwas-Zeigens (Pointing) macht er deutlich, dass nur wir Menschen die Geste in einer abstrakten oder auch ikonischen Form anwenden.[15] Doch dazu später mehr.

Die Gesten reichen über die Bitte um Essen, die Aufforderung zum Kuscheln bis hin zu so kraftvollen Gesten wie der des drohend erhobenen Armes. Oft machen wir diese Gesten unbewusst oder zur Untermalung und Verstärkung des Gesagten. Wir tun es aber auch im Ausland, wenn keiner unsere Sprache spricht. Wie Sie wissen, funktioniert das überraschend gut. Wenn Sie sich für diese und andere Gesten interessieren, dann empfehle ich Ihnen ein YouTube-Video,[16] das auf Grundlage einer detaillierten Untersuchung bei Bonobos und Schimpansen erst kürzlich veröffentlicht wurde.[17]

Ich könnte jetzt unzählige Beispiele für Körpersprache bei verschiedenen Tieren bringen, könnte über den Buckel der Katze und über das Wedeln des Hundeschwanzes reden. Doch all diese Aspekte finden sich zuhauf in diversen Ratgeberbüchern. Was mir am Herzen liegt, ist, Ihnen ein Gefühl dafür zu geben, wie tierische Kommunikation funktioniert und was wir in tierische Kommunikation hineininterpretieren dürfen oder was nicht.

Aus diesem Grund wähle ich eine einzige Geste aus, an der ich verdeutlichen möchte, worüber sich seit nunmehr 30 Jahren die Gelehrten streiten. Es handelt sich um die Geste des sogenannten Pointing – also eine Geste, mit der ich auf etwas verweise oder verwiesen werde. Doch was macht diese Geste zu etwas Besonderem und zum Gegenstand jahrzehntelanger philosophischer Kontroversen und verhaltensbiologischer Forschung?

Pointing kann eine Form der Abstraktion sein und darauf hindeuten, dass Tiere, die sie anwenden oder zu deuten wissen, eine Vorstellung davon haben, dass andere existieren und dass man sich mit anderen über ein Objekt, das diese auch wahrnehmen, verständigen kann. Pointing ist so etwas wie ein universeller abstrakter Begriff, den ich für alles anwenden kann. Ich muss nur einfach auf etwas deuten, und schon betrete ich eine neue wundervolle Welt. Die Philosophen sprechen von einer gemeinsamen geteilten Welt und haben diese in der Vergangenheit Tieren grundsätzlich abgesprochen. Ein hypothetisches Tier, das nicht in einer gemeinsamen geteilten Welt lebt, lebt als einziges Individuum im Universum. Es nimmt andere Individuen nur als Reize der Umwelt wahr und hat keine Vorstellung davon, dass andere auch denken und fühlen können. Handlungen, die von anderen Individuen ausgeführt werden, sind somit nicht berechenbar und erzeugen lediglich eine Reaktion auf den unmittelbaren Reiz. Vielleicht hilft ein kleines Beispiel beim Verständnis.

Bitte stellen Sie sich kurz vor, Sie stehen vor einem Regal und wollen vom obersten Brett ein Buch greifen. Sie stellen sich auf die Zehenspitzen und strecken ihre Hand nach oben. Ihre Hand weist auf das Buch, das sie haben möchten, und es wäre durchaus denkbar, diese Geste als Pointing und somit als Form der Kommunikation zu deuten. Sie verweisen mit dem ausgestreckten Arm auf etwas, das sie haben möchten, und teilen diesen Wunsch durch ihre Geste einer beobachtenden Person mit (declarative).

Natürlich haben nicht alle Tiere einen Arm, um mit ihm auf etwas zu deuten, und so ist es durchaus legitim, die Blickrichtung oder die Ausrichtung einer Schnauze entsprechend zu interpretieren. Ein Hund beispielsweise, der nach oben zu einem Regal blickt, auf dem ein Karton mit seinem Futter steht, verhält sich nicht anders als Sie, wenn Sie versuchen, nach dem Buch zu greifen. Auch er kommt nicht an sein Ziel, und auch sein Verhalten könnte man als Pointing und als Kommunikation deuten.

Wir wissen aber, dass beide Situationen überhaupt nichts mit Kommunikation zu tun haben. In beiden Fällen versucht ein Individuum nur, an etwas Bestimmtes heranzukommen (imperative).

Bei uns Menschen ist die Frage schnell geklärt, denn wir müssen unser Gegenüber mit dem ausgestreckten Arm nur fragen, was es gerade will. Bei einem Hund wird es etwas schwieriger, und so haben sich die Forscher zwei kleine Tricks ausgedacht. Zu einer

Kommunikation gehören in der Regel mindestens zwei, und beide müssen aufeinander achten. Es wurde also einerseits versucht, zu beobachten, ob vor der Ausführung der Geste Blickkontakt mit dem Interaktionspartner aufgenommen wurde, und es wurde andererseits versucht, zu beobachten, ob die Geste auch gemacht wird, wenn niemand da ist. Wird beispielsweise kein Augenkontakt gesucht oder ist überhaupt kein Interaktionspartner anwesend, dann kann die Geste nichts mit Pointing zu tun haben. Es fehlt einfach der Interaktionspartner, dem das Pointing etwas mitteilen soll.

Ein weiteres Kriterium, zumindest bei Affen, war das Ausstrecken des Fingers. In den Anfangsjahren der Pointing-Forschung galt die Geste nur als Pointing, wenn der Zeigefinger ausgestreckt war. Allein mit der Namensgebung unserer Finger zeigen wir schon, wie wichtig dieser Finger ist und welche Aufgabe er hat. Natürlich kann man von einem Affen nicht verlangen, dass er durch Zufall auch seinen zweiten Finger als Zeigefinger benutzt, und so war diese Idee nach einiger Diskussion vom Tisch.

Ein weiterer nicht von der Hand zu weisender Punkt war, dass die Geste des Bettelns leicht als Pointing fehlgedeutet werden kann. Verstärkt wurde dieser Aspekt durch die allgemeine Praxis,

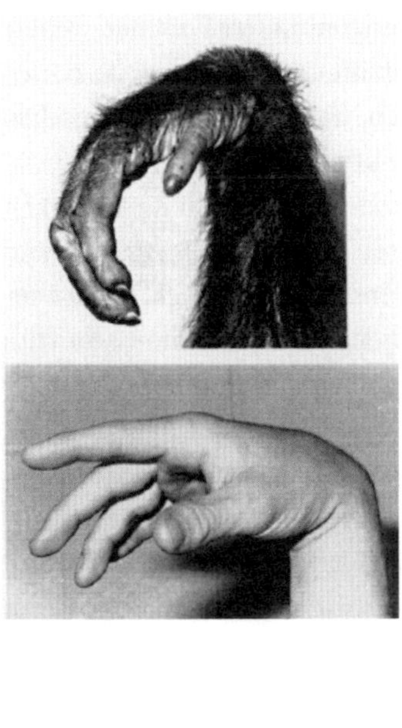

Unsere nächsten Verwandten strecken ihren Zeigefinger nicht einzeln nach vorn. In den Anfangsjahren der Pointing-Forschung erwarteten die Forscher, dass die Tiere auch ihren Zeigefinger benutzen. Da es keine Tiere gab, die den Zeigefinger zum Zeigen benutzten, schlossen die Forscher messerscharf, dass die Tiere zum Pointing nicht fähig sind.

Tiere mit Futter zu irgendwelchen Handlungen zu bringen. Es war und ist somit gar nicht so einfach, echtes Pointing zu identifizieren.

Nachdem man ausgiebig mit unseren nächsten Verwandten experimentiert hatte, wandten sich die Forscher anderen Tieren zu und entdeckten relativ schnell, dass viele Hunde sehr gut mit Pointing umgehen konnten. In Verbindung mit uns Menschen konnten sie Pointing selber anwenden, aber auch unser Pointing verstehen. Sie können sogar die Richtung, in die wir sprechen, erkennen und sich daran orientieren.[18] Darüber hinaus erfüllten sie auch das Kriterium der Aufmerksamkeit, denn die Aufmerksamkeit von Hunden ist ohnehin meist auf den Menschen gerichtet. Als man dann feststellte, dass Wölfe dies nicht können, hielt man die Fähigkeit des Pointings für eine kooperative Entwicklung, die wir gemeinsam mit unseren geliebten Vierbeinern durchlaufen haben.

Dann entdeckten allerdings einige Wissenschaftler, dass Wölfe genauso gut mit Pointing umgehen können wie ihre domestizierten Verwandten. Allerdings mussten sie von Menschenhand aufgezogen worden sein und im Prinzip so gelebt haben wie ein Hund. Andersherum funktionierte das übrigens auch. Wenn beispielsweise ein Hund von früher Kindheit an verwildert war, so schnitt auch er bei den entsprechenden Tests zum Pointing schlecht ab. Diese Ergebnisse wiederum ermutigten andere Forscher, weitere Tiere in ihre Experimente mit aufzunehmen, und siehe da: Es stellte sich heraus, dass viele Tierarten, wenn sie mit uns Menschen zusammenleben, ähnlich gut abschnitten wie Hunde.

Es scheint, als würden viele Tierarten tatsächlich die Fähigkeit des Pointing besitzen, aber sie müssen die Geste erst erlernen und sich im sozialen Kontext von uns Menschen abschauen. Ganz ähnlich funktioniert das auch bei unseren Babys, die schon sehr früh imperatives Pointing (Bettelgeste) zeigen, aber ein deklaratives Pointing erst im Verlauf der frühen Kindheit entwickeln.

Die Frage, die sich nun stellt, ist natürlich: Warum beobachten wir die Geste des Pointings in der freien Natur so selten? Die Antwort darauf ist aus meiner Sicht noch nicht plausibel gegeben, und ich wäre nicht überrascht, wenn wir dieses Verhalten bei vielen

Tierarten auch im Freiland beobachten könnten, wenn wir nur genauer hinsähen. Vielleicht reicht einigen Tieren ein Schulterzucken oder ein Hüftschwung in die richtige Richtung. Möglicherweise werden sogar Duftmarken als Pointing verwendet. Delfine beispielsweise könnten mit ihrem Ultraschall Pointing betreiben. In ihrer Wahrnehmung würde das angeschallte Objekt wie eine Magnesiumfackel aufleuchten und wäre für alle anderen leicht zu erkennen.

Die Aspekte, die ich hier in wenigen Absätzen zusammengefasst habe, wurden über Jahrzehnte von klugen Menschen hin und her diskutiert. Statt sämtliche Publikationen zu diesem Thema zu zitieren, verweise ich hier nur auf einen ganz aktuellen Artikel, der es sich zum Ziel gesetzt hat, 30 Jahre Forschung zum Thema Pointing zusammenzufassen.[19] In der folgenden Tabelle werden außerdem alle Forschungsergebnisse zum Pointing aus den letzten 30 Jahren zusammengefasst.

Tier	Pointing anwenden	Pointing verstehen	Aufmerksamkeit gegenüber Sozialpartner
Schimpansen	11/12	10/14	10/12
Bonobos	3/4	4/5	1/1
Gorillas	1/1	1/2	1/2
Orang-Utan	3/4	6/7	3/3
Gibbons		1/1	1/1
Meerkatzen verwandte (z. B. Makaken)	8/8	5/6	3/4
Neuweltaffen (z. B. Kapuzineräffchen)	5/5	2/3	4/6
Hunde	4/4	53/53	20/24
Wölfe	1/1	5/5	
Füchse		2/2	

Tier	Pointing anwenden	Pointing verstehen	Aufmerksamkeit gegenüber Sozialpartner
Dingos		1/1	1/1
Kojoten		1/1	
Robben (z. B. Seelöwe)		4/4	2/4
Rabenvögel		3/4	2/3
Elefanten		2/3	
Fledermäuse		1/1	
Pferde	1/1	4/5	2/2
Frettchen		1/1	
Ziegen		1/2	0/1
Schweine		1/2	1/1
Katzen		1/1	
Delfine	2/4	4/4	4/4
Elster	1/1		1/1
Papageien		1/1	0/1

30 Jahre Forschung zum Thema Pointing. Keine Angaben heißt, es wurde keine Veröffentlichung mit der Fragestellung publiziert. Die Zahlen 11/12 bedeuten, dass bei 11 von 12 Untersuchungen nachgewiesen werden konnte, dass die Tiere die Fähigkeit haben.

Aus meiner Sicht zeigen diese Ergebnisse eindeutig, dass viele Wirbeltiere in einer gemeinsam geteilten Welt leben. Sie werden in dem Kapitel »Wir müssen Tiere vermenschlichen!« unzählige Beispiele dafür finden, dass wir Menschen die Tiere maßlos unterschätzt haben. Vielleicht denken Sie dann auch wieder an dieses Beispiel und reihen es in Ihr Gesamtbild ein.

3. Meisen reden in Sätzen

Ich habe bereits in meinen beiden letzten Büchern »Persönlichkeitsrechte für Tiere« und »Das Mysterium der Tiere« ausgiebig über die Sprache und die Kommunikation von Tieren geschrieben. Doch neueste wissenschaftliche Erkenntnisse legen uns nahe, dass es das Thema Sprache der Tiere neu zu entdecken gilt, und vieles deutet darauf hin, dass wir in den kommenden Jahren einige echte Sensationen erleben werden. Aus diesem Grund hat die Zeitschrift »Aktuelle Meinung in der Verhaltensforschung« (Current Opinion in Behavioral Sciences),[20] die sich gern mit innovativen Ideen beschäftigt, eine Sonderausgabe mit dem Titel »Die Evolution der Sprache« (The Evolution of Language)[21] herausgebracht. In der im Juni 2018 erschienenen Ausgabe wird praktisch in jedem der Artikel deutlich, wie wichtig und erfolgversprechend weitere Untersuchungen auf diesem Feld sind. Ich wage die Voraussage, dass dieses Thema, wie vor einigen Jahren die Kultur im Tierreich[22] oder die Individualität,[23] zum regelrechten Trendthema wird.

Obwohl wir Menschen ausgesprochen gern sprechen und uns auch gern über Sprache unterhalten, ist die Entwicklung der Sprache doch ein Buch mit sieben Siegeln. Je nach dem, in welchem Fachbereich man unterwegs ist, findet man die unterschiedlichsten Hypothesen zur Sprachentwicklung. Mal hat sich die Sprache im Verlauf der Evolution langsam entwickelt, und ein anderes Mal entstand sie ganz plötzlich per Mutation und ist für die Menschwerdung verantwortlich. Das Problem in der Vergangenheit war, dass wir keinen Zwischenschritt zwischen einer Sprache und einer Nichtsprache finden konnten. Da niemand bei der Sprachentstehung dabei war, gibt es natürlich viel Raum für Spekulationen. Die folgende Liste gewährt nur einen kleinen Einblick in das Reich der Naturwissenschaften:

- Hypothese der Universalgrammatik (universal grammar hypothesis)[24]
- Brautwerbungshypothese (courtship hypothesis)[25]
- Tratschhypothese (gossip hypothesis)[26]
- sozialkognitive Lerntheorie (social cognition hypothesis)[27]
- Verwandtenselektionshypothese (kin selection hypothesis)[28]
- Informationsverteilungshypothese (information donation hypothesis)[29]

Manche der Hypothesen haben keine deutsche Übersetzung, und so war ich ein bisschen kreativ. Ich hoffe, Sie verzeihen mir eine Wortschöpfung wie die Tratschhypothese. Manche Hypothesen sind sogar so neu, dass sie noch nicht einmal einen englischen Namen haben. In ihrer Veröffentlichung »Vom Vogelruf zur menschlichen Sprache«[30] postulieren einige Forscher so etwas wie Minimalanforderungen der Sprachentwicklung. Sie gehen davon aus, dass die Tiere mindestens:

1. die Fähigkeit entwickelt haben, gemeinsame Interessen zu verfolgen,
2. schon verschiedene kontextspezifische Rufe kennen und
3. bei Bedarf bestehende Rufe kombinieren können, um mehrere Verhaltensweisen gleichzeitig auszulösen.

Alles in allem ist das ein gewaltiger Anspruch, und daher müssen wir uns dies an ein paar Beispielen genauer ansehen.

1. Gemeinsame Interessen: Dies ist recht leicht geklärt: Praktisch alle sozial lebenden Tiere haben gemeinsame Interessen. Sie gehen zusammen auf die Jagd, beschützen sich gegenseitig vor Räubern oder ziehen gemeinsam ihre Jungtiere auf. Auch wenn dies ein bisschen banal klingt: Ohne diese gemeinsamen Interessen oder Ziele gäbe es keinen Grund, zu kommunizieren, und daher muss dieser Punkt auf jeden Fall erfüllt sein. Allerdings kann es ein bisschen kompliziert werden, wenn man sich fragt, ob die Tiere auch eine gemeinsame Vorstellung von der Welt haben, doch dazu mehr im Kapitel »Körpersprache« beim Thema »Die Geste des Zeigens«.

2. Kontextspezifische Rufe: Jetzt wird es schon ein bisschen komplizierter. Erst seit etwa 20 bis 30 Jahren wissen wir, dass viele Tiere, ähnlich wie wir, für bestimmte Dinge Vokabeln haben. Begonnen hat dies vor fast 30 Jahren mit spektakulären Untersuchungen an Erdhörnchen[31] und Erdmännchen, die jeweils etwa 20 unterschiedliche Rufe kennen. Heute wissen wir sogar, dass Erdhörnchen Eindringlinge und angeblich sogar die Farbe eines T-Shirts bis ins Detail beschreiben können.[32] Dazu mehr im Kapitel »Der Sündenfall oder Nach dem Erkennen der Lüge waren wir nicht mehr allein«. Doch Erdhörnchen und Erdmännchen sind kein Einzelfall. Vom sibirischen Unglückshäher – einem Verwandten unseres Eichelhähers – weiß man beispielsweise, dass er vierzehn verschiedene Ruftypen kennt und unterschiedliche Warnrufe für Falken und Eulen hat.[33] Die Pakas – etwa 30 Zentimeter hohe Meerschweinchenverwandte aus Südamerika – besitzen mindestens sieben unterschiedliche Rufe.[34] Weiterhin gibt es verschiedene Wal- und Affenarten, die kontextspezifische Rufe verwenden, und auch Elefanten benennen unterschiedliche Gefahren mit unterschiedlichen Rufen.[35] Es wird sogar glaubhaft darüber spekuliert, dass Tintenfische mittels der Veränderung ihrer Körperfarbe und Muster miteinander kommunizieren.[36]

Als allgemeine Voraussetzung zur Entwicklung einer semantischen (Rufe haben eine eindeutige Bedeutung) Kommunikation gilt ein komplexes Sozialleben (Social Complexity Hypothesis for Communication).

Nun stellen Sie sich bitte vor, Sie müssten sich mit Rufen anstelle von Worten verständigen. Sie fragen sich, was ist denn da der Unterschied? Versuchen Sie einfach mal, so viele Geräusche wie möglich zu machen, aber es darf kein einziges Wort dabei sein, und Sie dürfen auch nicht singen. Sie werden schnell feststellen, dass Ihr Repertoire an möglichen unterschiedlichen Rufen begrenzt ist. Was soll's, Klicken mit der Zunge, Grunzen, Schniefen oder Ahhh und Ohhh machen hatte ohnehin keine Bedeutung. Doch keine Sorge: Ihre Lautäußerungen waren nicht sinnlos. Ähnlich wie die Gesänge der Buckelwale oder die Lieder der Singvögel können diese Lautäußerungen beeindrucken, denn wenn Sie laut und be-

Auch Pakas (*Cuniculus paca*), etwa 30 Zentimeter große Verwandte der Meerschweinchen, verfügen über mindestens sieben unterschiedliche Rufe.

sonders schön singen, dann gelten Sie als attraktiv und haben vielleicht die Liebe Ihres Lebens gefunden oder mit kräftigem Gebrüll einen Rivalen in die Flucht geschlagen.

Was wäre aber, wenn Sie zwei Rufe – nennen wir sie einfach mal Laute, die, für sich genommen, nicht bedeutungstragend sind – miteinander kombinieren und diesem Doppellaut eine Bedeutung geben? Sie hätten in diesem Moment einen riesigen Schritt getan. Durch diese einfache Kombination haben Sie gleich zwei unglaublich praktische Vorteile. Bei einzelnen Lauten kann es schnell zu Verwechslungen kommen. Doch bei einem aus mehreren Lauten kombinierten Ruf ist das praktisch ausgeschlossen. Ihr Signal ist nun viel eindeutiger und kaum noch zu verwechseln. Der zweite wichtige Punkt ist die unglaubliche Menge an möglichen Kombinationen. Aus nur wenigen Lauten können Sie unzählige Rufe bauen. Sie ahnen es: In diesem Moment wurde das Wort erfunden. Vermutlich glauben Sie mir, dass viele Tiere unterschiedliche Rufe für unterschiedliche Bedeutungen kennen, aber glauben Sie mir auch, dass Tiere in Worten sprechen? Vermutlich nicht – und doch ist es wahr.

Rotscheitel-Säbler (*Chestnut-crowned Babbler*) – das bisher einzige Tier, das in Worten spricht.

Die australischen Rotscheitel-Säbler (*Pomatostomus ruficeps*) leben in einer recht komplexen sozialen Gemeinschaft, in der gemeinsam gebrütet, gearbeitet und geteilt wird. Sie kennen beispielsweise zwei Laute, die wir der Einfachheit halber A und B nennen. Die Laute haben, wie Forscher beobachteten, keine Bedeutung. Werden aber A und B miteinander zu AB kombiniert, dann hat dieser Ruf etwas mit dem Fliegen zu tun. Was, ist nicht ganz klar, doch die Tiere blicken in den Himmel. Produzieren die

Vögel aber BAB, dann hat das etwas mit der Fütterung der Jungtiere zu tun, und sie blicken in ihr Nest.[37] Bei uns wären es zum Beispiel HAL und LO. Beide Laute haben einzeln keine Bedeutung, aber sagen wir HALLO, haben wir uns freundlich begrüßt. Die Veröffentlichung ist von 2015 und blieb von der Presse völlig unbeachtet, obwohl hier erstmals der Beweis erbracht wurde, dass ein Tier Worte zur Kommunikation verwendet.

3. **Bestehende Rufe werden kombiniert:** Dieser Punkt ist mindestens so spektakulär wie der letzte. Es geht hier darum, informative Signale zu kombinieren. Wenn wir also im letzten Punkt Laute ohne Bedeutung zu einem Ruf/Wort mit Bedeutung zusammengestellt haben, dann werden wir jetzt Rufe mit einer Bedeutung zu so etwas wie einem Satz zusammensetzen.

Ein Wort oder ein Ruf ist natürlich eine tolle Erfindung, aber noch viel besser wäre es, wenn man die einzelnen Bedeutungen miteinander kombinieren könnte. Ich kann dann sagen: Geh zum Bäcker und hol Brötchen! Oder: Komm her, aber pass auf! Der im Süden Afrikas vorkommende Elsterdrossling (*Turdoides bicolor*) beherrscht einen solchen Satzbau. Er verbindet einen Ruf für Gefahr mit der Aufforderung, zu kommen. Speziell verwendet er diesen Ruf bei terrestrischen Raubtieren, die von den Vögeln relativ gut ausmanövriert werden können, wenn sie sich richtig verhalten. Im Englischen spricht man von mobbing. Hierbei wird das Raubtier auf die eine oder andere Weise ausgetrickst. Sie kennen vermutlich solche Beispiele schon. Ein Vogel tut so, als sei er verletzt, und lockt auf diese Art und Weise einen Räuber vom Nest weg. Bei in Kolonien lebenden Vögeln muss ein solches Verhalten natürlich vernünftig koordiniert sein, und so wird der Ruf »Achtung« mit der Aufforderung »Komm her!« kombiniert. Alle wissen nun, was zu tun ist. In diesem Moment hat der Räuber schon verloren, denn gegen die Bande koordiniert agierender Vögel hat er keine Chance. Die Forscher haben in sogenannten Playbackversuchen herausgefunden, dass dieses koordinierte Vorgehen gegen Landraubtiere nur erfolgt, wenn tatsächlich die Rufe kombiniert werden. Der Ruf »Achtung« allein sorgt nur für gesteigerte Aufmerksamkeit, und der Ruf »Komm her!« bedeutet einfach nur »Hey, hast du Lust, mit mir was zu machen?«. In Kombination wird aber ein ganz anderes sehr spezifisches Verhalten ausgelöst. Wie die Forscher berichten, geschieht dies – anders als bei den einzeln gegebenen Rufen – mit großem Nachdruck.[38]

Doch ich kann dieser Beobachtung sogar noch etwas obendrauf setzen. Japanische Meisen meinen zwar das Gleiche, aber in ihrer

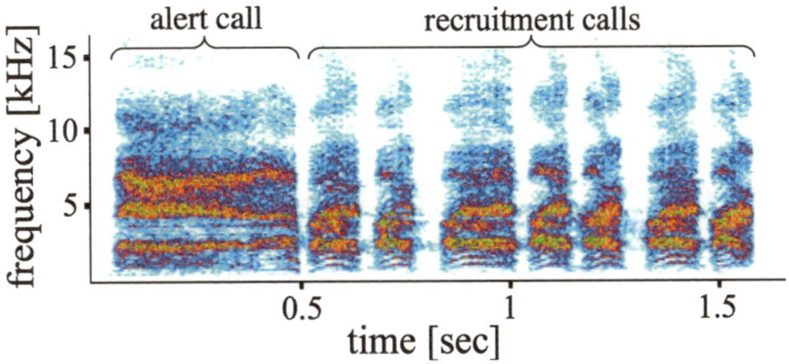

Der im Süden Afrikas vorkommende Elsterdrossling (*Turdoides bicolor*) kann zwei unterschiedliche Rufe kombinieren und damit einen völlig anderen Inhalt kommunizieren. Im übertragenen Sinne werden hier Wörter zu Sätzen verbunden.

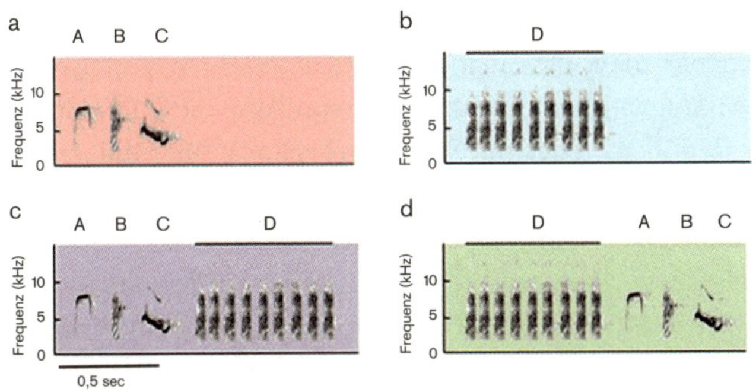

Japanische Meisen sprechen in Sätzen. Der Satz aus den Rufen A, B, C und D wird eindeutig verstanden, wohingegen ein Satz D und A, B, C keinen Sinn ergibt und kein Verhalten auslösen. Die Sätze folgen also einer gewissen Grammatik und haben nur, wenn man diesen Regeln folgt, einen Sinn.

»Sprache« werden ganz andere Rufe verwendet, und sie bauen Sätze, die nur mit grammatikalischen Regeln verständlich sind.

Wenn wir zum Beispiel den Satz hören: Löwe frisst Mann, ist alles klar, und wir wissen, was passiert. Wenn wir aber den Satz hören: Mann frisst Löwe, schütteln wir höchstens verständnislos den Kopf oder schmunzeln, denn der Satz macht einfach keinen Sinn. Grammatikalische Regeln können sogar über Leben und Tod entscheiden: »Hängen, nicht laufen lassen!« hat eine andere Bedeutung als »Hängen nicht, laufen lassen!«. Als Kind hat mich das Beispiel schwer beeindruckt, und ich war hochmotiviert, die Kommasetzung richtig zu machen. Leider ist mir das nicht gelungen, und so habe ich bisher noch jeden Lektor zur Verzweiflung gebracht.

Die Forscher in Japan kamen auf eine geniale Idee und änderten einfach den beobachteten Satzbau in ihrem Playbackexperiment. Tatsächlich stellte sich heraus, dass die Rufkombination A, B, C und D für die Meisen absolut sinnvoll ist. Sie wissen dann, dass sie zu dem Rufer kommen sollen, dass aber irgendwo ein Raubtier ist und sie höllisch aufpassen müssen. Spielt man ihnen hingegen D und A, B, C vor, passiert gar nichts. Der Satz macht für die Tiere einfach keinen Sinn. Die Sätze folgen also einer gewissen Grammatik, und nur wenn man diesen Regeln folgt, ergibt sich ein Sinn.

Bedenkt man, dass sich unsere gemeinsamen Vorfahren vor 300 Millionen Jahren getrennt haben und dass die Wirbeltiere (Fische, Reptilien, Vögel und Säugetiere) erst vor 500 Millionen Jahren begonnen haben sich zu entwickeln, dann wird einem klar, wie unterschiedlich Menschen und Vögel sein müssen. Dennoch sind Forscher der einhelligen Meinung, dass wir am Beispiel der Kommunikation von Vögeln viel über die Entwicklung unserer eigenen Sprachen lernen können.[39] Vielleicht ist dies auch gar nicht überraschend, wenn man die vielen vergleichbaren kognitiven Fähigkeiten betrachtet.[40] In der Biologie spricht man übrigens von Konvergenz und meint damit vergleichbare Dinge, die sich unabhängig voneinander entwickelt haben. Aus meiner Sicht ist dies auch wieder ein schönes Beispiel dafür, wie viel wir mit anderen Tieren teilen, auch ohne dass wir eng miteinander verwandt sind. Tiere haben vergleichbare Probleme wie wir, und zwangsläufig haben sich vergleichbare Anpassungsmechanismen entwickelt. Dies gilt für physische Fähigkeiten genauso wie für unser Denken (kognitive Fähigkeiten) und eben auch für unsere Sprache.

4. Tieren Sprechen beibringen

Eigentlich ist es ein bisschen absurd: Wir halten uns für die Krone der Schöpfung, und doch sind wir nicht in der Lage, die Sprache der Tiere zu verstehen. Im Gegenzug verlangen wir aber von diesen unterentwickelten Kreaturen, dass sie unsere Sprache lernen. Der Hund soll »Sitz!«, »Platz!«, »Bring mir die Zeitung!« und »Schließ die Tür!« verstehen, aber wir sind nicht bereit, auch nur einmal zu bellen. Wir trauen offenkundig Tieren hier mehr Kompetenz zu als uns selbst.

Wissenschaftler sind da nicht anders als Haustierhalter, und so wurden zwischen den siebziger und neunziger Jahren des vergangenen Jahrhunderts unzählige Untersuchungen veröffentlicht, in denen man versucht hat, Tieren die menschliche Sprache beizubringen. Die Ergebnisse ließen sich also durchaus sehen, Papageien wie Alex, Menschenaffen und Delfine waren dazu in der Lage, nicht nur ihnen fremde Vokabeln zu lernen, sondern diese auch im Rahmen einer einfachen Grammatik zu verstehen und anzuwenden.

Doch seit dem Beginn des 21. Jahrhunderts ist es um das Thema etwas still geworden. Der Ansatz war in seinem Erkenntnisgewinn begrenzt, und es blieb die Frage offen, inwieweit sich die Ergebnisse auf das natürliche Verhalten der Tiere übertragen lassen. Ich habe diese Ergebnisse bereits in meinen beiden Büchern (»Persönlichkeitsrechte für Tiere« und »Das Mysterium der Tiere«) ausgiebig beschrieben und möchte mich daher hier auf das Wichtigste beschränken.

Delfine

Ein berühmter Forscher war John Lilly.[41] Er versuchte in den siebziger Jahren, Delfinen Englisch beizubringen. Seine Grundidee war, dass Delfine grundsätzlich so intelligent sind, dass sie selbst eine Sprache haben, und es daher auch gelingen müsste, ihnen Englisch beizubringen. Für diese Idee setzte er sogar eine Art Wohnung unter Wasser und ließ seine Delfine mit Menschen zusammenwohnen. Doch gebracht hat es nichts, die Tiere wollten kein Englisch sprechen lernen, obwohl sie grundsätzlich zur Imitation neuer Rufe fähig sind (siehe »Vokales Lernen«). Nach etwa einem Jahrzehnt intensiver Arbeit gab er seine Delfinforschung auf und studierte die menschliche Bewusstseinserweiterung mit Hilfe von LSD.

Mehr Erfolg hatten Luis Herman und sein Team. Herman schuf eine Kunstsprache, die man mit den Händen sprechen konnte, und erwartete nicht, dass die Delfine ihm antworten würden. Mit dieser Sprache war es möglich, Sätze nach grammatikalischen Regeln zu formen, und tatsächlich wurden diese von den Delfinen verstanden. Die Tiere zeigten auch, dass sie eine Vorstellung vom Nichts haben – eine kognitive Leistung, die bisher nur bei sehr wenigen Tieren bestätigt wurde.

Das Spannende bei seinen Versuchen war der hohe Abstraktionsgrad. So wurden die Gesten zuerst von einem Trainer am Beckenrand gemacht, und danach war der Trainer nur durch ein Unterwasserbullauge und später nur noch auf einem Fernseher zu sehen. Als dies alles prima funktionierte, bekamen die Trainer schwarze Kleidung und weiße Handschuhe, so dass sich für die

John Lilly initiierte die erste und letzte Delfin-Mensch-WG.

Delfine nur noch weiße Hände in einem Fernseher bewegten. Auch dies wurde korrekt verstanden. Nach etwa 30 Jahren Forschung konnte Herman gut dokumentieren, dass die Tiere grundsätzlich dazu in der Lage sind, eine einfache Sprache mit Dreiwortsätzen und grammatikalischen Regeln zu verstehen.[42] Leider überlebte keines seiner Tiere, und das Labor ist seit vielen Jahren geschlossen.

Primaten

Auch unsere nächsten Verwandten, die drei anderen Menschenaffenarten, weigerten sich, Englisch zu lernen. Folgt man einer Untersuchung von 1975, dann lässt es die Anatomie ihres Kehlkopfes einfach nicht zu, so unterschiedliche Geräusche zu artikulieren, wie es für unsere Sprache nötig wäre.[43] Aus diesem Grund ging man relativ schnell zwei andere Wege: Einerseits wurde eine Gebärdensprache entwickelt, und andererseits arbeitete man mit Karten, auf denen abstrakte Symbole abgebildet waren.

Die bekannteste Vertreterin der Gebärdensprache war Washoe, sie war eine Schimpansin und sprach ASL (American Sign Language).[44] Washoe war eine gelehrige Schülerin und beherrschte mehr als 130 Gesten. Weltberühmt wurde sie durch ihre Wortschöpfung für Schwan, den sie als Wasser-Vogel bezeichnete. Doch sie ist kein Einzelfall, denn auch andere Tiere überraschten mit neuen Wortschöpfungen. So wurde ein scharfes Radieschen als »Schrei-Schmerz-Essen«[45] und eine Fanta als »Cola, die orange ist«[46] bezeichnet.

Die symbolbasierte Sprache nannte die Erfinderin Sue Savage-Rumbaugh »Yerkish«.[47] Das Bonobo-Männchen Kanzi ist vermutlich der berühmteste Sprecher, er konnte fast 400 Symbole anwenden.[48]

Wenn Sie mein Kapitel über das Schwimmen mit Delfinen lesen, dann werden Sie feststellen, dass einige Geschehnisse alles andere als akzeptabel sind. Ich habe nie mit Schimpansen oder anderen Menschenaffen gearbeitet und kann mir daher keine persönliche Meinung erlauben. Doch wie bei den Delfinen kreiert

Die Schimpansin Washoe sprach ASL (American Sign Language).

zu großes öffentliches Interesse merkwürdige Erscheinungen, und so sind viele Erkenntnisse, die an Menschenaffen gewonnen wurden, überschattet durch Skandale und teilweise undurchsichtige Machenschaften. Wer sich dafür interessiert, dem empfehle ich den Blog »chimptrainersdaughter«.[49]

Jahrelang blieb es die große Frage, ob die gewonnenen Ergebnisse auch auf das Freiland übertragbar sind. Überraschenderweise gelang der Nachweis einer Syntax – also eines Satzbaus – bei Gibbons,[50] also einer Art, die nicht zu den großen Menschenaffen (Gorilla, Schimpanse, Orang-Utan und Mensch) zählt. Dennoch verfügen sie über ein großes Repertoire akustischer Signale, und ihr Sozialleben ist äußerst komplex, so dass ein Satzbau durchaus sinnvoll ist.

Papageien

Wir alle wissen aus alten Piratenfilmen, wie gut Papageien menschliche Sprache nachplappern können. Doch mit dieser Wahrnehmung greifen wir viel zu kurz. Tatsächlich sind Papageien bisher die einzigen Tiere, die sich darauf eingelassen haben, eine menschliche Sprache zu sprechen, und mit denen wir uns tatsächlich unterhalten können.

Eigentlich sollten uns die unglaublichen Ergebnisse gar nicht überraschen, denn wir wissen seit mindestens zehn Jahren, dass zumindest Graupapageien mit uns Menschen sprechen können.[51] Ich kann mich noch gut an einen Nachmittag im Sommer 2003 erinnern. An unserem Institut in Berlin wurde ein kleiner Workshop veranstaltet, der Stargast war die amerikanische Wissenschaftlerin Irene Pepperberg. Sie hatte damals ihren internationalen Durchbruch noch nicht erreicht, aber alle spürten, dass da etwas in der Luft lag. Obwohl sich ihre Arbeit hauptsächlich auf ein Tier, einen Graupapagei namens Alex (Avian-Language-Experiment = Vogel-Sprach-Experiment) konzentrierte, waren ihre Ergebnisse beeindruckend. Alex war in der Lage, Adverbialbestimmungen der Art und Weise kontextgerecht anzuwenden. Er kannte sieben Farben, fünf Formen und konnte bis sechs zählen. Auf die Frage »Wie viele Ringe siehst du?« hätte er beispielsweise geantwortet: »Vier.« Wenn man ihn dann noch gefragt hätte: »Welcher Ring ist anders als die anderen?«, so wäre er in der Lage gewesen, zu antworten: »Der rote!«[52]

Ich bin zu wenig Sprachwissenschaftler, um beurteilen zu können, ob das Sprache ist, aber die Philosophin und Sprachforscherin Jennifer Hudin glaubt, diese Frage auf Grundlage der aktuellen Sprachtheorien mit Ja beantworten zu können.[53] Sie geht davon aus, dass sowohl die Bedingung der Rückkopplung als auch die Voraussetzungen nach Donald Davidson (Semantik = Sprachbedeutung) und John Searle (Syntax = Sprachregeln) erfüllt sind. Neben der sprachwissenschaftlichen Begründung führt sie einige Beispiele wie die folgenden an: Alex war in der Lage, zu fragen, was seine Trainerin nun tun wird. Die Antwort »I am going away to eat lunch now« griff er später ohne jegliches weitere Training auf und benutzte »I'm gonna go away«, um eine Arbeitssession, auf die er keine Lust mehr hatte, zu beenden. Auch der folgende Dialog beeindruckt, wenn man weiß, dass er spontan und untrainiert war:

Alex: »You be good. I love you.«

Irene: »I love you, too.«

Alex. »You'll be in tomorrow?«

Irene: »Yes, I'll be in tomorrow.«

Am Tag nach dieser Konversation starb Alex. Er hatte mit 31 Jahren erst die Hälfte seiner Lebenserwartung erreicht. Er lebte bis auf wenige Monate sein gesamtes Leben in Irene Pepperbergs Labor und wurde praktisch täglich trainiert. Er gilt derzeit als das Tier mit der am besten dokumentierten Konversation zwischen Mensch und Tier. In Deutschland hätte man das Experiment wahrscheinlich nicht durchführen dürfen, denn Graupapageien leben sehr sozial und leiden unter der Einzelhaltung, die daher bei uns verboten ist.

Nachdem wir erfahren haben, dass es mehr oder weniger erfolgreich gelungen ist, Tieren eine menschliche Sprache beizubringen, könnten wir uns fragen, ob es möglich ist, Tieren das Schreiben beizubringen. Es ist eigentlich kaum vorstellbar, aber genau dies wurde erfolgreich versucht. So hat man beispielsweise Tauben beigebracht, geschriebene englische Worte zu erkennen. Nach einiger Zeit konnten sie diese von willkürlichen Buchstabenkombinationen unterscheiden. Doch allein diese Beobachtung würde nur zeigen, dass Tauben eine bemerkenswerte Mustererkennung und ein ausgezeichnetes Gedächtnis haben. Darum wurde das Experiment zügig geändert. Es wurden zusätzlich neue, aber echte englische Worte präsentiert. Da diese Worte genauso wie die beliebigen Buchstabenkombinationen von den gelernten echten Worten abwichen, hätten diese neuen Worte als falsch oder als Nonsens identifiziert werden müssen. Tatsächlich konnten die Tiere aber neue englische Worte erkennen. Sie hatten sich nicht einfach das optische Muster gemerkt, sondern erkannt, dass diese Muster einem Regelwerk, also einer Orthographie unterlagen. Neue echte englische Worte, die in dieses Regelwerk passten, wurden ebenso wie die gelernten englischen Worte als echte Worte erkannt.[54] In dieser Beziehung funktioniert ein Taubengehirn genauso wie unser Gehirn, wenn wir orthographische Regeln lernen. Für mich als Legastheniker ist dies eine unglaubliche Vorstellung. Wie machen die das bloß?

Immerhin kann ich mich damit trösten, dass Tauben auch beim Multitasking besser abschneiden als wir Menschen.[55] Sie können einfach schneller umschalten. Grund dafür ist die geniale Bauweise ihres Gehirns. Während wir mit unserem Gehirn eigentlich nur an der Oberfläche denken, ist das Vogelgehirn ein kompaktes Nervengewebe mit hoher Zelldichte. Dies ist ein großer Vorteil, denn bei uns müssen die Reize oft eine riesige Distanz überwinden. Wir machen dies mit speziellen Nervenzellen den sogenannten »Von-Economo-Neuronen«. Vor nicht allzu langer Zeit glaubte man sogar, dass diese Neuronen für unsere soziale Intelligenz verantwortlich sind.[56] Heute wissen wir, dass es diese Neuronen nur gibt, um überhaupt die großen Distanzen in unserem Gehirn zu überbrücken. Der Bauplan des Vogelgehirns ist in diesem Fall definitiv die bessere Konstruktion. Also bitte ein bisschen Respekt vor den kleinen Piepmätzen!

5. Wir sind nicht allein – Die Evolution der Sprache

»Language didn't make interactional intelligence possible, it is interactional intelligence that made language possible as a means of communication.«[57]

Es gibt heute kaum noch Forscher, die der Meinung sind, dass sich die Intelligenz als Folge der Sprache entwickelt hat. Viele Tiere sind eindeutig intelligent und zu komplexen kognitiven Leistungen fähig. Es ist somit vielleicht auch kein Wunder, dass viele Tiere auf dem Weg sind, eine Sprache zu entwickeln. Doch schauen wir uns zunächst die Verwandten unserer Ahnen an.

Neandertaler

Wir begeben uns in ein kleines Tal zwischen Erkrath und Mettmann, circa 10 Kilometer östlich von Düsseldorf. Es ist das Neandertal, der Fundort einiger Knochen von Steinzeitmenschen. Diese gaben vor ungefähr 150 Jahren einige Rätsel auf. Zu unterschiedlich war die Anatomie zu den bisherigen Funden, und so hatten Generationen von Forschern etwas zu grübeln. Der Neandertaler war mal eine Unterart des Homo sapiens und dann wieder eine eigene Art. Aus genetischen Untersuchungen wissen wir, dass sich unsere Vorfahren, nachdem sie Afrika verlassen hatten, auch mit Neandertalern eingelassen haben. Als Andenken aus jener Zeit tragen alle Nachkommen der Auswanderer einige Neandertalergene mit sich herum. Obwohl die Nachkommen der Mischlinge offenkundig zeugungsfähig waren, sprechen wir heute vom Neandertaler als einer eigenen Art, dem *Homo neanderthalensis*. Gemeinsam mit einigen weiteren Arten der Gattung Homo lebten wir für viele Jahrtausende gemeinsam auf der Erde.

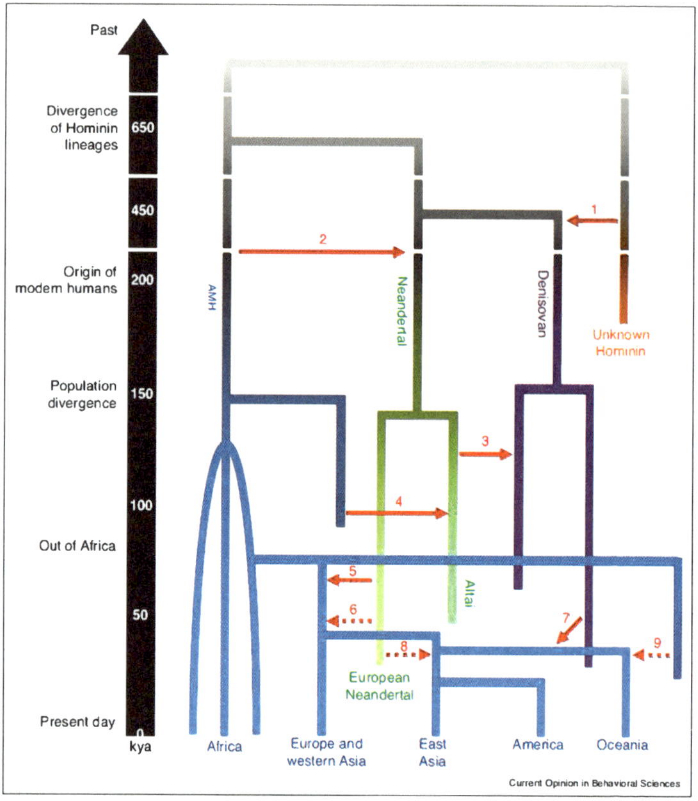

Entwicklungsgeschichte der Gattung Homo.

Wenn wir heute von Steinzeit reden, dann sprechen wir also nicht nur über eine Entwicklungsphase unserer Vorfahren, sondern auch über eine Entwicklungsphase, die wir mit anderen Arten der Gattung Homo geteilt haben. Es gibt aber auch Ausgrabungen von Steinwerkzeugen der Gattung Pan, und so sprechen viele Wissenschaftler heute auch von einer »Schimpansen-Steinzeit«.[58] Diese ist allerdings erst 4000 Jahre alt.

Besonders Sprachwissenschaftler möchten gern verstehen, wann und wie sich Sprache entwickelt hat. In der Vergangenheit glaubte man, dass nur unsere direkten Vorfahren – also der Homo sapiens – irgendwann eine Sprache entwickelt haben. Heute wird sehr plausibel argumentiert, dass auch der *Homo neanderthalen-*

sis über eine vergleichbare Sprachfähigkeit verfügte.[59] Ausgrabungen machen deutlich, dass die Neandertaler intellektuell unseren Vorfahren nicht nachstanden, und die Forscher gehen davon aus, dass die nötigen komplexen und planvollen Handlungen, zu denen sie fähig waren, nur mit einer Sprache möglich waren. Darüber hinaus sah sein Zungenbein dem unseren sehr ähnlich und würde die nötige Flexibilität des Rachenraumes zur Sprachbildung ermöglichen.[60] Unseren nächsten Verwandten traute man dies nicht zu, denn seit den siebziger Jahren galt die Theorie, dass sie nicht dazu in der Lagen seien, ihren Rachenraum so dezidiert zu formen, um Sprache bilden zu können.[61] Heute wissen wir es besser, und sowohl Makaken[62] als auch Bonobos[63] sind dazu in der Lage, sprachähnliche Laute zu produzieren.

Natürlich stellt sich nun die Frage, warum der Neandertaler ausgestorben ist und wir nicht. Nachdem in der Vergangenheit mal die Gemeinsamkeiten[64] und mal die Unterschiede[65] zwischen uns und den Neandertalern betont wurden, ist man heute der Meinung, dass es nur sehr geringe genetische Unterschiede gab. Diese könnten aber in ihrer Wirkung dramatische Konsequenzen gehabt haben.[66] Wir werden im Kapitel »Unser altes Bild von Tieren« erfahren, dass der *Homo sapiens* kurz vor dem Aussterben stand. Hätte es damals schon die Rote Liste der Weltnaturschutzorganisation IUCN[67] gegeben, dann hätten wir den Status CR (Critically Endangered = vom Aussterben bedroht) bekommen. Wir wissen heute recht gut, was unsere Vorfahren taten, um zu überleben, aber wir wissen nicht, was der Grund für ihr Handeln war. Ich persönlich habe eine kleine Vermutung.

Der Leipziger Anthropologe Tomasello hat mit Kindergartenkindern und jungen Menschenaffen eine vergleichende Untersuchung durchgeführt und kam zu einem überraschenden Ergebnis. So individualistisch wir uns auch fühlen, so trügerisch ist diese Selbstwahrnehmung. Tatsächlich ordnen wir uns extrem gern dem Diktat der Gruppe unter. Dies geht sogar so weit, dass Kinder auf eine leckere Süßigkeit verzichten, um nicht aus der Gruppe herauszustechen und Teil der Gemeinschaft zu bleiben.[68] Andere Menschenaffenarten würden keinen Moment zögern und sich die

Leckerei schnappen. In meinem Buch »Das Mysterium der Tiere« bin ich näher auf dieses Experiment eingegangen und möchte daher hier nur die Konsequenzen, die sich aus dieser kleinen genetisch programmierten Verhaltenseigenart ergeben, darstellen. Bisher sind wir Menschen die einzigen Tiere, die sich in einem so hohen Grad dem Diktat der Gruppe unterwerfen. Diese Eigenheit lässt uns extrem kooperativ sein, und diese Kooperationsbereitschaft wiederum halte ich für die eigentliche Quelle des menschlichen Erfolgs.

Doch was hat das mit der Evolution der Sprache zu tun? In der Vergangenheit gingen viele Sprachwissenschaftler und Philosophen davon aus, dass unsere Sprachfähigkeit uns zu dem gemacht hat, was wir sind. Es setzt sich allerdings mehr und mehr die Meinung durch, dass die Sprache eine Fähigkeit ist, die nicht nur auf unsere Art begrenzt ist. Vielmehr kann der Erfolg unserer Art mit so überraschenden Mechanismen erklärt werden wie dem, dass wir uns gern der Gemeinschaft unterordnen, und möglicherweise ist eine andere, bisher unbekannte, kleine Eigenschaft dafür verantwortlich, dass der Neandertaler ausgestorben ist.

Unabhängig von diesen kleinen Unterschieden haben wir aber vielleicht mit den Neandertalern mehr sprachliche Elemente gemein, als man denkt. Forscher spekulieren darüber, dass die Klicksprache, die noch heute in vielen afrikanischen Sprachen nachwirkt,[69] ihren Ursprung im kommunikativen Knacken von Blättern hat.[70] Auf YouTube kann man sich ansehen, wie dies heute bei Schimpansen[71] und Menschen klingt.[72]

Das Sprachgen FOXP2

Ende des 20. Jahrhunderts entdeckte man bei einer Londoner Familie, in der mehrere Angehörige unter einer Sprachstörung litten, eine genetische Eigenheit. Alle Betroffenen hatten einen bestimmten Gendefekt. Die Presse feierte daraufhin die Entdeckung des sogenannten Sprachgens. Endlich hatte man eine handfeste Erklärung für die menschliche Fähigkeit zu sprechen. Es dauerte natürlich nicht lange, und das Gen wurde auch bei vielen anderen Wirbeltieren entdeckt.[73] Nach und nach wurde auch die Wirkungsweise besser verstanden. Obwohl wir auch heute noch weit davon entfernt sind, die vielfältigen Wirkungen des Proteins FOXP2 zu verstehen, ist doch eines klar: Es steuert unsere Sprachfähigkeit nur indirekt, indem es als sogenannter Transkriptionsfaktor an der Umwandlung genetischer Informationen in Proteine in den Nervenzellen beteiligt ist. Möglicherweise ist es an der Produktion Hunderter verschiedener Proteine beteiligt. Alles in allem unterstützt sein Wirken das motorische Lernen. Aufgrund der komplexen Muskelsteuerung unseres Sprachapparates ist unser Sprechen auf die Lernmechanismen angewiesen, die FOXP2 ermöglicht. Derzeit geht man davon aus, dass die menschliche Version von FOXP2 besonders effizient ist und uns daher das Erlernen von Sprache leichter fällt als anderen Tieren.

Genetiker haben sogar das menschliche FOXP2-Gen in das Genom einer Maus eingeschleust.

Natürlich konnte die Maus nun nicht Englisch sprechen, aber bei einem standardisierten Test zur Orientierung in einem Laby-

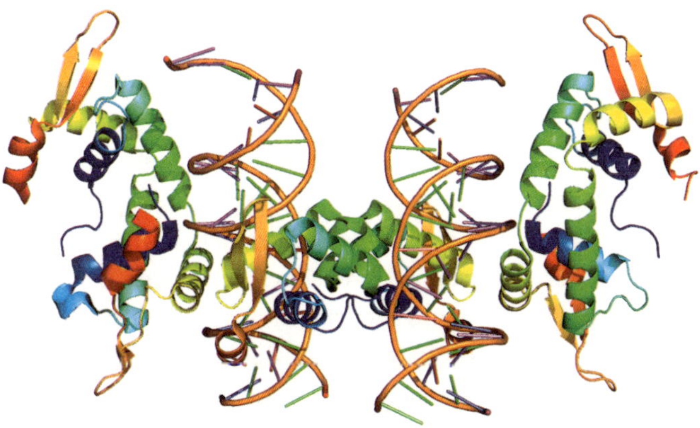

FOXP2 (Forkhead-Box-Protein P2) ist ein komplexes Protein, ohne das wir nicht sprechen können, das entsprechende Gen nennt man auch Sprachgen. Wir teilen es mit vielen Wirbeltieren.

rinth zeigte sich, dass die genetisch manipulierten Mäuse wesentlich besser motorisch lernen konnten als ihre Artgenossen.[74]

FOXP2 ist also ein Protein, das wir und viele andere Wirbeltiere für das Lernen komplexer motorischer Fähigkeiten brauchen. Die Tatsache, dass das menschliche FOXP2 in einem Mäusegehirn ohne Probleme arbeiten konnte, zeigt aber sehr anschaulich, wie vergleichbar das Wirken der Gene in beiden Gehirnen ist.

Vokales Lernen oder Welche Tiere können sprechen?

Haben Sie schon einmal versucht, ihrer Katze beizubringen, zu bellen? Haben Sie schon einmal gehört, dass eine Kuh blökt wie ein Schaf oder ein Meerschweinchen kräht wie ein Hahn? Vermutlich nicht, denn die allermeisten Tiere können keinen einzigen Ruf hinzulernen. Sie leben mit ihrem angeborenen Vokabular, das sie genauso gut beherrschen wie menschliche Babys ihr Geschrei. Dies bedeutet aber nicht, dass die Tiere nicht dazu in der Lage sind, Rufe mit unterschiedlichen Bedeutungen zu beherrschen. Waschbären zum Beispiel kennen 16 unterschiedliche Rufe,[75] und am Gebell von Hunden[76] kann man hören, ob sie lachen.

Dies alles hat aber nichts mit Sprechen zu tun. Um eine Sprache, und sei sie auch noch so einfach, zu beherrschen, braucht man die Fähigkeit des vokalen Lernens, man muss in der Lage sein, neue Elemente hinzuzulernen. Schätzungen zufolge gibt es mehr als 10 000 Vogelarten aus der Gruppe der Singvögel, Papageien, Kolibris und Rabenvögel, die vokales Lernen beherrschen.[77] Singvögel beispielsweise lernen ihre Lieder von älteren Tieren. Aber es lernen nur die Männchen und auch diese nur als Jungtiere. Mit einer Sprache kann dies nichts zu tun haben, denn es hat nicht viel Sinn, wenn ein Geschlecht immer das erste und das letzte Wort hat und zwischendurch auch noch allein spricht. Genauso wenig sinnvoll ist es, wenn man nur als Jungtier lernt und danach kein einziges Wort hinzukommt. Doch Papageien, Kolibris und Rabenvögel lernen ein Leben lang, und es »sprechen« beide Geschlechter.

Kaum zu glauben, aber unsere Hausmaus könnte eine Sprache sprechen.

Bei den Wirbeltieren sieht es weitaus schlechter aus. Es beherrschen zwar viele Wal- und Delfinarten wie der Große Tümmler, der Orca, der Beluga und der Buckelwal und sogar Seehunde das vokale Lernen, aber sonst ist nicht viel los. Elefanten können es auch, und einer mit dem Namen Koshik spricht sogar Koreanisch, allerdings nur vier Wörter.[78] Obwohl die Forscher mit ihren Versuchen, Tieren eine menschliche Sprache beizubringen, nicht glücklich wurden, gibt es doch einige Tiere, die menschliche Wörter und sogar Sätze wiedergeben können. Der Belugawal[79] Noc beispielsweise befahl einem Marinetaucher, er solle auftauchen,[80] und ein Seehund,[81] genannt Hoover, reagiert auf Zoobesucher mit den Worten: He, du! Mach dich da raus![82] Vor kurzem überraschte das Orcaweibchen Wikie die Fachwelt, indem sie verschiedene englische Wörter nachsprach.[83] Allerdings war sich vermutlich keines der Tiere dessen bewusst, was es sagte. Dennoch sind es beeindruckende Beispiele für vokales Lernen. Für einem Hund wäre das unmöglich, obwohl er in Bezug auf andere kognitive Fähigkeiten durchaus beeindruckt. Selbst unseren nächsten Verwandten, den Schimpansen, traute man das bis vor kurzem nicht zu.[84] Doch was denken Sie, wenn Sie erfahren, dass Fledermäuse[85] und auch unsere kleine Hausmaus[86] zu der erlesenen Gruppe der kognitiv hochentwickelten vokalen Lerner gehören und somit grundsätzlich dazu in der Lage sind, eine Sprache zu lernen? Ich gebe gern zu, dass ich mir dies kaum vorstellen kann, und doch ist es wahr.

Vokales Lernen hat übrigens einen lustigen Nebeneffekt. Vielleicht haben Sie auf YouTube schon einmal dancing + animals eingegeben.[87] Sie finden unzählige Tiere, die sich zu peppiger Musik im Rhythmus bewegen. Einfach nur drollig, wem's gefällt. Für mich sind diese Videos, von wenigen Ausnahmen abgesehen, ein Beispiel für völlig unangemessene und oftmals sogar wirklich dumme Vermenschlichung. Wie Sie sicher schon gelesen haben, widme ich dem Thema Vermenschlichung viele Seiten. Genau genommen rufe ich sogar dazu auf, denn wir müssen Tiere vermenschlichen, wenn wir sie verstehen wollen. Aber wir dürfen es nur tun, wenn wir es können. Doch dazu später.

Die große Frage, die sich nun stellt, ist: Welche Tiere können wirklich tanzen? Ganz einfach könnte man antworten: alle Tiere, die ein Rhythmusgefühl haben. Doch was genau ist das eigentlich? Beim Rhythmusgefühl macht unser Gehirn zwei Dinge gleichzeitig. Es steuert Muskelbewegungen und überprüft gleichzeitig, ob diese Bewegungen im Einklang mit der Erwartung sind. Sicher hatten Sie schon einmal Schwierigkeiten, eine neue Vokabel aus einer Fremdsprache oder einem Fachvokabular richtig auszusprechen. Sie tun dies dann mehrmals, bis Sie das Gefühl haben, dass die Aussprache in etwa so klingt wie das Original. Ihr Gehirn variiert dabei die Ansteuerung der Muskulatur Ihres Sprachapparates, bis Ihr Gehör etwas wahrnimmt, das dem Original zufriedenstellend gleicht. Diese Fähigkeit brauchen Sie auch zum Tanzen. In diesem Fall werden Ihre Muskeln so angesteuert, dass sie mit der Musik, zu der Sie tanzen, im Rhythmus stehen. Aus diesem Grund haben auch alle Tiere, die zu vokalem Lernen fähig sind, ein Rhythmusgefühl.[88] Wenn Sie also das Video des oben schon erwähnten berühmten Papagei Snowball sehen, können Sie sich sicher sein, dass er wirklich tanzt. Seien Sie also nicht überrascht, wenn Sie irgendwann ein paar Mäuse auf Ihrem Lautsprecher tanzen sehen. Doch bitte laden Sie das Video auf YouTube hoch, damit dem ganzen Unsinn ein Gegengewicht entsteht.

Die allermeisten Tiere, die wir dort als tanzend präsentiert bekommen, machen Bewegungen, die nichts mit der Musik zu tun haben. Da »tanzt« beispielsweise eine Möwe auf einem Rasen, doch tatsächlich tanzt sie nicht, sondern erzeugt Vibrationen, die so ähnlich klingen wie das Graben eines Maulwurfs. Die Regenwürmer nehmen dies wahr und versuchen, vor ihrem Fressfeind an die Oberfläche zu fliehen. Ganz ähnlich erklärt man sich übrigens auch die Tatsache, dass Regenwürmer bei Regen nach oben kommen. Da sie in dem Wasser nicht ertrinken würden, vermutet man, dass der Regen vergleichbare Vibrationen erzeugt.

Ein anderes Beispiel für nicht tanzende Tiere sind die tanzenden Schlangen bei der Schlangenbeschwörung. Die Tiere können keinen Luftschall wahrnehmen und reagieren somit nicht auf die Töne der Flöte. Ihr Rhythmus kommt ausschließlich durch die Bewegung des Beschwörers zustande. Vielleicht haben Sie sich auch schon gefragt, warum die Schlangen nicht einfach zubeißen. Die Antwort ist ganz einfach: Der Schlangenbeschwörer initiiert bei der Schlange verschiedene einander widersprechende Verhaltensmuster, und die Schlange kann sich einfach nicht entscheiden, was sie tun soll.

Vermutlich möchten Sie nun wissen, zwischen welchen Verhaltensmustern sich die Schlange so schlecht entscheiden kann? Es gehört zwar nicht zu unserem Thema, aber es ist ein schönes Beispiel dafür, wie Verhalten gesteuert wird und was passiert, wenn Reize unterschiedliche Verhaltensmuster anregen. Wenn der Deckel von dem dunklen Korb abgehoben wird, befindet sich die Schlange plötzlich in einem Zustand der Reizüberflutung. Es ist für die Schlange unerwartet hell, und meist wird sie zusätzlich angestupst. Ihre sofortige Reaktion ist die Einnahme ihrer Verteidigungsposition. Dabei richtet sie sich auf und öffnet das Maul in Richtung Angreifer. Nun beginnt der Konflikt. Das Blasinstrument des Fakirs besteht meist aus einem kürbisartigen Ballon, der in Verbindung mit dem Rohr der Flöte wie ein Artgenosse aussieht. Schlangen können zwar sehr gut Wärmeunterschiede wahr-

Schlangenbeschwörung mit Musik ist Unsinn!

nehmen, aber ihre Augen sind mit den unseren nicht zu vergleichen, und so kann die Schlange nicht erkennen, wer vor ihr ist. In diesem Moment kann sie sich nicht entscheiden, ob sie sich verteidigen muss oder besser zu balzen beginnt. Wenn der Schlangenbeschwörer dann noch Federn oder ein Stückchen Fell an der Flöte befestigt, ist die Verwirrung komplett, denn der vermeintliche Angreifer/Sexualpartner wird nun auch noch zu einem potentiellen Beutetier. Zusammen mit der allgemeinen Reizüberflutung wissen die Tiere einfach nicht mehr, was sie tun sollen, und verharren in ihrer aufrechten Position. Die einzige Reaktion, die ihnen möglich ist, ist ein reflexartiges Sich-mit-dem-Gegenüber-Mitbewegen. Genau diese Bewegungen nutzt der Beschwörer aus, um den Eindruck zu erwecken, die Schlange tanze.[89]

Über Jahrzehnte hielt man Schlangen übrigens für taub, und auch heute glauben viele Terrarienbesitzer, dass Schlangen nicht hören können. Tatsache ist aber, dass Schlangen sehr wohl ein funktionierendes Gehör haben. Ihr Gehör ist aber nicht in der Lage, Schall zu empfangen, der von der Luft übertragen wird. Ihr Gehör ist auf den Schall spezialisiert, der über das Erdreich übertragen wird. Anhand dieser Vibrationen können die Tiere sogar die Richtung erkennen, aus der die Schallquelle kommt. Möglich wird dies durch eine Eigenart ihres Kiefers. Der linke und rechte

Schlange mit abgeschnittenen Giftzähnen.

Unterkiefer der Schlangen ist über ein elastisches Gewebe miteinander verbunden. Dieses ermöglicht ihnen, den Mund extrem weit zu öffnen, was den positiven Nebeneffekt hat, dass beide Unterkieferseiten von einer eintreffenden Bodenschallwelle zu einer unterschiedlichen Zeit getroffen werden. Aus der Laufzeitdifferenz der Schallwelle errechnen sie die Richtung der Schallquelle, ganz ähnlich arbeiten auch unsere Ohren bei der Richtungsbestimmung.[90]

An dieser Stelle sei vielleicht noch erwähnt, dass besonders die basslastige Popmusik ausgesprochen unangenehm auf die Tiere wirkt. Dieser Schall wird von den Tieren gut wahrgenommen und vermag den Eindruck einer vorbeigaloppierenden Elefantenherde zu erwecken. Wer also in einem Haus mit partyfreudigen Nachbarn wohnt, sollte genau überlegen, ob er Schlangen halten will.

Doch das Handwerk der Schlangenbeschwörer stirbt aus, die Hektik unserer Zeit lässt Passanten an den Fakiren vorbeistürmen.[91] Für mich hält sich der kulturelle Verlust, der dadurch entsteht, in Grenzen, wohingegen ich ausdrücklich begrüße, dass nun weniger Schlangen mit abgeschnittenen Giftzähnen in Körben leben müssen.

Zurück zum Thema: Unabhängig von den vielen Tieren, die ganz sicher nicht tanzen können, gibt es doch eine Vielzahl von Tieren, die tatsächlich über diese Fähigkeit verfügen. Wenn Sie also ein tanzendes Tier entdecken, das zu den vokalen Lernern gehört, dann können Sie davon ausgehen, dass es sich tatsächlich im Rhythmus bewegt und dabei wahrscheinlich sogar Spaß hat.

Ein Elefantenorchester[92] ist somit denkbar, auch wenn Sie auf einen Besuch verzichten sollten.[93] Doch der Tanzbär oder eine tanzende Kobra sind unmöglich.

Aber Achtung: Ein Tier, das nicht tanzen kann, kann durchaus Gefallen an Musik finden. So konnte bei Katzen eine klare Präferenz für spezielle Katzenmusik gefunden werden.[94]. Den Forschern ging es im Übrigen nicht darum, irgendein kurioses Experiment durchzuführen. Sie haben sich für die Frage interessiert, ob Haustiere mit menschlicher Musik gut unterhalten werden, wenn Herrchen und Frauchen mal nicht zu Hause sind. Die Antwort war nein, und die Empfehlung lautete, lieber Musik zu spielen, die auf die Tiere abgestimmt ist. Wer sich so einen Katzensong anhören möchte, der findet ihn unter diesem Link.[95]

Der Kontexttrick

Bei dem Versuch, mit Tieren zu kommunizieren, wenden viele Menschen, ohne sich dessen überhaupt bewusst zu sein, den »Kontexttrick« an. Wir hören unseren Hund bellen oder unsere Katze miauen, und je nachdem, in welcher Situation dies stattfindet, glauben wir zu verstehen, was unsere vierbeinigen Freunde uns sagen wollen. Es erscheint uns einfach logisch, in einer bestimmten Situation ein bestimmtes Verhalten zu erwarten. Doch das, was uns so logisch erscheint, ist ein uralter Trick der Natur.

Tiere, die die grandiose Fähigkeit des vokalen Lernens nicht haben, müssen mit dem klarkommen, was ihnen genetisch in die Wiege gelegt wurde. Ihre Rufe klingen somit relativ gleich, und von außen betrachtet, hat man den Eindruck, dass sie immer nur das Gleiche tun. Möglicherweise liegen wir damit aber falsch.

Viele Affen, aber auch andere Tierarten, verfügen über Alarmrufe. Der Schwarzstirn-Springaffe (*Callicebus nigrifrons*) beispielsweise hat zwei Alarmrufe. A-Rufe für Greifvögel und B-Rufe für Räuber am Boden. Es kommt aber auch vor, dass ein Greifvogel am Boden und eine Katze auf dem Baum sitzt. In diesem Fall werden die Rufe miteinander kombiniert. Somit kann also nicht nur gesagt werden, wer kommt, sondern auch, wo die Bedrohung lauert.[96]

Eine tolle Sache, doch die kleinen Affen machen ihre B-Rufe alle naselang, so dass man leicht den Eindruck gewinnen könnte, dass diese Rufe völlig sinnlos sind. Für die Tiere wäre eine solche Schlussfolgerung natürlich fatal, denn sie würden den Alarmruf nicht mehr beachten. Forscher haben sich daher das Verhalten und die akustischen Eigenschaften der Rufe sehr genau angesehen und konnten zeigen, dass die Rufe zwar grundsätzlich gleich

Der Schwarzstirn-Springaffe (*Callicebus nigrifrons*). Seine B-Rufe klingen in unseren Ohren immer gleich, doch je nach Kontext sind sie unterschiedlich – ein Trick der Natur, mit dem auch Tiere ohne vokales Lernen unterschiedliche Informationen mitteilen können.

sind, aber je nach Kontext variieren.[97] Ich wäre nicht überrascht, wenn wir mit vergleichenden akustischen Methoden auch bei anderen Tieren Unterschiede bemerken würden. Leider können wir diese feinen Unterschiede nicht wahrnehmen, und so sind wir darauf angewiesen, zu raten. Wir überlegen uns einfach, was in der bestimmten Situation sinnvoll wäre, und tun so, als hätten wir den entsprechenden Ruf verstanden und in seiner geringfügig veränderten Form wahrgenommen. Auch wenn es nach übertriebener Vermenschlichung riecht, scheuen Sie sich nicht, den Kontexttrick anzuwenden. Vielleicht warten Sie aber auch einfach auf die entsprechende Handy-App (die bisher existierenden Apps sind eher witzig gemeint). Für Babys gibt es so etwas sogar schon. Apps wie der Infant Crying Translator oder Baby Language nutzen neueste wissenschaftliche Methoden und Erkenntnisse, um ihre Genauigkeit zu optimieren.[98]

Der Autismustrick

Dieser Trick ist sehr einfach und doch schwer. Der Auftrag lautet: Denke in Bildern, löse dich von sprachlichen Gedanken, und konzentriere dich auf kleinste visuelle, akustische oder andere Details. Ignoriere alle Ambivalenz im Denken und Fühlen, konzentriere dich auf nur ein Kerngefühl, und fühle das intensiv. So in etwa beschreibt Temple Grandin, Professorin für Nutztierforschung, das Denken eines Autisten.[99] Sie muss es wissen, denn bei ihr wurde das Asperger-Syndrom, eine milde Form des Autismus, diagnostiziert. In den USA gilt sie als die Expertin für Schlachthäuser und die Konstruktion von Massentierhaltungsanlagen. Ihr autistisches Denken ermöglichte es ihr, grundlegende Probleme bei der Massentierhaltung und im Schlachthof zu erkennen und zu beheben.

Zweifelsfrei ist sie keine Tierschützerin, auch wenn sie ebenso zweifelsfrei eine Tierversteherin ist. Ihre Fähigkeit, sich in die Wahrnehmung von Tieren zu versetzen, ermöglicht ihr ihre Arbeit, und möglicherweise bewahrt ihre Krankheit sie vor tiefgreifendem Mitgefühl für die Tiere (siehe das Kapitel »Mitgefühl«). Dennoch bleibt

Temple Grandin führte kurvenförmige Gänge ein und konnte so den Stress der Tiere dramatisch reduzieren. Sie begründet diese Form mit dem natürlichen Verhalten der Tiere. Diese gehen gern zurück zu ihrem Ausgangspunkt, denn den kennen sie. In einem kurvenförmigen Gang werden Tiere weniger verunsichert, denn es gibt weniger zu sehen. Nicht zuletzt ist es ein typisches Verhalten einer Herde, sich in Runden zu bewegen.

unter dem Strich die Tatsache, dass sie allein vielleicht mehr Tierleid verhindert hat als alle Tierschützer zusammen. Dies ist ein extrem ambivalenter Gedanke, und daher gehört er auch in ein Buch, das sich mit einem besseren Verständnis zwischen Menschen und Tieren beschäftigt.

Wer sich mehr für diese außergewöhnliche Frau interessiert, dem empfehle ich den Film »Du gehst nicht allein«[100] und ihren bemerkenswerten TED Talk »The world needs all kinds of minds«.[101]

Eine mögliche Erklärung für ihre Fähigkeit liefert die Diskussion über die Ursachen und Wirkungsweisen von Autismus. So wurde beispielsweise festgestellt, dass die Konnektivität im Gehirn eines erwachsenden Autisten eingeschränkt ist. Man spricht von Hypokonnektivität und meint damit eine Beeinträchtigung der Kommunikation weit voneinander entfernter Gehirnregionen. Dies könnte dazu führen, dass komplexe Gehirnaktivitäten, die besonders im Sozialleben eine wesentliche Rolle spielen, nicht ausgeführt werden können. Ein Beispiel dafür wäre die Fähigkeit, die Gedanken anderer Personen zu lesen. Stattdessen ist die Fähigkeit, Körpersprache zu lesen, wesentlich ausgeprägter.[102] Keine Sorge, Gedankenlesen hat hier nichts mit Esoterik und Telepathie zu tun. Es ist eine Fähigkeit unseres Gehirns, Gedanken fremder Wesen in unserem eigenen Nervengewebe zu simulieren, doch dazu mehr im Kapitel »Mitgefühl«.

Die Wahrnehmung der Welt und das Denken eines Autisten könnten somit tatsächlich hilfreich sein, um sich in die Welt vieler Tiere hineinzuversetzen. Vermutlich wird diese Methode aber nicht mehr gut funktionieren, wenn es darum geht, komplexes Sozialverhalten von Tieren einzuschätzen. In diesem Fall unterliegt das Verhalten der Tiere eher höheren Denkprozessen und einer Intersubjektivität. Damit ist die Fähigkeit gemeint, dass mehrere Individuen etwas in ihrer Außenwelt gleich beurteilen und einschätzen. Wir werden im Kapitel strategisches Denken ein Beispiel kennenlernen, in dem eine Gruppe Schimpansen einen strategisch geplanten Krieg gegen eine andere Gruppe durchführt. Dies geht nur, wenn die einzelnen Individuen eine gemeinsame Vorstellung von ihrem Ziel haben. Vielleicht haben auch sozial lebende Vögel eine gemeinsame Vorstellung von einem sie bedrohenden Raubtier. Diese gemeinsamen Vorstellungen sind bei Autisten eingeschränkt, und wir kommen mit der autistischen Perspektive nicht weiter.

Der Sündenfall oder Nach dem Erkennen der Lüge waren wir nicht mehr allein

Es gibt kaum eine Überschrift, über die ich mehr gegrübelt habe als über diese. Ursprünglich hieß das Kapitel »Mit dem Wort kam die Lüge«. Doch das wäre nicht richtig. Einerseits, weil es vor den Wörtern schon Rufe gab, und andererseits, weil vermutlich schon vor dem ersten Ruf geflunkert wurde. Doch die aktuelle Überschrift ist auch nicht ganz richtig, und ich habe wirklich Schwierigkeiten, die richtigen Ausdrücke zu finden. Was ich Ihnen in diesem Kapitel vermitteln möchte, sind Beobachtungen, die nahelegen, dass wir die Fähigkeit, andere als eigenständige Individuen zu erkennen, möglicherweise den Betrugsversuchen anderer verdanken. Anders als beim biblischen Sündenfall, bei dem das Naschen der Frucht vom Baum der Erkenntnis die Sünde war, steht bei uns die Wahrnehmung der Sünde anderer im Fokus. In beiden Fällen hat es etwas mit Erkenntnis und Sünde/Betrug zu tun, und in beiden Fällen geht es um ein Erwachen aus der Unschuld. Gerade noch kann man sich keinen bösen Willen oder Egoismus anderer vorstellen, und plötzlich ist alles anders. Dennoch war diese Vertreibung aus dem Paradies der erste Schritt in eine grandiose kognitive Zukunft, in der wir als Lebewesen nicht mehr allein waren.

Doch was genau wurde denn nun beobachtet? Speziell geht es um die Fähigkeit, unterschiedliche Individuen an der Stimme zu erkennen und sich zu merken, wer schon einmal versucht hat, zu betrügen. Im Sozialleben ist es von beachtlicher Bedeutung, Betrüger zu erkennen und sich auch zu merken, dass dieses bestimmte Individuum ein Schlitzohr ist. Es ist durchaus plausibel, dass sich unsere Fähigkeit, andere individuell zu erkennen, nur entwickelt hat, weil wir vermeiden wollten, von anderen ausgenutzt zu werden. Um dies plausibel erklären zu können, muss ich ein wenig ausholen.

Zunächst einmal müssen wir uns über zwei ganz unterschiedliche Tierarten verständigen, die von vielen Menschen oft verwechselt werden. Es geht um ein Raubtier und um ein Nagetier. Beide sind ziemlich süß, sehr sozial, und sie leben manchmal sogar zusammen oder teilen sich abwechselnd einen Bau. Es geht um das Erdmännchen und das Erdhörnchen.

Erdmännchen gehören gemeinsam mit den Mungos zur Familie der Mangusten. Diese wiederum gehören zu den katzenartigen Raubtieren. Um die Verwirrung komplett zu machen, heißen Erdmännchen im Englischen »Meerkat«. Infolgedessen werden sie manchmal als Meerkatzen bezeichnet. Wer nicht weiß, dass Meerkatzen die Bezeichnung für eine Primatengattung ist, es sich

Oft verwechselt: links – die Erdhörnchen (Nagetiere), rechts – die Erdmännchen (Raubtiere).

dabei also um kleine Äffchen handelt, ist spätestens jetzt völlig verwirrt. Ursprünglich geht die Bezeichnung auf das niederländisch geprägte Afrikaans zurück. Dort heißt das Erdmännchen mierkat (mier bedeutet Termite und kat bedeutet Mungo).[103] Die Verwirrung erreicht ihren Höhepunkt, wenn man erfährt, dass Erdmännchen und Erdhörnchen sich ähnlich ernähren, ein vergleichbar komplexes Sozialleben haben und unterschiedliche Rufe für unterschiedliche Feinde verwenden. Dennoch unterscheiden sie sich wie Adam und Eva im Verhältnis zu uns. Bildhaft gesprochen, wurden Erdmännchen noch nicht aus dem Paradies vertrieben, die armen Erdhörnchen hingegen schon. Doch sehen wir uns zuerst unseren Sympathieträger, den Sie auch auf dem Cover dieses Buches finden, genauer an.

Erdmännchen leben in sozialen Gemeinschaften von circa 20 bis 30 Tieren. Die Gruppe wird von dem alpha pair, einem dominanten Weibchen und einem dominanten Männchen, die ausschließlich für die Nachkommenschaft sorgen, dominiert. Junge Weibchen bekommen von dem dominanten Weibchen so viel Stress, dass der Eisprung hormonell unterdrückt wird. Wird dennoch ein anderes Weibchen schwanger, wird es vertrieben, und die Überlebenschance des vertriebenen Weibchens sinkt extrem. Kommt es nach einiger Zeit mit einem älteren Jungtier zurück, wird es wieder akzeptiert. Steht das dominante Weibchen kurz vor der Geburt, vertreibt es andere Weibchen, denn diese würden die Jungtiere attackieren. Wird die Gruppe größer, steigt auch die Zahl der Weibchen, die sich reproduzieren können. Dennoch hat das dominante Weibchen die meisten Nachkommen. Je größer die Gruppe, desto höher die Überlebenschance, aber auch der soziale Stress. Wird die Gruppe zu groß, spaltet sie sich in mehrere Gruppen auf. Neue Gruppen entstehen aber auch aus vertriebenen Weibchen und Gruppen aus jungen Männchen.

Das Sozialleben unseres putzigen Cover-Modells ist also alles andere als gemütlich. Dennoch werden die Nachkommen gemeinsam erzogen und behütet. Es gibt sogar eine klare Arbeitsteilung. Die meisten Tiere sind für die Futterbeschaffung verantwortlich, aber einige Tiere kümmern sich ausschließlich um Aufzucht und Ausbildung der Nachkommen. Dabei handelt es sich in der Regel nicht um die beiden dominanten Tiere.

Dies ist alles ausgesprochen ungewöhnlich für Säugetiere, bei denen sich meist das Muttertier um die Jungen kümmert. Bei Säugetieren sorgt die geniale Erfindung der weiblichen Brust für eine gewisse Unabhängigkeit vom männlichen Geschlecht – übrigens ein Grund dafür, warum die meisten Säugetiere nicht in Partnerschaften leben. Bei Vögeln ist das anders, sie müssen gemeinsam brüten und ihre Jungen versorgen und gehen dafür oft sogar einen Bund fürs Leben ein.

Doch was treibt unsere kleinen Säuger in ein so komplexes und anstrengendes Dasein als Tante oder Onkel? Warum verzichten sie auf die Elternschaft? Und warum verzichtet das alpha pair auf die Befriedigung, seine eigenen Nachkommen aufzuziehen?

Die Antwort ist ganz einfach. Die süßen Tiere sind gefährliche Räuber, und kein Insekt – egal ob Wurm oder giftstachelbewährter Skorpion – ist vor ihnen sicher. Doch leider sind die kleinen, gerade einmal 700 Gramm wiegenden Tiere selbst begehrte Beute. Die Feinde lauern überall, und so haben sich die Tierchen einiges einfallen lassen. Wir haben schon die Arbeitsteilung zwischen den Aufzuchtbeauftragten und den Nahrungsbeschaffern kennengelernt. Doch unter Letzteren gibt es eine weitere Arbeitsteilung, denn mindestens einer hält immer Wache. Damit die anderen wissen, was genau los ist, gibt es verschiedene Rufe.

Erdmännchen kennen einen Ruf für Feinde aus der Luft und für Feinde am Boden. Ertönt der Ruf »Feinde am Boden«, flitzen alle, so schnell sie können, in ihre Höhlen. Wird ein Feind aus der Luft angekündigt, ducken sie sich und suchen die Bedrohung über sich. Beide Rufe werden in drei verschiedenen Kategorien abgegeben. Die erste Kategorie entspricht einer Vorwarnung und bedeutet: Irgendwo in der Nähe ist ein Raubtier. Die zweite Kategorie entspricht einer eindringlichen Warnung und bedeutet: Passt auf, es kann jeden Moment losgehen. Die dritte Kategorie entspricht einer unmittelbaren Bedrohung und ist ein echter Alarmruf, der sagt: Nichts wie weg hier. Man kann entweder von sechs verschiedenen Vokabeln oder von zwei Vokabeln mit Adverbialbestimmungen sprechen und hätte dann die Anfänge einer Grammatik vor sich.

Darüber hinaus gibt es unspezifische Panikrufe, Rufe, die eine gerichtete Bewegung initiieren, oder Rufe, mit denen man Verstärkung ruft. Auch gibt es Rufe für fremde Erdmännchen, die in das eigene Territorium kommen,[104] und Rufe, die im Sozialleben eine Rolle spielen. Man spricht bisher von circa 20 unterschiedlichen Rufen.[105]

Interessant ist auch, dass die Trauerdrongos (*Dicrurus adsimilis*), eine afrikanische Vogelart, die Alarmrufe imitieren[106] und sich dann, nachdem alle Erdmännchen in den Höhlen verschwunden sind, an deren Beute gütlich tun.[107] Auch können sich angeblich Naturfilmer Bindungsrufe der Erdmännchen zunutze machen und so schneller das Vertrauen der Tiere gewinnen.[108]

Anders als bei den Erdhörnchen sind die Wachleute bei den Erdmännchen willkürlich ausgewählt, und die Tiere scheinen andere nicht an der Stimme zu erkennen.[109] Gerade der letzte Punkt gilt aber als ein wesentliches Element bei der kognitiven Entwicklung. Erdhörnchen würden weder auf einen diebischen Vogel noch auf einen aufdringlichen Naturfilmer hereinfallen. Sie kennen Freund und Feind und wissen, wer Vogel oder Filmer ist. Unsere Erdmännchen sind da vertrauensvoller. Wenn ein Naturfilmer einen Kontaktruf imitiert, dann begegnet man ihm auf Augenhöhe und heißt ihn freundlich als Gast willkommen.

Auch **Erdhörnchen** betreiben Arbeitsteilung, und auch bei ihnen hält einer Wache. Dennoch basieren beide Mechanismen auf völlig unterschiedlichen Gesetzmäßigkeiten. Die wachehaltenden Tiere genießen einen hohen sozialen Stellenwert, sie bekommen ihr Futter fürs Herumsitzen und werden zur Belohnung auch noch gekuschelt. Doch ihr Job ist keinesfalls so leicht, wie er aussieht, denn ihre Aufmerksamkeit entscheidet über Leben und Tod. Nun stellen Sie sich aber bitte vor, ein Tier würde sich nicht an die Regeln halten. Es würde zwar ab und zu rufen und damit den Anschein erwecken, ein fleißiger Beobachter zu sein, doch anstatt konzentriert die Umgebung zu beobachten, würde er nur faul Löcher in die Luft starren. Natürlich hätte unser kleiner Betrüger einen gewissen Vorteil gegenüber den fleißigen Sammlern, und letztlich würde sich dieser Vorteil in einer größeren Nachkommenschaft niederschlagen. In diesem Moment würden aber die grandiosen Mechanismen der Evolution gnadenlos zuschlagen. Seine Nachkommen wären auch kleine Betrüger und deren Nachkommen auch. Letztlich gäbe es überhaupt keine aufmerksamen Wachleute mehr, und die ganze schöne Idee der Arbeitsteilung wäre dahin. Die Natur muss sich also irgendetwas einfallen lassen, damit Tiere in komplexen sozialen Gemeinschaften andere nicht ausnutzen und damit langfristig die Gruppe und vielleicht sogar die Art gefährden.

Der folgende Trick ist für uns so selbstverständlich, dass es uns schwerfällt, das Problem überhaupt zu erkennen. Man muss sich einfach nur merken, wer häufig Fehlalarm gibt, und den Schlingel nicht mit durchfüttern. Leider ist dies eine ziemlich komplexe Angelegenheit. Erstens muss ich ein sehr gutes und vielleicht sogar lebenslanges Gedächtnis haben, zweitens muss ich eine Vorstellung davon haben, dass es überhaupt andere gibt, und drittens muss mir klar sein, dass sich die anderen Individuen unterschiedlich verhalten können – alles in allem eine ziemliche Leistung, die bei unseren Erdhörnchen gegeben sein muss. Forscher haben nämlich festgestellt, dass die Tiere sich gegenseitig an ihrer Stimme erkennen und Tiere mit häufigen Fehlalarmen ignorieren und nicht mit Nahrung belohnen.[110]

Aus meiner Sicht ist dies vielleicht die grandioseste Erfindung in der Evolution des Soziallebens. Der Druck, von anderen betrogen zu werden, hat uns aus dem Paradies, in dem wir anderen ohne Hintergedanken vertrauen, vertrieben. Von außen betrachtet, unterscheidet sich das Verhalten von Erdmännchen und Erdhörnchen kaum, und doch sind die zugrundeliegenden Steuerungsmechanismen so unterschiedlich, dass ich mir den Vergleich mit dem Paradies erlaubt habe. Vermutlich haben Hunde ein vergleichbar komplexes Sozialleben, denn auch sie können sich gegenseitig am Bellen erkennen.[111]

Doch bitte halten Sie unsere Erdmännchen jetzt nicht für dumm. Sie haben sehr erfolgreich ein System des wechselseitigen und vertrauensvollen Wachehaltens etabliert und gelten unter Verhaltensbiologen seit einigen Jahren als kluge Strategen.[112] Um zu testen, wer unter welchen Bedingungen zu besonders kreativen Lösungen kommt, wurde beispielsweise Nahrung in verschiedenen Boxen mit unterschiedlichen Öffnungsmechanismen versteckt. Es stellte sich heraus, dass die Männchen am unteren Ende der Hierarchie die cleversten waren.[113] Die dominanten Tiere hatten dies nicht nötig, sie haben sich bei Bedarf einfach genommen, was sie haben wollten. Ein Schelm, wer Böses dabei denkt.

Redewendungen

Das geht auf keine Kuhhaut! Sie kennen diese Redewendung. Sie bedeutet, dass jemand so viel Unfug getrieben hat, dass man es kaum glauben kann. Die Redewendung geht auf einen Aspekt des mittelalterlichen Weltbildes zurück, in dem der Teufel die Missetaten eines jeden Menschen auf einem Kuhleder notierte, um am Tag des Jüngsten Gerichts genügend Beweise für den Erhalt der Seele des Übeltäters zu haben. Bei der Redewendung »jemandem einen Bärendienst erweisen« meint man, dass jemand im guten Glauben, das Richtige zu tun, nur schadet. Die Idee dahinter ist die falsche Vorstellung, dass Bären ein wenig tollpatschig sind. Allen Redensarten ist aber eines gemeinsam: Sie bestehen aus mehreren Wörtern oder einem kleinen Satz, doch die Aussage hat nichts mit der Bedeutung der Wörter zu tun.

Ob Sie es glauben oder nicht, aber auch Tiere benutzen Redewendungen. Wir haben uns oben schon darüber verständigt, wie wichtig es ist, einzelne Rufe zu kombinieren. Es geht darum, eine bessere Erkennbarkeit zu erreichen, aber auch darum, die Anzahl der unterschiedlichen Inhalte zu vergrößern. Wir Menschen nutzen dabei zwei Möglichkeiten. Die Kombination unterliegt entweder einer Syntax (einem Satzbau) oder einer Semantik (idiomatische Bedeutung). Bei den Meisen unterlag die Kombination einer Syntax, also einem Regelwerk für den Satzbau. Bei einer semantischen Kombination entsteht, wie bei einer Redewendung, ein völlig neuer Inhalt, der nichts mehr mit der ursprünglichen Bedeutung zu tun hat.

Tatsächlich konnte man eine solche Kombination bei Meerkatzen beobachten. Die Große Weißnasenmeerkatze (*Cercopithecus nictitans*) hat zwei Rufe. Die sogenannte »pyows« für Leoparden oder Feinde am Boden und die »hacks« für Adler, also Feinde aus der Luft. Doch wenn sie »pyows« und »hacks« miteinander kombinieren, entsteht eine völlig andere Bedeutung, nämlich: »Komm, lass uns gehen!«[114] Die neue Bedeutung hat absolut nichts mit der ursprünglichen Bedeutung zu tun. Ganz Ähnliches hat man bei der Campbell-Meerkatze beobachtet, und so sprechen die Forscher bei beiden Arten von der Nutzung einer Redensart.[115] Dies mag jetzt etwas weit hergeholt sein, doch im Kern bleibt die wirklich beeindruckende Leistung, dass durch die Kombination zweier unterschiedlicher Inhalte eine ganz andere und neue Bedeutung entsteht, eben eine Redewendung

Oben: Die Große Weißnasenmeerkatze (*Cercopithecus nictitans*) benutzt in ihrer Kommunikation mindestens eine Redewendung. Unten: Gleiches gilt auch für die Campbell-Meerkatze (*Cercopithecus campbelli*). Die Meerschweinchen verfügen über mindestens sieben unterschiedliche Rufe.

Wir können auf diese Weise langsam, aber sicher viel besser verstehen, wie sich unsere eigene Sprache vermutlich entwickelt hat. Außerdem wird deutlich, dass die Sprache nicht auf einmal einfach da war und uns Menschen zum Menschen gemacht hat. Aus meiner Sicht liegen Forscher, die dies behaupten, ziemlich daneben. Menschen wie mich nennt man übrigens auch Gradualisten, denn wir gehen davon aus, dass sich eines auf dem anderen aufgebaut hat und jede Fähigkeit zu einem unterschiedlichen Grad stark ausgeprägt sein kann.[116]

Ich gebe aber gern zu, dass auch die Seite, die mit sprunghaften Entwicklungen argumentiert, gute Gründe für ihren Standpunkt hat. Wer sich mehr für dieses ausgesprochen ambivalente Thema interessiert, dem empfehle ich einen aktuellen vergleichenden Artikel mit dem Namen »Mutation, modularity, merge, communication and selection«.[117] Die Veröffentlichung ist von James Hurford, einem Zentralgestirn der Sprachforschung und emeritierten Professor der University of Edinburgh.

Rhetorik

Wenn man an Rhetorik denkt, dann denkt man an kluge und gutausgebildete Menschen. Es können aber auch schlaue »Füchse« sein, die versuchen, uns mit guten Argumenten um den Finger zu wickeln oder uns einen besseren Rasierapparat aufzuschwatzen. Wir erwarten von Politikern, dass sie gute Rhetoriker sind, und Aristoteles sah in der Rhetorik ein wesentliches Charakteristikum eines gebildeten Menschen. Er widmete diesem Thema sogar eines seiner Hauptwerke, und daher gilt er heute als der Vater der Rhetorik.

Doch Rhetorik geht auch anders, ganz anders sogar. 1992 schockte George A. Kennedy,[118] Professor für klassische Philologie, seine gelehrten Kollegen, indem er das Konstrukt der Rhetorik aufbrach und auf die Interaktion der belebten und unbelebten Natur anwendete.[119] 20 Jahre später griff Debra Hawhee, eine seiner Studentinnen, die Idee auf und formulierte die Idee einer tierischen Rhetorik.[120] Ende 2017 veröffentliche Alex C. Parrish[121] von der James Madison University am Cohen Center for Technological Humanism seine *Cross-Species Theorie der Rhetorik* und erklärte seine Theorie gemeinsam mit andere Autoren in dem Buch »Rhetorical Animals«.[122] Wer 40 Minuten Geduld aufbringt und ganz gut Englisch versteht, der kann sich die Ideen auch von ihm selbst erklären lassen.[123]

Um diese Theorie aus der Sicht der Verhaltensbiologie besser zu verstehen, müssen wir etwas ausholen. Wenn wir uns heute fragen, wie die Sprache im Verlauf der Evolution entstanden ist, dann müssen wir uns ansehen, wo die einzelnen Elemente der Sprache herkommen. Dabei spielt es keine Rolle, ob es sich um gesprochene Wörter, Rufe oder Gesten handelt. Man unterscheidet drei grundsätzliche Möglichkeiten:

A: Angeborene bzw. genetisch prädisponierte Verhaltensweisen und Äußerungen (Phylogenetic Ritualization). Dies wären zum Beispiel die 24 Gesten, die wir mit den anderen Menschaffenarten teilen.

B: Kommunikative Elemente, die von anderen gelernt werden (Social Transmission via Imitation). Dies kann ein bestimmter Ruf, eine bestimmte Geste oder eine Vokabel sein. In jedem Fall ist die Imitation, also das Lernen von anderen Sozialpartnern, der Ursprung für das Element.

C: Im Verlauf der individuellen Entwicklung selbsterfundener Signale (Ontogenetic Ritualization). Das klingt erst mal idiotisch. Wie soll man sich denn vernünftig verständigen können, wenn sich jeder seine eigene »Sprache« ausdenkt? Doch sehen wir uns die Idee etwas genauer an. Das Verhalten oder das Signal ist also weder angeboren noch von anderen gelernt. Doch wo kommt es dann her? Es ist ein Verhalten, das durch Versuch und Irrtum entstanden ist. Beispielsweise könnte ein junger Schimpanse den Arm der Mutter greifen und sich an ihm hochziehen. Die Mutter wiederum würde aufgrund dieser Aktion den Wunsch ihres Kindes, hochgenommen zu werden, erkennen und würde ihr Kind auf den Arm nehmen. Im Folgenden wird dieses Verhalten ritualisiert, und eine Berührung durch das Kind an dem Arm der Mutter reicht schon, um das Verhalten des Auf-den-Arm-Nehmens einzuleiten.

Gerade der letzte Punkt wirft einige Fragen auf, denn so entstandene Kommunikation dürfte nur zwischen den zwei Individuen funktionieren, die diese gemeinsame Erfahrung teilen. Tatsächlich findet man aber viele Beispiele dafür, dass dieses Verhalten – obwohl nur mit einem Interaktionspartner gelernt – auf andere übertragen wird. Demnach machen also die einzelnen Individuen die Erfahrung, dass ein bestimmtes Verhalten oder eben ein bestimmtes Kommunikationselement auch bei anderen Tieren funktionieren kann. Doch eine solche Beobachtung ist mit den drei oben vorgestellten Theorien nicht erklärbar, und so haben zwei Forscherinnen eine alte Hypothese (Social Negotiation Hypothesis) aufgegriffen und durch ihre neuen Daten wiederbelebt und ergänzt.[124] Die Grundidee fußt auf den Überlegungen von Wittgenstein[125] und Plooij,[126] nach denen die soziale Interaktion (und nicht das Denken) das wesentliche Element bei der Sprachentwicklung ist.

Das Interessante an dieser Beobachtung ist die wunderbare Unterstützung der Rhetorikidee. Wenn ein Jungtier den Arm der Mutter berührt und die Mutter in diesem Moment dazu überredet, es auf den Arm zu nehmen, und wenn dieses Argument sogar bei anderen funktioniert, dann haben wir eine Interaktion, die man durchaus als Rhetorik beschreiben kann. Ganz nebenbei haben wir sogar erfahren, warum ein gutes Argument nicht unbedingt logisch sein muss, das Wichtigste in der Rhetorik ist, dass sie funktioniert.

Der Dialog

Ich kann mich noch sehr gut an meine ersten Tage im Dolphin Reef in Israel erinnern. Mein erfahrener Kollege Frank Veit ermahnte mich eindringlich, bei meinen Arbeiten unter Wasser keinesfalls mit den Delfinen zu interagieren. Dies würde die Tiere ablenken, auf mich als Menschen fokussieren und mir die Möglichkeit rauben, ihr natürliches Verhalten zu beobachten. Diese goldene Regel gilt im Prinzip bis heute, und die meisten Verhaltensbiologen halten stoisch an dieser Prämisse fest. Natürlich habe ich seinen Rat befolgt, auch wenn mir unsere gemeinsame Kollegin Elke Bojanowski im Vertrauen zuflüsterte, dass sie es damit nicht ganz so genau nimmt. Hätte ich damals schon die Arbeit von Barbara Smuts und ihr Verhalten gegenüber ihren Studientieren, den Pavianen, gekannt, wäre mir die folgende gefährliche Situation vermutlich erspart geblieben.

Um meine Aufnahmen zu machen, war ich darauf angewiesen, Video und Audio gemeinsam aufzunehmen. Dies ist an sich ja nichts Ungewöhnliches, aber meine Videokamera hatte vier Hydrophone, mit denen es ermöglicht werden sollte, den Delfin, der gerade etwas sagt, zu identifizieren. Dazu war es erforderlich, möglichst leise zu sein. Wenn Sie selber tauchen oder vielleicht auch nur ein Video mit Tauchern gesehen haben, dann wissen Sie, wie laut die Atemgeräusche sind. Die Blasen erzeugen ein Breitbandgeräusch, das sich wie ein dickes Kissen über alle Rufe legt. Mit einem normalen Tauchgerät hätte ich also meine Untersuchung nicht machen können. Dankenswerterweise wurde mir von einer Firma ein Kreislauftauchgerät zur Verfügung gestellt. Diese Geräte machen kaum Geräusche und haben, mit einer Ausnahme, gegenüber einer normalen Tauchausrüstung eigentlich nur Vorteile. Aber wenn durch eine undichte Stelle Wasser in den Kreislauf kommt und dieses die Kalkpatrone, die das Kohlendioxid aus der Luft filtert, erreicht, entsteht eine chemische Reaktion mit großer Hitzebildung, und die Suppe im Mundstück wird ätzend. In diesem Moment ist kein einziger Atemzug mehr möglich.

Eines Tages saß ich also wie so oft auf dem Boden des Geheges und filmte die Delfine bei ihrem Tagwerk. Doch an diesem Tag war alles anders. Bangy, ein besonders tollkühner Delfin, den ich dank eines schwarzen Flecks an der Seite sehr gut identifizieren konnte, kam zu mir und ließ sich von meiner Ignoranz nicht vertreiben. Im Gegenteil, er schien sich vorgenommen zu haben, eine Reaktion aus mir herauszukitzeln. Eine Zeitlang verhielt ich mich wie ein wackerer Gardesoldat vor dem Buckingham-Palast und versuchte, den aufdringlichen Touristen zu ignorieren. Doch irgendwann beschloss Bangy, in den Schlauch meines Kreislaufgerätes zu beißen.

Obwohl es sich bei dem Gummi um extrem gutes Material handelte, war klar, dass der Delfin mit seinen spitzen kegelförmigen

Zähnen keine Schwierigkeit gehabt hätte, den Schlauch zu perforieren oder mir das Mundstück aus dem Mund zu reißen. Letzteres hätte schon gereicht, denn so schnell hätte ich den schweren Schiebemechanismus gar nicht schließen können. Ich ließ also meine wertvolle Kamera mitsamt dem empfindlichen Hydrophonaufbau fallen und verschloss das Mundstück. Die erste Gefahr war gebannt. Doch Bangy dachte gar nicht daran, den Schlauch loszulassen. Delfine sind, wenn sie direkt vor einem schwimmen, durchaus ehrfurchtgebietend, und es gibt keine Frage, wer in einem solchen Moment das Sagen hat. Da ich nicht wusste, ob schon Wasser in das Gerät eingedrungen war, hatte ich vor dem Schließen des Mundstücks darauf verzichtet, noch einmal einzuatmen, und so wurde mir langsam die Luft knapp. Glücklicherweise reparierte einer der Trainer gerade den Unterwasserzaun und entdeckte mein Dilemma. Er schwamm zu mir, zeigte Bangy die offene nach vorn gestreckte Hand, eine Geste für Abstandhalten und befreite mich damit aus der prekären Situation. Weder der Schlauch noch meine Kamera waren kaputt, und so blieb es bei dem Schreck. Vermutlich wollte Bangy einfach nur mit mir spielen und mich endlich aus der Reserve locken.

Barbara Smuts hatte mit ihren Pavianen ganz ähnliche Probleme, nur ist sie irgendwann dazu übergegangen, die Annäherungsversuche der Tiere ernst zu nehmen und mit ihnen in Dialog zu treten. Von da an suchte sie mit ihren Tieren Augenkontakt zur Begrüßung und wurde entsprechend entspannt toleriert. Sie begründet ihr Verhalten damit, dass nichts zu tun keineswegs ein neutrales Verhalten ist. Nichts zu tun bedeutet nämlich auch, keine Verhaltensweisen zu zeigen, mit welchen angespannte Situationen entschärft werden. Ihrer Meinung nach ist es absolut erforderlich, den Tieren gegenüber mit einem wie auch immer gearteten Dialog zu begegnen. Diese Interaktion zeugt von Respekt und gegenseitigem Verständnis. Letztlich war dies die Grundlage für ihre beeindruckenden Beobachtungen.[127] Heute wissen wir, wie stark der Dialog bei Pavianen ausgeprägt ist. In meinem Buch »Das Mysterium der Tiere« hatte ich ein Kapitel mit dem Namen »Die Monarchie mit Platz für Demokraten«. Hierin habe ich über die unterschiedlichen Formen der Entscheidungsfindung bei Tieren berichtet. Ein beeindruckendes Beispiel war die Art und Weise, wie sich Paviane in einem Dialog darüber verständigen, in welche Richtung sie gemeinsam weiterziehen wollen.[128]

Der Dialog hat zweifelsfrei eine besondere Bedeutung in jeder sozialen Begegnung. Das Besondere beim Dialog ist der Wechsel der Rollen: Mal ist der eine der Sprecher und der andere der Zuhörer und dann wieder umgekehrt. In der Fachliteratur wird daher auch oft von der Fähigkeit des Turn-Taking gesprochen. Wir Menschen halten diese Fähigkeit für eine Selbstverständlichkeit und trauen sie sogar vielen Tieren zu. Da antwortet unser Hund auf die Frage, ob wir rausgehen wollen, mit begeistertem Bellen, oder ein Vogel im Wald antwortet auf unser Pfeifen. Doch ist dies wirklich ein Dialog?

Turn-Taking gilt als der Schlüssel zur flüssigen menschlichen Sprache,[129] daher ist es keine Überraschung, dass sich viele Forscher für diese Fähigkeit interessieren. Genau genommen ist Turn-Taking eine Form der Kooperation, bei der man nicht gleichzeitig Erfolg hat. Der Erfolg hängt davon ab, ob man die entsprechende Rolle tatsächlich ausfüllt und den Prozess des Gespräches auch bis zum Ende durchhält.

Das zu testen ist gar nicht so einfach, und so haben die entsprechenden Experimente erst einmal überhaupt nichts mit Sprechen zu tun. Wenn Sie beispielsweise an einem Apparat sitzen, bei dem Sie gemeinsam mit jemand anderem einen Mechanismus bedienen müssen, dann hängt der Erfolg Ihrer Bemühungen von Ihrem koordinierten Verhalten ab. Darüber hinaus müssen sowohl Ihr Partner als auch Sie lange genug motiviert bleiben und dürfen nicht zwischendurch die Lust verlieren. Doch was passiert, wenn Ihr Partner das Resultat Ihrer gemeinsamen Bemühungen bekommt und Sie nicht? Als Vater von Zwillingen kann ich Ihnen versichern, dass diese Situation alles andere als lustig ist. Die Fähigkeit, Ungerechtigkeit wahrzunehmen, ist bereits relativ früh in der menschlichen Individualentwicklung, aber auch bei vielen Tieren entwickelt (siehe »Moral und Fairness«), und eine ungerechte Behandlung erzeugt zumeist umgehend Frust und Aggression. So konnte es bei meinen Söhnen durchaus vorkommen, dass ich dem einen, der die blauen Strümpfe anziehen sollte, einen wieder ausziehen musste, um ihn dem anderen, der das rote Paar hatte, zu geben, so dass jeder schließlich einen blauen und einen roten Strumpf trug.

In Bezug auf kooperatives Handeln kann also die Bevorzugung eines der beiden Individuen schnell zu einer Einstellung der kooperativen Handlungen führen. Das ist natürlich blöd, denn der Vorteil kooperativer Handlungen ist mitunter gewaltig. Es muss also eine Instanz geben, die dem Impuls, nicht mehr mitspielen zu wollen, wenn man ungerecht behandelt wird, ein Gewicht gegenüberstellt. Dieses Gegengewicht ist die Vorstellung, dass mir eine Belohnung winkt. Kürzlich wurde ein Artikel mit dem Titel »Eins für dich und eins für mich – das menschliche Alleinstellungsmerkmal beim Turn-Taking« veröffentlicht. Hierin wurde deutlich, dass unsere nächsten Verwandten, die Schimpansen, und Kinder unter fünf Jahren nicht dazu in der Lage sind, durch eine wechselseitige Zusammenarbeit Probleme zu lösen.[130]

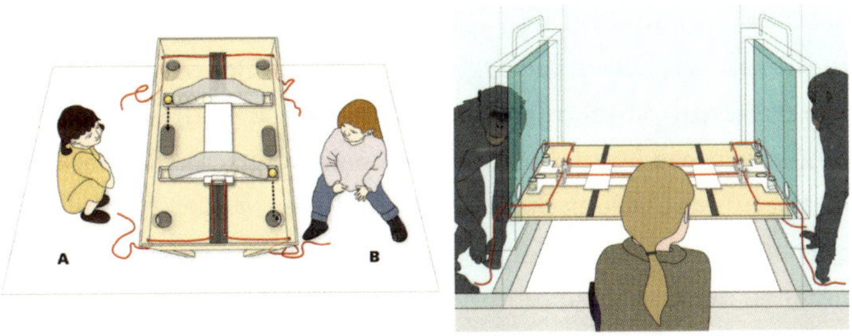

Kooperatives Handeln als Dialog im Sinne einer Wechselseitigkeit: Bei diesem Test muss gemeinsam ein Mechanismus bedient werden, um an eine Belohnung zu kommen. Die Belohnung erhält aber nur einer von beiden. Es kommt nun darauf an, ob sich auch der benachteiligte Partner weiterhin an der gemeinsamen Aktion beteiligt oder ob er frustriert ist und nicht mehr mitspielt. Getestet wurden dreieinhalb und fünf Jahre alte Kinder sowie ausgewachsene Schimpansen. Es stellte sich heraus, dass nur die älteren Kinder nach dem Muster »eins für dich und eins für mich« agieren.

Doch diesen Beobachtungen stehen andere gegenüber. So konnte in einem natürlicheren Setting, bei dem gefangene Schimpansen eine Nahrungsquelle teilen mussten, gezeigt werden, dass die Tiere durchaus kooperieren.[131] Dies deckt sich auch mit Beobachtungen, bei denen vergangene Erfahrungen mit in die sozialen Handlungen einflossen. Sowohl Kapuzineräffchen[132] als auch andere Primaten[133] waren in der Lage, sozialfreundliche oder -unfreundliche Handlungen zu zählen und die eigenen Handlungen entsprechend anzupassen.

Es ist immer schwer, unterschiedliche Forschungsergebnisse sinnvoll zu interpretieren, und daher bitte ich Sie, die folgenden Zeilen als meine persönliche Meinung zu verstehen. Experimente wie das oben vorgestellte funktionieren nur unter der Prämisse, dass die Bedingungen vergleichbar sind. Nun kann ausgesprochen sinnvoll argumentiert werden, dass solche Experimente immer weniger sinnvoll/vergleichbar sind, je älter die Kinder werden.[134] Fünfjährige Kinder sind in einer Welt groß geworden, die mit der eingeschränkten Welt gefangener Schimpansen nichts zu tun hat. Es ist daher durchaus möglich, dass die Experimente nicht zu gleichen Ergebnissen führen, weil die persönlichen Erfahrungen von Schimpansen und fünfjährigen Kindern nicht vergleichbar sind. In diesem Fall hätten die Ergebnisse nichts mit kognitiven Fähigkeiten zu tun, sondern würden nur zeigen, dass die Haltungsbedingungen von Menschen und Tieren zu unterschiedlichen Fähigkeiten führen. Vielleicht sollte uns in diesem Zusammenhang das Verhalten des Gorilla-Silberrückens Jelani im Zoo von Louisville mehr zu denken als zu schmunzeln geben.[135] Jelani nutzt jede Gelegenheit, um seinen eingeschränkten Zoo-Horizont zu erweitern. Willkommenes Hilfsmittel sind die Handys der Besucher, die ihm Videos und andere Bilder meist von Gorillas zeigen.[136]

Betrachtet man die folgende Abbildung, dann wird deutlich, dass wir mit den oben beschriebenen Experimenten zu schnell einen eingeschränkten Blick auf die wirklichen tierischen Leistungen bekommen können. In einer aktuellen Untersuchung wurden die großen Primatengruppen auf kommunikatives Turn-Taking (Dialog) hin untersucht, und es stellte sich heraus, dass vermutlich

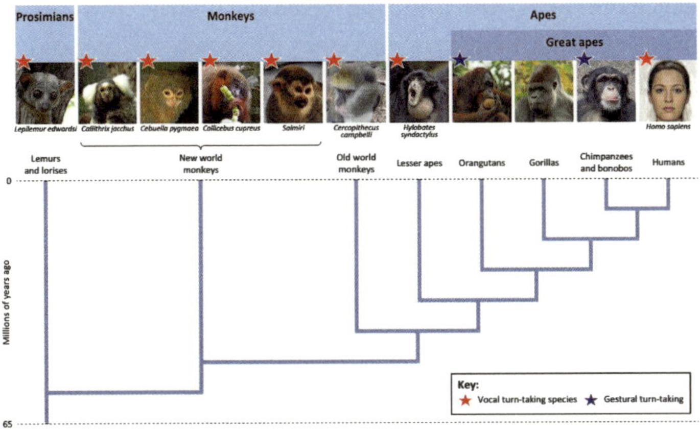

Nicht nur wir Menschen reden im Dialog. Selbst die Lemuren, die früher nur als Halbaffen bezeichnet wurden, führen Dialoge, und somit ist die Erfindung des Dialogs vermutlich mehr als 60 Millionen Jahre alt.

selbst unsere weiter entfernten Verwandten seit über 60 Millionen Jahren miteinander im Dialog stehen.[137] Aus der eben erwähnten Veröffentlichung habe ich übrigens auch erfahren, dass wir mit einer Antwort lediglich 200 Millisekunden, also einer Fünftelsekunde, warten, aber bereits 600 Millisekunden zuvor beginnen, die Antwort gedanklich zu formulieren.

Die Wurzeln des Dialogs führen uns allerdings noch viel weiter in die Geschichte der biologischen Evolution. Selbst bei Heuschrecken (Orthoptera), Steinfliegen (Plecoptera), Schnabelkerfe (Hemiptera) und Netzflüglern (Neuroptera) konnte man Dialoge beobachten. Bei einigen Insektenarten wird die Sendung sogar mit einem »over and out« beendet.[138] Die Idee, das Ende eine Botschaft mit einem besonderen Signal zu markieren, hatten also Insekten vor Millionen von Jahren und nicht etwa menschliche Funker.

Grundsätzlich unterscheiden Biologen zwischen drei verschiedenen Varianten. Da können beispielsweise männliche Insekten im Chor singen, und die Weibchen nähern sich ihrem Auserwählten, oder es kommt zu einem Duett, wie bei einigen Reptilien, bei denen beide Geschlechter akustisch aktiv sind. Zu diesen beiden Varianten, die hauptsächlich dem Finden von Sexualpartnern dienen, gibt es bei Vögeln und Säugetieren auch einen echten »Wechselgesang« beziehungsweise ein echtes »Gespräch«. Bei diesen Dialogen kann es sogar zum Austausch komplexer Informationen kommen.[139]

Viele Sprachforscher halten den Dialog für ein unabdingbares Element der Sprachentwicklung und sprechen nur uns Menschen diese Fähigkeit zu. Doch wo ist diese spezielle Fähigkeit plötzlich hergekommen, und wie hat sie sich entwickelt? Bisher ist dies ein Mysterium. In einer erst kürzlich erschienenen Studie wird der Weg bereitet, dieses Mysterium zu entschlüsseln. Ganz in meinem Sinne versucht ein kleines Team von Biologen die Vergleichbarkeit der einzelnen Untersuchungen zu erhöhen, indem sie ein »new comparative framework« vorschlagen. Damit soll versucht werden, die oben erzielten negativen Ergebnisse und die zweifelsfrei in der freien Natur beobachteten Dialoge in Einklang zu bringen. Ist dies gelungen, so hoffen die Wissenschaftler, müssen wir nicht mehr von einem Mysterium sprechen, sondern haben einen wichtigen Teil der Evolution der Sprache verstanden.[140]

Neben der Frage, wie die Sprache und der Dialog entstanden sind, ist es auch wichtig, zu verstehen, wie die einzelnen Individuen die Fähigkeit zum Dialog erwerben. Ist es genetisch vorgegeben oder erlernt? Bis vor wenigen Jahren glaubte man, dass nur wir Menschen im Dialog mit unseren Eltern und nahen Sozialpartnern sprechen lernen. Es zeigte sich eine eindeutige Entwicklung vom Babygeschrei über das Babygeplapper bis hin zur Sprache. Heute gilt auch dies nicht mehr als Alleinstellungsmerkmal, denn selbst Weißbüscheläffchen (*Callithrix jacchus*) lernen, im Gegensatz zu unseren nächsten Verwandten, ihre »Sprache« im Dialog und im Verlauf der Individualentwicklung.[141]

Achtung, dies ist wichtig für junge Eltern: Bitte reagieren Sie auf Babygebrabbel mit einem echten Dialog. Auch wenn Nichtbetroffene ihr Schmunzeln kaum unterdrücken können, und sich jede Tante, die sich mit einem Eideidei über den Kinderwagen beugt, der Lächerlichkeit preisgibt: Bitte sprechen Sie mit den Kleinen im Kinderwagen und überall, wo sie Gebrabbel hören. Es verlangt auch keiner von Ihnen, dass Sie in Babysprache reden müssen. Im Gegenteil: Der Dialog mit Kindern darf und soll in richtiger Sprache geführt werden. Ihre Kinder werden es Ihnen danken, denn ihnen fällt der echte Spracherwerb später leichter.[142]

Dies gilt übrigens auch für Vögel, wie in der eben erwähnten Veröffentlichung gezeigt werden konnte. Wer weiß, vielleicht sollten wir mit Tieren viel öfter reden und in Dialog treten. Ich zumindest habe meinen Hund Flint bei jedem Spaziergang gefragt, in welche Richtung er gehen möchte. Er hat sich mal für die eine und mal für die andere Richtung entschieden, und ich habe dies respektiert. Tatsächlich glaube ich, dass diese kleinen Dialoge meine Beziehung zu ihm gefestigt haben. Keinesfalls hat dies meine Autorität untergraben, denn je nach Kontext hat er einschränkungslos auf mich gehört. So konnte ich mich im Berliner Straßenverkehr hundertprozentig auf ihn verlassen, ohne auch nur eine Leine dabeizuhaben. Ebenso durfte er sich im sozialen Kontext über meine Anordnung hinwegsetzen. Damit gab es nie Schwierigkeiten, denn er wusste viel besser als ich, mit welchem Hund oder Menschen er klarkam und um wen er besser einen Bogen machen sollte.

Auch wenn es für viele Tierhalter selbstverständlich ist, mit ihren Tieren zu reden, die meisten tun es mit dem unangenehmen Gefühl, Dritte könnten sie für wunderlich halten. Bitte ignorieren Sie diese Dritten, treten Sie mit »Ihrem« Tier in Dialog, und vor allen Dingen: Akzeptieren Sie auch eine andere Meinung. **Ein Dialog funktioniert nur so lange, wie beide Seiten motiviert sind, ihn zu führen.** Ein Tier, das immer nur Kommandos bekommt oder an der Leine herumgezerrt wird, verliert zwangsläufig die Lust an einem echten Miteinander. Gönnen Sie sich und Ihrem Tier einfach mehr.

Dennoch, Dialog ist nicht gleich Dialog, und Sie sollten, wenn Sie mit anderen Tieren in Dialog treten, nicht voraussetzen, dass diese Tiere den Dialog genauso verstehen wie Sie. Doch bitte gehen Sie in den Dialog, denn jeder Dialog ist eine intensive Form des Miteinanders und festigt den sozialen Bezug.

Höflichkeit zahlt sich aus

Es klingt heute völlig abstrus, doch meine Oma Hilde habe ich nie ohne Glacéhandschuhe gesehen. Ich lernte, ihre Freundinnen, die zum Kaffeekränzchen kamen, mit einem Diener zu begrüßen, und wurde von ihr in Knigges Benimmweisheiten unterwiesen. »Höflichkeit zahlt sich aus«, sagte sie, und ich hätte mir niemals träumen lassen, dass die Forschung zur Kommunikation bei Tieren diese These stützt.

Haben Sie sich schon einmal gefragt, warum viele Kinder gegenüber ihren Eltern nicht besonders höflich sind und warum völlig Fremde, die eine Machtposition innehaben, mit Freundlichkeit überschüttet werden? Die Antwort ist ganz einfach, und man versucht sie mit dem Begriff linguistic politeness (sprachlicher Höflichkeit) zu fassen. Genau genommen arbeitet man derzeit an dem sogenannten Politeness Equilibrium Principle. Nach diesem Prinzip muss ich besonders viel Höflichkeit aufwenden, wenn ich etwas will, was der andere mir aber nicht geben möchte, oder wenn der andere in der sozialen Hierarchie weit über mir steht. Demgegenüber muss ich kaum großen Wert auf Höflichkeit legen, wenn ich etwas von meinen Familienangehörigen oder speziell von meinen Eltern will. Diese sind mir ohnehin wohlgesonnen und erfüllen mir alle Wünsche. Kommt Ihnen das alles bekannt vor? Ich würde Ihnen jetzt gern eine Liste von Tieren nennen, die mit diesem Prinzip untersucht wurden, aber die Idee ist so neu, dass sie gerade erst auf der EvoLang (International Conference on the Evolution of Language)[143] vorgestellt wurde.[144]

Doch das Thema Höflichkeit geht noch viel weiter, denn schon seit vielen Jahren ist bekannt, dass sich Tiere einer sozialen Gemeinschaft nach aggressiven Auseinandersetzungen wieder vertragen. Bei Hunden hat man beispielsweise beobachtet, dass sich die Tiere nach einer unbeabsichtigt harten Auseinandersetzung entschuldigen.[145] Ähnliches wissen wir auch von Primaten und einigen Vögeln. Meist unterscheidet man zwei verschiedene Arten der Nachkonfliktbeseitigung. Entweder entschuldigt sich das aggressive Tier, oder das Opfer sucht sich Trost bei einem Dritten. Meist wird entweder die eine oder die andere Strategie angewandt. Überraschend war daher eine erst kürzlich erschienene Veröffentlichung, in der Krähen beide Varianten anwandten.[146]

Ganz ähnlich wie bei uns Menschen müssen also auch viele sozial lebende Tiere Aggressionen verarbeiten, und erst wenn dies gelungen ist, kann sich wieder ein normales Sozialleben etablieren. Es ist manchmal wirklich frappierend, wie sich die Mechanismen ähneln, und doch sollte es keine ganz große Überraschung sein, wenn wir bedenken, wo wir herkommen.

III. WIR MÜSSEN TIERE VERMENSCHLICHEN!

Es gibt Dinge, die traut man sich als Biologe nicht auszusprechen. Eines dieser Dogmen ist die Vermenschlichung von Tieren. In einem Interview mit dem GEO-Journalisten Peter Carstens unterlief mir ein kleiner Fauxpas. Nach einem langen Gespräch, in dem ich ihm all meine tollen Beispiele für die Ähnlichkeit zwischen Menschen und Tieren erzählt hatte, fragte er mich: »Müssen wir Tiere vermenschlichen?«, und es rutschte mir raus: »Ja, aber …« Daraus wurde die Überschrift für seinen Artikel: »Wir müssen Tiere vermenschlichen«.[147] Ich gebe zu, ich war ein wenig schockiert, aber irgendwie auch froh, denn ich bin tatsächlich der Meinung, dass wir Tiere vermenschlichen müssen, aber wir dürfen es nur, wenn wir es können. Und wir können es nur, wenn wir sowohl aus Untersuchungen der vergleichenden Verhaltensbiologie oder aus klugen Beobachtungen im Freiland als auch aus neuronalen und genetischen Untersuchungen ableiten können, dass Menschen und Tiere gleich funktionieren. Wir dürfen nicht vermenschlichen, indem wir unsere moralischen Maßstäbe auf Tiere übertragen oder etwas in sie hineininterpretieren, das uns gerade in den Kram passt.

Wir werden in den folgenden Kapiteln unzählige Beispiele kennenlernen, wann wir vermenschlichen dürfen, ja sogar müssen, und wann wir es auf keinen Fall dürfen. Ich verspreche Ihnen, Sie werden die Welt danach mit anderen Augen sehen, ja, Sie werden viel mehr sehen, und Ihre Welt wird reicher, schöner und bunter.

6. Wie wir denken

In der Biologie geht es immer um die Steuerung von Prozessen. Alles, was lebt, befindet sich in permanenter koordinierter Bewegung. Die zugrundeliegenden Steuerungsprozesse werden bei fast allen mehrzelligen Tieren durch zwei grundsätzlich verschiedene, aber eng miteinander verknüpfte Systeme koordiniert. Dabei ist es egal, ob es sich um physiologische Prozesse im Inneren oder um die Verhaltenssteuerung des ganzen Organismus handelt. Bei diesen beiden Systemen handelt es sich um unser Nervensystem und unser Hormonsystem. Wir werden somit sowohl elektrisch als auch chemisch gesteuert. Ganz grob nehmen wir beide Systeme als Denken und Fühlen wahr. Ganz richtig ist das nicht, denn dazu ist alles viel zu eng miteinander verschaltet.

Für einen Verhaltensbiologen ist es dabei eigentlich egal, wie ein Verhalten ausgelöst wird. Es ist aber von großer Bedeutung, welche Fähigkeiten ein bestimmtes Verhalten ermöglichen. Forscher zerlegen daher Verhalten in einzelne Aspekte. Eine Fähigkeit wäre beispielsweise das logische Denken. Diese Fähigkeit kann durch Experimente der vergleichenden Verhaltensbiologie untersucht werden. Wenn Menschen und Tiere in entsprechenden Experimenten einen Test auf logisches Denken bestehen, dann können wir davon ausgehen, dass alle erfolgreich getesteten Individuen – also Mensch und Tier – auch tatsächlich logisch denken können. Wir können daher ohne Probleme unsere Fähigkeit, logisch zu denken, auf Tiere übertragen. Wenn wir allerdings darüber nachdenken, was das Resultat unserer logischen Überlegungen bedeutet, dann wenden wir andere Fähigkeiten an, nämlich die Fähigkeit des Denkens über das Denken. Wir nennen dies auch Metakognition.

Ob Tiere auch über ihr eigenes Denken reflektieren können, muss somit zwangsläufig auch durch einen anderen Test belegt werden. Es ist daher entscheidend, sich über die unterschiedlichen Fähigkeiten, die baukastenartig unseren gesamten Verstand beschreiben und je nach Bedarf angeschaltet werden, im Klaren zu sein. Aus diesem Grund gehen wir die wichtigsten Fähigkeiten kurz durch.

Der erste Gedanke auf »unserem« Planeten

Haben Sie sich schon einmal gefragt, was der erste Gedanke auf unserem Planeten war? Diese Frage ist gar nicht so absurd, wie Sie vielleicht denken, und ich würde eine gute Flasche Wein darauf wetten, dass ich den ersten Gedanken kenne. Dazu folgen Sie mir bitte in den »Verstand« eines beliebigen Pantoffeltierchens. Pantoffeltierchen sind kleine, einzellige Lebewesen, die bei uns praktisch in jeder Pfütze vorkommen und sich von Bakterien ernähren. Die Tierchen flimmern sich mit kleinen Haaren (Zilien) durchs Wasser, bis sie etwas zu futtern finden oder auf ein Hindernis stoßen. Im letzteren Fall flimmern sie sich wieder ein Stückchen rückwärts, schwenken ein paar Grad zur Seite und schwimmen erneut vorwärts. Sie tun dies so lange, bis sie an dem Hindernis vorbei sind. Der zugrundeliegende Steuerungsmechanismus ist extrem simpel. Das Hindernis löst einen Reiz aus, und dieser Reiz führt zu einer bestimmten Reaktion. Ist der Reiz verschwunden, gibt es auch die Reaktion nicht mehr. Wenn es darum geht, um ein Hindernis zu kommen, dann ist dieser Mechanismus recht praktisch, aber wenn es darum geht, ein Bakterium zu fangen, wird es schon problematisch. Trifft ein Pantoffeltierchen auf ein Bakterium, dann schieben ca. 10 000 bewegliche Zilien (winzige Härchen) die potentielle Nahrung in Richtung »Mundöffnung«, doch wenn es dem Bakterium gelingt, sich zu befreien, dann ist es für das Pantoffeltierchen verschwunden, und es ist so, als hätte es nie existiert. Fehlt der Reiz, der die Reaktion beim Pantoffeltierchen auslöst, kommt es zu keiner Reaktion.

Nun stellen Sie sich bitte vor, Sie wären eine Katze und würden eine Maus verfolgen, doch plötzlich verschwindet die Maus hinter einer Wurzel. Für ein Pantoffeltierchen wäre die Maus nicht nur verschwunden, sondern hätte niemals existiert. Ein Pantoffeltierchen käme somit auch gar nicht auf die Idee, hinter der Wurzel nach der Maus zu suchen. Für unsere Katze sieht die Situation ganz anders aus: Sie weiß, dass die Maus hinter der Wurzel nicht einfach verschwunden sein kann, und wird sie suchen. Die Katze bewahrt ihre Beute in einem Gedankenbild auf, und auch wenn die Maus verschwunden ist und der Reiz fehlt, hat die Katze noch das Gedankenbild von der Maus im Kopf. Die Wissenschaftler sprechen dabei von Objektpermanenz. Gelingt es mir also, einen äußeren Reiz in meinen Gedanken zu speichern, so ist das eine wahnsinnig praktische Angelegenheit, denn ich kann meine Beute so lange suchen, bis ich sie gefunden habe. Der erste Gedanke, der auf »unserem« Planeten gedacht wurde, war somit also vermutlich: »Wo ist meine Beute hin?« Natürlich wurde dieser Gedanke nicht wortwörtlich gedacht. Es war ein Gedankenbild und hatte mit Sprache nichts zu tun. An diesem Beispiel wird auch klar, dass es Gedanken ohne Sprache gibt, da haben sich unsere Philosophen in der Vergangenheit geirrt.

Kategoriebildung

Ein zweiter wichtiger Schritt war die Bildung von Kategorien. Es ist beispielsweise eine ziemlich praktische Sache, eine Kategorie für Raubtiere zu haben. Die einfachste Form der Kategorie für ein Raubtier wäre zum Beispiel: »Alles, was auf mich zurennt«, anders könnte ich auch eine Kategorie für Beute haben: »Alles, was von mir wegläuft«. Die erste Kategorie löst ganz einfach Fluchtverhalten aus, und die zweite Kategorie veranlasst mich, hinterherzujagen und in das Etwas hineinbeißen zu wollen. Wenn ich beispielsweise von der Straße springe, weil ein Auto ungebremst auf mich zurast, dann erfolgt mein Verhalten im Prinzip auch aufgrund einer solchen Kategoriebildung. Alles, was sich schnell auf mich zubewegt, ist gefährlich! Ich denke in diesem Moment also sehr einfache Gedanken, und mein lebensrettendes Verhalten wird durch einen Steuermechanismus ausgelöst, der vermutlich schon 500 Milliarden Jahren alt ist.

Doch Kategoriebildung kann auch viel komplizierter sein. So bin ich beispielsweise schon aus großer Distanz dazu in der Lage, eine junge von einer alten Frau zu unterscheiden. Körperhaltung und Proportion sind für mich extrem leicht kategorisierbar, und auch wenn ich mich bewusst darüber ärgere, meine Augen bleiben länger an einer jungen Frau haften. Einem Meerschweinchen oder einem Elefanten würden diese Feinheiten entgehen, denn natürlich hat sich meine Fähigkeit im Verlauf der Evolution entwickelt, um schnell einen attraktiven Sexualpartner zu identifizieren und alle anderen auszuschließen. Meerschweinchen und Elefanten sind junge menschliche Frauen natürlich schnuppe. Umgekehrt fällt es uns bei vielen Tierarten meist recht schwer, das Geschlecht zu erkennen, wir müssen dann erst unhöflich zwischen die nackten Beine gucken. Umso überraschter war ich, dass Tauben dazu in der Lage sind, menschliche Frauen und Männer voneinander zu unterscheiden.[148]

Die Kategoriebildung geht aber weit über das Erkennen von Weibchen und Männchen oder Raubtier und Beute hinaus. Vielleicht können Sie sich noch an Ihren Kunstunterricht in der Schule erinnern. Sie haben sich mit den Stilen der unterschiedlichen Maler beschäftigt und seither eine Vorstellung davon, wie beispielsweise Monet oder Picasso gemalt haben. Selbst wenn Sie keinen Kunstunterricht hatten oder Ihnen der Name des Malers nicht mehr einfällt, so könnten Sie doch die Werke der beiden Künstler sortieren und Monets auf den einen und Picassos auf den anderen Haufen legen. Von unserem Gehirn wird dabei eine ziemlich beeindruckende Leistung erbracht, und als Kunstliebhaber sind Sie stolz darauf, unterschiedliche Maler an ihrem Stil zu erkennen oder zu hören, welche Musik von Beethoven oder Mozart ist. Doch können Sie sich vorstellen, dass zu dieser Leistung sogar Tiere in der Lage sind? Hätten Sie gedacht, dass selbst Bienen[149] einen Monet von einem Picasso unterscheiden können?

Logisches Denken (Inferential reasoning)

Für Aristoteles (Animal rationale) und Kant (Animal rationabile) wurde der Mensch durch seine Rationalität und das ihr zugrundeliegende logische Denken zum Menschen und hob sich so von allen anderen Tieren ab. Heute wissen wir, dass auch Tiere logisch denken können. Ein ganz einfaches Experiment führte man mit einer Schachtel durch. Einzige Voraussetzung: Das Tier darf nicht daran gewöhnt sein, dass es Futter aus einer raschelnden Schachtel bekommt. Wenn man nun zwei Schachteln, eine mit und eine ohne Inhalt, schüttelt und beobachtet, zu welcher Schachtel das Versuchstier zuerst geht, dann kann man eine einfache Form von Logik ableiten. Ein Tier, das zuerst zu der Schachtel geht, in der es etwas gehört hat, vermutet eine einfache Logik: Wenn eine Schachtel raschelt, könnte etwas Interessantes drin sein, vielleicht etwas zu essen.

Wenn das Tier nun weiß, dass in einer der beiden Schachteln etwas zu essen ist, dann wird das Experiment noch interessanter. Schüttelt man nun nur die leere Schachtel und gibt dem Tier dann die Möglichkeit, zu beiden Schachteln zu gehen, so muss das Tier logisch nach dem Ausschlussprinzip denken, um die gefüllte Schachteln zu erkennen: Wenn die Schachtel, die ich gerade gesehen habe, nicht raschelt, dann muss logischerweise in der anderen Schachtel das Fressen sein. Mit einem solchen Test wurden bisher die großen Menschenaffen,[150] Graupapageien,[151] Kakadus[152] und Keas[153] erfolgreich auf logisches Denken getestet. Menschen bestehen den Test ab dem dritten Lebensjahr.[154] Hunde bestanden den Test zunächst nicht erfolgreich.[155] In einer späteren Untersuchung bestanden drei von sechs Hunden den Test und sogar eine von sechs Tauben.[156] In einer aktuelleren Arbeit haben alle Hunde bestanden.[157] Gerade das Beispiel mit den Hunden zeigt, dass man sehr gut aufpassen muss, dass der Test für die entsprechende Tierart überhaupt angemessen ist, denn nicht die Hunde wurden klüger, sondern das Experiment.

In einem weiteren Schritt kann man auch noch differenzieren, ob die Logik auf der Grundlage assoziativen oder ursächlichen Denkens angewendet wird. Dazu wurden beispielsweise Krähen in einem großen Gehege mit einer Futterquelle beobachtet. Neben der Futterquelle war ein Vorhang, aus dem ein Stock bis zur Nahrung reichte. Nun kamen zwei Menschen in den Käfig. Einer stellte sich offen hin und bewegte sich nicht, die zweite Person verschwand hinter dem Vorhang. Für die Krähe unsichtbar, bewegte die zweite Person den Stock. Für die Krähe ein guter Grund, die Nahrungsquelle nicht anzufliegen, denn sie riskierte ja, von dem Stock verletzt zu werden. Verließen beide Personen das Gehege wieder und der Stock verharrte unbeweglich an der ursprünglichen Position, änderte sich das Verhalten der Krähe sofort, und sie flog zur Nahrungsquelle. Es gibt nun zwei Möglichkeiten, dieses Verhalten zu erklären:

A: Die Krähe hat die Assoziation, dass ein unbeweglicher Stock im Gegensatz zu einem beweglichen Stock nicht gefährlich ist (assoziatives Denken).

B: Die Krähe versteht den Zusammenhang zwischen einer verdeckten Ursache, nämlich der Person hinter dem Vorhang, und einer für sie gefährlichen Wirkung (kausales/ursächliches Denken).

Wenn man das Experiment nur geringfügig abwandelt, wird die Situation eindeutig. In diesem Experiment kommt nur eine Person in den Käfig und stellt sich gut sichtbar neben den Vorhang. Doch auf magische Art und Weise bewegt sich der Stock trotzdem bedrohlich. Stimmt Erklärung A, dann würden die Krähen, nachdem die einzelne offen stehende Person das Gehege wieder verlassen hat und sich der Stock nicht mehr bewegt, sofort wieder zur Futterquelle fliegen. Entsprechend einem assoziativen Denken ist ein sich nicht bewegender Stock keine Gefährdung. Tatsächlich aber flogen die Tiere erst nach einer gewissen Zeit und mit großer Vorsicht zur Futterquelle.[158] Ihnen war klar, dass die frei stehende Person nicht für den sich bewegenden Stock verantwortlich war und dass die eigentliche Ursache auch nach dem Weggang der Person noch da sein könnte. Wir haben es also mit echtem ursächlich logischem Denken zu tun, besser können wir Menschen das auch nicht.

Abstraktes Denken (Analogical reasoning)

Der Trick beim abstrakten Denken besteht darin, dass man auf Grundlage einer Kategoriebildung eine Analogie zieht (abstrahiert). Ich will gar nicht viel erklären, am besten machen Sie einfach den folgenden Test. Wenn Sie die Lösung gefunden haben, haben Sie acht … Wenn nicht, dann wissen Sie, dass die anderen Menschenaffenarten,[159] Paviane[160] und Krähen[161] klüger sind als Sie. Sollte dies bei Ihnen der Fall sein, keine Sorge, viele Kandidaten fallen bei diesem Test durch. Aber genauso wie die menschlichen Bewerber wissen auch die Krähen nicht, wie der Test funktioniert. Nur gut, dass es Trainer gibt, die die jungen Jobbewerber auf diese Art von Tests vorbereiten. Aber eigentlich ist das geschummelt.

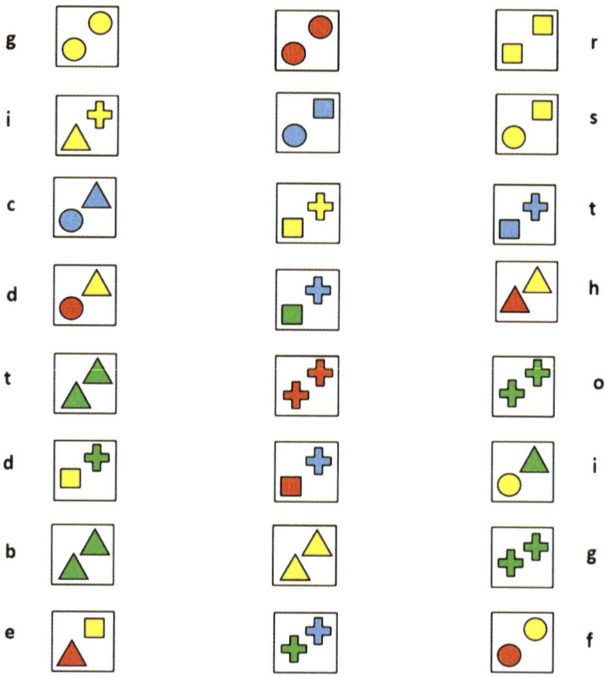

Test auf abstraktes Denken: Welche der Karten gehört nicht in die jeweilige Reihe? Notieren Sie die danebenstehenden Buchstaben.

Kreatives Denken

Der vielleicht älteste Intelligenztest stammt aus dem alten Griechenland von dem gelehrten Sklaven und Geschichtenerzähler Äsop. Von ihm stammt die Fabel »Die Krähe und der Krug«. Erzählt wird die Geschichte einer durstigen Krähe, die versucht, aus einem Gefäß Wasser zu trinken. Leider ist der Wasserspiegel zu niedrig, und sie kommt einfach nicht an das kühle Nass heran. Das kluge Tier sammelt Steine und wirft sie so lange in den Krug, bis der Wasserspiegel angestiegen ist und sie ihren Durst löschen kann. Menschliche Kinder bestehen diesen Test erst ab dem fünften bis siebten Lebensjahr.[162] Unsere Kinder sind in diesem Alter dazu in der Lage, in die Schule zu gehen, und es ist schon mutig, mit Tieren einen solchen Test durchzuführen. Die neuseeländische Forscherin Sarah Jelbert tat es, und sie tat es erfolgreich. Ihre Krähen waren genauso klug wie unsere Schulkinder und dazu in der Lage, Äsops Intelligenztest auf strategisches Denken und Kreativität erfolgreich zu bestehen.[163]

Ganz ähnlich, nur umgekehrt, funktioniert ein Test im Wasser. In einer durchsichtigen Plexiglasbox steckt ein toter Fisch. Wirft man von oben drei Gewichte in die Box, so fällt unten der Fisch heraus. Einigen Delfinen wurde durch einen Taucher der Trick beigebracht, und natürlich lernten sie ihn sofort und bedienten sich selbständig aus der Box. Nun wurden aber die Gewichte in 50 Meter Entfernung in der anderen Ecke des Pools ins Wasser geworfen. Die Delfine hatten nun zwei Möglichkeiten: Entweder, sie wiederholten, was sie gelernt hatten, und schwammen für jedes Gewicht hin und her, oder sie entschieden sich für eine kreative und ökonomische Lösung. Tatsächlich taten sie Letzteres und nahmen gleich mehrere Gewichte auf einmal.

Mit ähnlichen Experimenten wurden bisher auch Gorillas, Schimpansen[164] und Raben[165] erfolgreich getestet. Kreatives Denken lässt sich aber auch im Freiland beobachten, wenn beispielsweise Jagdstrategien an neue Umweltbedingungen angepasst werden. Auch dafür gibt es zahlreiche Beispiele.

Strategisches Denken

Ein extrem beeindruckendes strategisch geplantes Handeln ist der Krieg. Vermutlich hielten Sie bisher nur uns Menschen zu einem solchen Handeln für fähig. Aber ich muss Sie enttäuschen: Zumindest unsere nächsten Verwandten, die Schimpansen, führen auch Kriege. Es gibt ein gutdokumentiertes Beispiel, in dem eine Schimpansengruppe das Territorium einer anderen okkupiert hat. Erreicht wurde dies durch extrem ungewöhnliches Verhalten. Normalerweise verteilen sich Schimpansen im Wald und durchkämmen im wahrsten Sinne des Wortes lärmend den Dschungel. Die beobachtete Kriegsstrategie bestand darin, leise und hintereinander im Gänsemarsch in das fremde Territorium einzudringen, einzelne Gegner zu erschlagen und leise wieder zu verschwinden. Irgendwann nahm die ursprüngliche Schimpansengruppe ihr Territorium als nicht mehr sicher wahr und verließ es. Daraufhin änderte sich das Verhalten der kriegerischen Besetzer grundlegend. Sie bewegten sich wieder breit und lärmend durch den Wald, als gehöre er ihnen. Dieser Krieg zog sich über Jahre hin und war eindeutig strategisch geplant und ausgeführt.[166]

Metakognition

Als Metakognition bezeichnet man die Fähigkeit, über das Denken oder das eigene Wissen nachzudenken. Ich reflektiere also über meine eigenen Gedanken oder denke über meinen Wissensstand oder meine Handlungsoptionen nach. Für die meisten Menschen ist diese Fähigkeit ausschließlich uns Menschen vorbehalten. Doch seit einigen Jahren wissen wir, dass sehr wohl viele Tiere über sich selbst nachdenken und zur Selbstreflexion fähig sind. Doch wie kann man etwas so Komplexes wie Metakognition mit einem einfachen verhaltensbiologischen Test nachweisen? Ganz einfach: mit sehr viel Kreativität, einer Prise Abstraktion und dem Zauberspruch »Je einfacher, desto genialer«.

Stellen Sie sich einfach vor, Sie hören zwei Töne, die unterschiedlich lang sind. Es fällt Ihnen natürlich leicht, einen Ton, der acht Sekunden lang ist, von einem Ton, der nur zwei Sekunden lang ist, zu unterscheiden. Schwieriger wird es, wenn ein Ton vier und der andere fünf Sekunden lang ist. Sie haben nun die Wahl: Nehmen Sie an einem Experiment teil, bei dem die richtige Antwort mit 50 Euro belohnt wird, Sie aber nichts bekommen, wenn Sie falschliegen? Oder nehmen Sie an dem Experiment nicht teil und bekommen zehn Euro Aufwandsentschädigung? Das klingt erst mal ganz einfach, aber um die richtige Entscheidung zu treffen, müssen Sie über sich selbst reflektieren. Sie müssen sich über Ihren Wissensstand im Klaren sein und sich überlegen, ob Sie wirklich wissen, dass die Töne unterschiedlich oder gleich lang waren.

Es geht in dem Experiment überhaupt nicht darum, ob Sie schlussendlich richtig entscheiden und die Signallängen gut schätzen können. Es geht einzig und allein darum, ob Sie überhaupt an dem Experiment teilnehmen. Diese Entscheidung fällen Sie auf Grundlage Ihrer Abwägung über Ihren eigenen Kenntnisstand. Sie denken über Ihr eigenes Wissen nach und betreiben in diesem Moment Metakognition. Tiere, die an dem Experiment nicht teilnehmen, wenn sie sich bei der Antwort nicht sicher sind, müssen Metakognition betrieben haben, um diese Entscheidung zu treffen. Einfach und genial.

In diesem und ähnlichen Experimenten wurden bisher Ratten,[167] die großen Menschenaffenarten,[168] Delfine,[169] Rhesusaffen,[170] Kapuzineräffchen,[171] Tauben[172] und sogar Bienen[173] erfolgreich auf Metakognition getestet.

Selbstbewusstsein

Neben der Fähigkeit, über uns selbst nachzudenken, ist das Selbstbewusstsein für uns als Individuen die vielleicht bedeutendste kognitive Fähigkeit. Es sorgt dafür, dass wir uns überhaupt erst unser selbst bewusst sind, und auch in diesem Fall ging man früher davon aus, dass diese Fähigkeit nur von uns Menschen entwickelt wurde. Heute wissen wir, dass viele Tiere ein Selbstbewusstsein haben.

Da man nicht in die Köpfe der Tiere hineinsehen kann, muss man sich auch hier ein kluges Experiment einfallen lassen. In der Verhaltensbiologie wird seit nahezu 40 Jahren das Selbstbewusstsein mit einem Spiegel erforscht. Eigentlich geht es dabei nur darum zu sehen, ob sich ein Tier im Spiegel selbst erkennt.

Grundsätzlich gibt es verschiedene Möglichkeiten, auf einen Spiegel zu reagieren. Die meisten Tiere reagieren allerdings überhaupt nicht auf einen Spiegel. Doch auch dies ist eine wichtige Information, und selbst in diesem Fall müssen wir mit unserer Interpretation sehr vorsichtig sein. Es ist durchaus möglich, dass ein Tier Selbstbewusstsein hat und nicht auf einen Spiegel reagiert. Möglicherweise ist der visuelle Sinn einfach nicht wichtig für das Tier. Möglicherweise würde das Tier aber auf den eigenen Geruch oder ein akustisches »Schallbild« reagieren.

Die einfachste Form, auf einen Spiegel zu reagieren, ist mit Sozialverhalten. Wenn ein Wellensittich mit seinem Spiegelbild schnäbelt, dann zeigt er, dass er seinem Gegenüber wohlgesinnt ist. Wenn allerdings ein Kampffisch nicht aufhört, gegen sein Spiegelbild anzugehen, dann sieht er einen Rivalen in seinem Territorium.

Es gibt aber auch Tiere, die einen Spiegel als Werkzeug benutzen. Wenn sie beispielsweise Nahrung in einem Spiegel sehen, aber die direkte Sicht auf das Leckerli durch eine Wand verwehrt ist, dann werden die Tiere nicht zuerst zur Reflexion im Spiegel rennen, sondern gleich den kurzen Weg um die Wand herum nehmen. Schweine,[174] Makaken,[175] Graupapageien,[176] Krähen[177] und einige Hunderassen[178] sind beispielsweise zu einem solchen Verhalten fähig. Sie haben eindeutig das Konzept des Spiegels verstanden und können es nutzen. Dies ist durchaus bemerkenswert, denn in der Natur gibt es keine Spiegel. Die Tiere mussten also anhand ihrer eigenen Beobachtung die Funktionsweise des Spiegels ergründen. Die Evolution konnte sie auf diese unnatürliche Situation nicht vorbereiten und hat sie stattdessen mit einem bemerkenswerten Verstand ausgerüstet.

Eine weitere Form, auf ein Spiegelbild zu reagieren, ist, wenn

Tiere beginnen, im Spiegel Körperteile zu mustern, die sie sonst nicht sehen können. Viele Tiere zeigen plötzlich ein großes Interesse für ihr Hinterteil. Für manche Biologen ist dies schon ein Hinweis auf Selbstbewusstsein, denn schließlich könnten sich die Tiere ja auch mit dem Hinterteil eines befreundeten Tieres beschäftigen. Das tun sie aber nicht, sie interessieren sich explizit für ihren eigenen Popo. Viele Primatenarten, wie zum Beispiel Rhesusaffen,[179] aber auch Kleinkinder[180] und, wie wir seit kurzem wissen, sogar Rochen[181] – eine erdgeschichtlich extrem alte Tierart – verhalten sich entsprechend. Doch die Beobachtung bei den Rochen wurde schnell kritisiert, und es wurde darauf hingewiesen, dass die Tiere sich auch untereinander ganz ähnlich verhalten und es sich somit um klassisches Sozialverhalten einem Spiegel gegenüber handelt.[182] Daher sollte immer möglichst der nächste Schritt die eigentliche Bestätigung liefern.

Der echte Spiegeltest – auch Marktest genannt – gilt als bestanden, wenn ein Tier im Spiegel erkennt, dass man ihm vorher eine Markierung auf die Stirn gemacht hat. Ein Tier mit Selbstbewusstsein greift bei dieser Beobachtung nicht etwa an die Stirn seines Spiegelbildes, sondern sofort an die eigene und versucht, die Markierung abzuwischen oder zu untersuchen. Sie können sich sicher vorstellen, dass Menschenaffen[183] und auch Elefanten[184] mit einem solchen Experiment keine Schwierigkeiten haben. Doch was macht ein Pinguin? Für Tiere, die mit ihren Extremitäten nicht einfach so irgendwohin greifen können, braucht man ein abgewandeltes Experiment. Natürlich wurde ein solches Experiment erdacht, und seither wissen wir, dass auch die Delfinarten Großer Tümmler[185] und Orcas,[186] die verspielten Keas[187] und sogar einige Elstern[188] den Test bestehen.

Vielleicht können Sie sich erinnern, dass ich oben bereits angemerkt habe, dass Tiere, für die der visuelle Sinn weniger wichtig ist, möglicherweise auf ein Geruchsbild reagieren. Tatsächlich wurde genau so ein Experiment durchgeführt.[189] Hunde wurden mit ihrem eigenen Geruch konfrontiert. Normalerweise bedeutet dieser Geruch nicht viel für die Tiere, denn für sie ist der Geruch anderer viel interessanter. In dem Experiment wurde aber der eigene Geruch chemisch leicht verändert – und siehe da, die Tiere interessierten sich plötzlich für ihren eigenen Geruch. Einer Welt der Gerüche, in der der eigene Geruch bekannt ist, diesem bekannten Geruch aber etwas hinzugefügt wurde, mag einer visuellen Welt entsprechen, indem man eine Markierung an der Stirn sieht. Folgt man dieser Logik, dann hätten auch Hunde den Test auf Selbstbewusstsein bestanden. Doch – o Wunder – es dauerte nicht lange, bis dieser Ansatz kritisiert wurde.[190] Dies ist aber überhaupt nicht schlimm, denn so funktioniert Wissenschaft, und so wurde der Test, auch in der Vergangenheit, immer weiter verbessert.

Doch nun wird es wirklich problematisch. Es gibt nämlich Tiere, die überhaupt keine Schwierigkeiten haben, sich eine Markierung vom Kopf zu wischen. Diesen Tieren hätte man diese Leistung nicht zugetraut, und ich habe immer noch nicht verstanden, wie die Forscher überhaupt auf die verrückte Idee gekommen sind, diese Tierart zu testen. Bedenkt man, dass der Spiegeltest so etwas wie der Heilige Gral in der Verhaltensbiologie ist und über die Jahrzehnte immer weiter verbessert wurde und es als gemeinhin anerkannt gilt, dass nur die klügsten und kognitiv hochentwickelten Tiere die höchste Form des Tests bestehen, dann ist das, was ich Ihnen nun sagen werde, fast so unglaubwürdig wie die Aussage, dass ich heute Morgen mit Angela Merkel gefrühstückt habe. Tatsächlich konnten Forscher beweisen, dass Ameisen den Spiegeltest bestehen.[191] Derzeit rettet man sich mit der Aussage, dass es einen Unterschied zwischen Selbstbewusstsein und Selbsterkennen geben kann. Ameisen wären demnach dazu in der Lage, sich selbst zu erkennen, ohne sich aber selbst dessen bewusst zu sein. Das ist durchaus plausibel, denn darüber nachdenken zu können, ob man sich erkennt, ist, wie wir oben gesehen haben, eine andere kognitive Fähigkeit. Selbstbewusstsein ist demnach nur in Kombination mit Selbsterkenntnis und Metakognition möglich. Nun haben wir aber oben auch erfahren, dass Bienen zur Metakognition fähig sind.

Ich persönlich bin sehr darauf gespannt, ob wir in nächster Zeit von einem Insekt erfahren, das sowohl den Spiegeltest besteht als auch Metakognition besitzt. Die Einzigen, die sich über so eine Entdeckung freuen würden, wären vermutlich Forscher, die sich mit künstlicher Intelligenz beschäftigen. Sie wüssten dann, dass man auch mit einem extrem kleinen neuronalen Netzwerk verblüffend intelligente Fähigkeiten erzeugen kann.

Mitgefühl

Mitgefühl ist für viele Menschen eine sehr edle menschliche Eigenschaft, für andere ist es vielleicht nur irgendeine Emotion, aber tatsächlich verbirgt sich dahinter eine spektakuläre kognitive Fähigkeit. Im englischsprachigen Raum spricht man von der Theory of Mind (ToM), also einer Vorstellung des Geistes (auch von anderen). In der Philosophie wird der Begriff oft gemeinsam oder sogar analog zur Metakognition angewandt. Doch was genau ist darunter zu verstehen? Die deutsche Übersetzung »Mentalisierung« hilft da auch nicht weiter.

Ganz grob versteht man unter einer ToM die Fähigkeit, sich in andere gedanklich hineinversetzen zu können, man könnte auch sagen, man fühlt sich in jemanden hinein, man hat Mitgefühl. Neuronal passiert dabei vermutlich etwas Spektakuläres, denn wir simulieren die Gedanken und Gefühle von Fremden in unserem eigenen Nervensystem. Vielleicht kann man sich das tatsächlich wie eine Computersimulation vorstellen. Unser Gehirn spielt so lange mit den Variablen, bis eine plausible Erklärung herausspringt und wir glauben, eine Vorstellung von dem zu haben, was unser Gegenüber gerade denkt oder empfindet. Wenn ich jemandem helfen will, ist das eine ganz praktische Sache, denn sonst kann ich ja sein Problem überhaupt nicht erkennen. Ganz ähnlich ist es, wenn ich jemanden betrügen will. Auch in diesem Fall muss ich mir vorstellen, was in meinem Gegenüber vor sich geht. Gelingt mir das, kann ich ihn manipulieren, und er fällt auf meine Tricks herein.

Der zwar ethisch wertvolle, aber doch ein wenig lapidar daherkommende Begriff Mitgefühl wird also schnell zu etwas äußerst

Komplexem, und wir müssen höllisch aufpassen, dass wir diesen Begriff richtig anwenden. Grundsätzlich gibt es zwei Möglichkeiten, ein Verhalten zu zeigen, das den Eindruck erweckt, man hätte sich in jemand anderen hineinversetzt. Bei diesen beiden Möglichkeiten handelt es sich um Folgendes:

- Gedankenlesen (Mind reading) und das
- Körpersprachelesen (Behavior reading).

Bitte befürchten Sie nicht, dass es jetzt esoterisch wird und ich Ihnen etwas von Telepathie erzähle. Tatsächlich versteht man unter dem Gedankenlesen die Fähigkeit, die wir oben beschrieben haben. Ich bin dazu in der Lage, mich gedanklich in jemand anderen hineinzuversetzen und seine Gedanken und Gefühle zu simulieren (zu lesen). Auf Grundlage dieser Simulation entscheide ich mich dann für ein bestimmtes Verhalten. Das Körpersprachelesen führt auch zu einem bestimmten Verhalten, aber das Verhalten beruht nicht auf der Simulation fremder Gedankenwelten, sondern auf der Interpretation von beobachteten Elementen der Körpersprache. In beiden Fällen hat aber ein neutraler Beobachter den Eindruck, dass sich das Tier aufgrund seines »Mitgefühls« entsprechend verhält.

Unter Verhaltensbiologen gibt es eine angeregte Diskussion darüber, ob die Tiere nun Gedanken oder Körpersprache lesen. Das Spektrum reicht von Biologen, die sagen, alle Säugetiere und Vögel besitzen eine ToM, bis hin zu Forschern, die sagen, nur wir Menschen sind dazu fähig. Die letzte Gruppe hat sich ein besonders cleveres Experiment ausgedacht, und bis vor kurzem haben tatsächlich nur wir Menschen diesen Test bestanden.[192] Heute wissen wir aber, dass auch andere Menschenaffen den Test bestehen.[193]

Bei dem Test prüft man, ob jemand ein Verständnis für den falschen Glauben eines anderen hat. Das klingt erst mal recht wirr, doch ich mache jetzt mit Ihnen ein Experiment, das man auch mit Kindern macht, und Sie werden sehen, dass die Sache kinderleicht ist.

Den Kindern wird eine kleine Geschichte mit Playmobilmännchen vorgespielt. In dieser Geschichte legt ein Pirat ein Sandwich auf den Tisch, doch dann fällt ihm ein, dass er Durst hat, und er geht weg. In diesem Moment fegt ein Windstoß sein Sandwich vom Tisch. Kurz danach kommt ein zweiter Pirat und legt sein Sandwich auf den Tisch, doch auch ihm fällt ein, dass er Durst hat, und er geht weg. Nun kommt der erste Pirat wieder zurück und sieht das Sandwich auf dem Tisch. In diesem Moment werden die Kinder ganz nebenbei gefragt, welches Sandwich der Pirat nun essen wird. Kinder bis zum Alter von etwa drei Jahren werden antworten, dass der Pirat das Sandwich vom Boden essen wird. Sie können sich einfach nicht vorstellen, dass der erste Pirat einen falschen Glauben besitzt und irrtümlich zu dem Sandwich auf dem Tisch greifen wird. Wenn man diesen Test bestehen will, muss man sich sehr genau in den anderen hineinversetzen können, man muss sich vorstellen können, was ein anderer in der speziellen Situation denkt. Unser Pirat denkt natürlich, dass sein Sandwich auf dem Tisch liegt. Warum sollte der Pirat auch auf die Idee kommen, dass sein Sandwich auf dem Fußboden liegt und er vor sich das Sandwich eines anderen Piraten sieht. Für uns ist das absolut logisch, und diese Gedanken machen wir uns von ganz allein. Im Gegenteil: Es fällt uns sogar schwer, uns in die Welt und in die Vorstellung von Kindern hineinzuversetzen, die glauben, dass der Pirat das Sandwich vom Boden nimmt. Die Geschichte hat sich übrigens die Forscherin Rebecca Saxe ausgedacht.[194]

Nun wird es lustig: Wissen Sie, was Kleptoparasitismus ist? Wahrscheinlich kennen Sie den Begriff Parasitismus. Eine Zecke oder ein Floh, die sich an unserem Blut gütlich tun, sind Parasiten. Vielleicht kennen Sie auch den Begriff Kleptomanie, auch wenn Sie sicher nie etwas an der Kasse vorbeischmuggeln würden, oder? Kleptoparasitismus verbindet beides, und dies auf eine ungewöhnlich kluge Art. Bei einer Rabenart, dem Westlichen Buschhäher (*Aphelocoma californica*), hat man beobachtet, dass er sich gern auf die Lauer legt und schaut, wo seine Kollegen ihre Nahrung vergraben. Frei nach dem Motto »Warum soll ich denn selber arbeiten, wenn andere das für mich tun!« klauen die Vögel, was das Zeug hält. Das Spannende ist nur, dass sie wissen, dass auch andere sie beklauen wollen. Bemerken sie, dass sie beobachtet werden, geschieht etwas ganz Außergewöhnliches: Sie graben ihre Beute wieder aus und verschwinden.

Vielleicht fragen Sie sich nun, was daran so ungewöhnlich sein soll. Für Sie und mich gar nichts, für die Vögel und für unser Verständnis von Tieren bedeutet diese Beobachtung aber sehr viel. Denn die Vögel müssen sich in die Gedanken des Beobachters hineinversetzen können, um zu wissen, dass diese sie auskundschaften.

Man könnte natürlich auch in diesem Fall ein Körpersprachelesen unterstellen, aber dann könnte man die folgende zusätzliche Beobachtung nur schwer erklären. Junge Raben, die selber noch nicht auf die Idee gekommen sind, bei anderen zu stibitzen, ignorieren fremde Beobachter und denken sich nichts Böses dabei. Sie verbuddeln weiter in aller Ruhe ihre Schätze und erwarten, diese bei ihrer Rückkehr wiederzufinden. Sobald sie etwas älter und auf den Trichter gekommen sind, auch zu klauen, ist es vorbei mit dem Vertrauen, und sie passen höllisch auf, ob sie beobachtet werden oder nicht. Tatsächlich gibt es kaum eine Möglichkeit, dieses Verhalten anders zu erklären, als mit einer Theory of Mind.[195]

Mitgefühl gilt übrigens als ein Gegenspieler zur Aggression. Wenn ich mit jemandem Mitgefühl habe und mir vorstelle, welche Schmerzen ein Faustschlag ins Gesicht auslöst, dann kann ich nicht mehr so beherzt zuschlagen. Aus diesem Grund interessieren sich Psychologen, aber auch die Pharmaindustrie, für Mitgefühl. Es geht hier letztlich darum, eine Pille gegen Aggression zu finden. Interessant ist, dass die Forschung dazu an Ratten durchgeführt wird, denn man hat festgestellt, dass Ratten Mitgefühl haben. Wenn man sich das folgende Experiment ansieht, dann mag man sogar glauben, sie hätten mehr als wir.

Fängt man eine Ratte in einer Falle und gibt einer zweiten Ratte die Möglichkeit, die erste Ratte zu befreien, dann wird sie dies tun. Als Dank wird die Ratte von der befreiten Ratte kräftig gekuschelt. Wenn man ausschließen möchte, dass das Verhalten durch Konditionierung (siehe: »Unser altes Bild von Tieren«) zustande kommt, muss man dafür sorgen, dass die Belohnung, die als positiver Verstärker für den Lernprozess dient, ausbleibt. Die Forscher haben daher die Falle so konstruiert, dass die Ratte zwar befreit wurde, aber nicht zu der befreienden Ratte zurückkonnte. Dennoch hat die Ratte weiter ihren Kumpel befreit. Mit anderen Worten: Die befreiende Ratte tat dies gänzlich uneigennützig, denn sie wurde nicht mehr mit Kuscheln belohnt. Die Ratte unternahm somit ihre Befreiungsaktion tatsächlich aus dem Verständnis, eine andere Ratte zu befreien.

Doch dies war den Forschern noch nicht genug. Sie gaben der befreienden Ratte eine zweite Alternative. Die Ratte hatte jetzt zwei Käfige vor sich, einen mit der zu befreienden Ratte und einen anderen mit Schokoplätzchen, etwas, das Ratten so sehr lieben, dass sie dafür sterben würden. Und was tat unsere Ratte nun? Sie befreite zuerst die eingesperrte Ratte, und danach futterten die beiden die Schokoplätzchen gemeinsam.[196]

In der Verhaltensbiologie gilt wie auch in anderen Naturwissenschaften, dass man versucht, die Beobachtungen mit einem möglichst einfachen Mechanismus zu erklären. Oft fällt es uns Menschen leicht, uns eine komplizierte Geschichte auszudenken, doch die Realität ist meist viel einfacher. Es ist daher die große Frage: Was ist die einfache kognitive Leistung – das Körpersprachelesen oder das Gedankenlesen? Ich persönlich glaube, dass das Gedankenlesen einfacher ist, denn ich hätte damit ein universelles Werkzeug, das mir in vielen Situationen helfen kann, entwickelt.

Wenn ich versuche, Verhalten mit dem Lesen der Körpersprache zu erklären, dann muss ich voraussetzen, dass die Tiere genügend Zeit hatten, die Körpersprache aller möglichen Individuen zu lernen. Sie müssen also einen riesigen Erfahrungsschatz durchkämmen, um in den entsprechenden Situationen das richtige Verhalten parat zu haben. Ich persönlich halte dies für eine fast schon unvorstellbar komplizierte geistige Leistung.

Vielleicht haben Sie Lust, sich ein Video[197] anzusehen und sich selbst zu überlegen, wie sich das Verhalten der unterschiedlichen Tiere am plausibelsten erklären lässt. Bedenken Sie aber, dass die Verteidigung von Jungtieren und Familienangehörigen keine höheren kognitiven Fähigkeiten verlangt und sehr wahrscheinlich ein genetisch vorgegebenes Verhalten ist.

Eines von vielen Beispielen, bei dem sich Tiere gegenseitig unterstützen.

Ich möchte Sie auch auf eine mehr als 50 Jahre alte wissenschaftliche Veröffentlichung aufmerksam machen. In der Welt der Wal- und Delfinforscher ist das Ehepaar Caldwell so etwas wie ein Urgestein. In einer ihrer Veröffentlichungen beschreiben sie das Verhalten eines in Gefangenschaft gehaltenen Kleinen Schwertwals (*Pseudorca crassidens*) und eines Gemeinen Delfins (*Delphinus delphis*). Bei dem Kleinen Schwertwal handelt es sich um die kleinen Verwandten der Orcas, die aber mit bis zu 6 Metern Länge und 1,5 Tonnen Gewicht nicht wirklich klein sind. Eines Tages sollte eine der zweimal jährlich durchgeführten Wundrosenimpfungen gespritzt werden. Dazu wurde das Wasser aus dem Rundbecken bis auf einen Pegel von einem Meter abgelassen. Der Kleine Schwertwal ließ sich daraufhin die Spritze gefallen, aber der Gemeine Delfin begann lautstark zu pfeifen, als ihn zwei Trainer am Schwanz festhielten. Der Kleine Schwertwal, der bei diesem Wasserstand große Schwierigkeiten gehabt haben muss, sich zu bewegen, drängte sich zwischen Delfin und Trainer, so dass diese den Delfin loslassen mussten.

Die Caldwells beschreiben noch eine weitere vergleichbare Situation und betonen, dass der Schwertwal in keinem Moment aggressiv oder bedrohlich gegenüber den Trainern gewirkt hat. Er hat lediglich mit großer Sorgfalt dem Delfin geholfen. Dieser schwamm daraufhin einige Zeit sehr nah an seinem Retter und schien sich zu bedanken.[198]

Wenn man bedenkt, dass diese Beobachtung vor über 50 Jahren veröffentlicht wurde und der wissenschaftlichen Welt seither bekannt ist, über welche kognitiven Fähigkeiten die Tiere verfügen, kann ich nur den Kopf darüber schütteln, wie man damals und heute mit diesen Tieren umgeht.

Unabhängig von allen bisher erwähnten Punkten gibt es noch eine weitere maßgebliche Voraussetzung. Ich muss dem Individuum, das ich gerade in meinen Gedanken simuliere, zumindest gedanklich nah sein. Ich kann mich kaum auf mehr als ein einzelnes Individuum konzentrieren.

Dieser Aspekt ist wichtig, wenn wir zu unserem nächsten Punkt kommen.

Suprameganes Denken

Diese Form des Denkens ist bisher weder im Tierreich noch bei uns Menschen beobachtet worden. Es handelt sich um eine höhere Form der ToM, bei der man nicht mehr darauf angewiesen ist, einem bestimmten Individuum nahe zu sein. Man hat die Fähigkeit entwickelt, sich in alle vom eigenen Handeln betroffenen Individuen hineinzuversetzen, und kann mit diesen mitfühlen. Mit diesem Denken ist man befähigt, die globalen Konsequenzen des eigenen Handelns einzuschätzen, und kann auf dieser Grundlage eigenes Fehlverhalten eliminieren. Der Unterschied zu unserem bisherigen globalen und mit allen Lebewesen mitfühlenden Denken besteht darin, dass diese Form des Denkens tatsächlich zu Handlungen führt.

Wesen mit suprameganem Denken würden beispielsweise ihr Finanzsystem dahingehend ändern, dass Einzelpersonen sich nicht mehr an der Gemeinschaft bereichern können, sie würden darauf verzichten, fossile Brennstoffe zu verbrennen, denn sie könnten sogar Mitgefühl für zukünftige Generationen entwickeln, die unter den Konsequenzen des Klimawandels zu leiden haben, und sie würden keine Tiere unter industriellen Bedingungen halten, nur weil sie gut schmecken.

Suprameganes Denken umfasst aber noch weitere Aspekte, die mit unserer heutigen Sprache noch nicht beschreibbar sind, und selbst die Zusammenstellung der Begriffe supra und mega musste von mir gerade erfunden werden.

Wichtig an diesen drei Absätzen ist nur ein Gedanke: Wir Menschen befinden uns, wie alle anderen Lebewesen mit einem Nervensystem auch, in einer bestimmten geistigen Entwicklungsphase. Die Finanzkrise von 2007, der wir noch heute die niedrigen Zinsen verdanken, hat beispielsweise ihre Ursache in einem Verhalten, das Verlustaversion genannt wird.[199] Dabei handelt es sich um ein irrationales Festhalten an etwas, das man einmal besessen hat. Unser Verstand funktioniert in diesen Momenten nicht rational und reißt uns in die Krise. In den Medien und auf Wikipedia wird uns eine ganze Reihe von Ursachen für das Debakel genannt, doch es bleibt unerwähnt, dass unseren damaligen Fehlentscheidungen mehr als 30 Millionen Jahre alte Verhaltensmuster zugrunde liegen. Diese teilen wir beispielsweise mit Kapuzineräffchen. Vieleicht sind wir ja doch nicht so hoch entwickelt, wie wir so gern glauben.

Doch kommen wir nach dem Ausflug in das mögliche Potential unserer geistigen Entwicklung zurück in die Realität. Wir haben erfahren, was Mitgefühl ist, und wissen, dass diese Fähigkeit nicht nur eingesetzt werden kann, um jemandem zu helfen. Ganz im Gegenteil: Ich kann meine Fähigkeit zum Mitgefühl auch einsetzen, um jemanden zu betrügen. Mitgefühl selbst ist also vom ethischen Standpunkt aus betrachtet, gar nicht so beeindruckend. Basierend auf einem Mitgefühl kann ich mich aber, wie oben an dem Experiment mit den Ratten gezeigt, durchaus selbstlos und uneigennützig verhalten. Wir sprechen dann von:

Reziproker Altruismus oder Die Erfindung der Freundschaft

Altruismus oder selbstloses Handeln ist ein ambivalent diskutiertes Thema. Auf der einen Seite billigt man Tieren so etwas wie Selbstlosigkeit nicht zu, doch auf der anderen Seite kann man beobachten, wie sich Hunderte von Ameisen opfern, damit ihr Ameisenstaat weiterbesteht oder auch nur neue Ressourcen erschlossen werden können. Selbstlosigkeit kann somit auch etwas sehr Einfaches sein und ist in den Genen fest verankert. Die Selbstlosigkeit, die wir Menschen meinen, basiert meist auf Mitgefühl. Wir tun etwas für jemanden, weil wir sein Problem erkennen und ihm gerne helfen möchten. Dabei spielt es noch nicht einmal eine Rolle, ob wir einem Menschen helfen oder einem Tier. Wir erkennen die Not eines anderen Individuums und möchten gern hilfreich sein. Wenn man das so liest, sind wir Menschen doch ganz schön edel, oder? Die Frage ist nur: Gibt es diese Form von Selbstlosigkeit auch im Tierreich?

Die Antwort lautet ja. Doch damit haben wir gleich die nächste Frage. Wenn ein solches mitfühlendes und selbstloses Handeln nicht Resultat unserer hohen und ausschließlich uns Menschen vorbehaltenen kognitiven Fähigkeiten ist, dann muss diese Fähigkeit im Verlauf der Evolution entstanden sein. Doch damit stehen wir vor einem echten Problem. Ein entsprechendes Verhalten erfordert im Minimalfall einen gewissen energetischen Aufwand. Im Extremfall kann es aber sogar bedeuten, das eigene Leben zu riskieren. Tiere, die sich nicht selbstlos verhalten, hätten somit einen Vorteil, denn sie würden Energie sparen und sich seltener einem Risiko aussetzen.

Bei einer solchen Konstellation ist die Evolution so scharf wie ein Samuraischwert und würde die Gene, die für ein entsprechendes Verhalten sorgen, schnellstens aus der DNS säbeln. Selbstloses und altruistisches Verhalten müsste somit wieder aussterben. Anders ist es natürlich bei staatenbildenden Insekten, bei denen die Königin überlebt, weil sich die Arbeiter geopfert haben. In diesem Fall bleiben die Altruismus erzeugenden Gene der überlebenden Königin erhalten.

Doch wie sieht es mit höherentwickelten Tieren aus? Um dieses Paradox aufzulösen, haben Wissenschaftler den Begriff des reziproken Altruismus geprägt. Er besagt, dass sich eine Investition in die soziale Gemeinschaft auszahlt, weil der Einzelne im Bedarfsfall etwas davon hat. Ich zum Beispiel war erst kürzlich zu einer Lesung eingeladen. Mein Zug hatte ein paar Minuten Verspätung, und diese Verspätung wurde im Zug angezeigt. Dummerweise hatte der Zug die Verspätung aufgeholt und war, von mir unbemerkt, pünktlich an meinem Zielbahnhof in Neupetershain eingerollt. Es nutzte gar nichts, dass ich in Panik meine Sachen schnappte und zur Tür rannte, der Zug war schon wieder unterwegs. Meine Hoffnung, an der nächsten Station einen Zug in Gegenrichtung zu erwischen, zerschlug sich ebenso wie jene auf einen Bus oder ein Auto, das ich – mittlerweise an der Landstraße stehend – als Tramper anzuhalten versuchte. Plötzlich hörte ich hinter einer großen Hecke Kindergeschrei, und ich wagte, die dort wohnende mir wildfremde Familie um Hilfe zu bitten. Der Familienvater Andy Haiasch, Besitzer einer Haus- und Grundstückssanierungsfirma, sah gerade Fußball und war dennoch sofort bereit, mich zu dem sieben Kilometer entfernten Ort der Lesung zu fahren. Geld lehnte er ab mit den Worten: »Das mache ich gern, wer weiß, wann ich mal Hilfe brauche.«

Besser als mit diesen Worten lässt sich reziproker Altruismus nicht beschreiben. Man investiert in eine soziale Gemeinschaft oder sogar in die ganze Welt in der Annahme, dass sich andere genauso verhalten und dass die Gemeinschaft in der Summe von diesem Verhalten profitiert.

Doch zwischen den Opfergenen der Ameisen bis hin zu dem eben beschriebenen Verhalten muss viel geschehen. In der Natur entwickelt sich nichts von einem Moment zum nächsten, sondern schrittweise, und daher ist die Entstehung und natürlich auch die Suche nach reziprokem Altruismus ein interessanter Forschungsbereich. Man geht davon aus, dass sich selbstloses Verhalten zuerst nur auf Familienmitglieder erstreckte. Doch wäre es nicht sinnvoll, auch andere Tiere in der näheren sozialen Gemeinschaft mit einzubeziehen? Selbst wenn alle Familienmitglieder durch ein Unglück nicht mehr da sind, so gäbe es doch die größere soziale Gemeinschaft als Backup. Das klingt ganz einfach, nur wären wir wieder an dem Punkt angelangt, bei dem die Tiere, die immer nur nehmen und nichts geben, im Vorteil wären. Ganz ähnlich wie bei unseren Erdhörnchen müssen sich die einzelnen Individuen merken, wer ihnen schon einmal geholfen hat und wem sie schon einmal geholfen haben. Letzterer ist zwangsläufig eher bereit, ihnen im Gegenzug beizustehen.

Das klingt ganz einfach und ist doch nur möglich, wenn die Tiere eine Vorstellung davon haben, dass es andere unterschiedliche Tiere gibt, und wenn sie sich merken können, wer wie ist und vielleicht schon einmal ein Helfer war. Der ganze Gedanke vom reziproken Altruismus hat nur Sinn, wenn man voraussetzt, dass Tiere eigene Persönlichkeiten sind und sich gegenüber unterschiedlichen Individuen auch unterschiedlich verhalten. Darüber hinaus funktioniert ein solches System auch nicht ohne ein langes und vielleicht sogar lebenslanges Gedächtnis. In diesem Fall hätten die Tiere aber eine Biographie wie wir und würden nicht mehr nur im Hier und Jetzt und ohne Vergangenheit und Zukunft leben. Wir werden im Kapitel »Biographien« noch mehr zu diesem Thema erfahren.

Genau genommen ist das Beobachten eines reziproken Altruismus damit verbunden, den Tieren kognitiv relativ viel zuzutrauen, und wir müssen akzeptieren, dass Tiere, bei denen so etwas beobachtet wird, genauso wie wir einen Freundeskreis haben.

Vermutlich wird es Sie nicht überraschen, dass man bei einigen kognitiv hoch entwickelten Tieren wie beispielsweise den Delfinen fündig wurde.[200] Die Tiere haben ein lebenslanges Gedächtnis, schaffen sich in ihrer Pubertät einen Freundeskreis[201] und unterstützen sich gegenseitig.[202] Außerdem konnte man zeigen, dass sich Delfine auch noch nach Jahrzehnten an andere Tiere erinnern.[203]

Doch können Sie sich vorstellen, dass selbst Parasiten zu einer solch unglaublichen kognitiven Leistung fähig sind? Vermutlich nicht, und ich muss auch gleich vorausschicken, dass es sich um außergewöhnlich hochentwickelte Parasiten handelt. Es geht nämlich um Vampire, auch bekannt als der Gemeine Vampir (*Desmodus rotundus*). Er gehört zur Unterfamilie der Vampirfledermäuse und ist ein sogenannter Ektoparasit. Er ernährt sich ausschließlich vom Blut anderer. Dazu klettern die kleinen Vampire vorsichtig auf ihre schlafenden Opfer und suchen nach besonders gut durchbluteten Hautpartien. Diese lecken sie an und betäuben damit die oberflächlichen Nerven. Mittels ihrer rasiermesserscharfen Zähne schlitzen sie die Oberfläche auf, und ein Stoff in ihrem Speichel verhindert die Gerinnung. Das Ergebnis ist ein kontinuierlich fließender Blutstrom, der einfach nur aufgeschleckt werden muss. Die kleinen Blutsauger sind somit eigentlich gar keine Sauger, sondern Blutlecker.

Es ist für die kleinen Tiere aber gar nicht so einfach, eine Mahlzeit zu ergattern, und das ist, wie Sie wissen, ein echtes Problem für Vampire. Tatsächlich können die Tiere aufgrund ihres hohen Stoffwechsels schon nach zwei erfolglosen Nächten sterben. Es ist für die gruseligen Gesellen also überlebenswichtig, alternative Nahrungsquellen zu haben. In der Natur gibt es die aber nicht, und so unterstützen sich die Tiere gegenseitig. Interessanterweise unterstützt aber nicht jeder jeden. Eine Blutspende bekommt man nur von Freunden und Verwandten. Man muss also jemanden gut kennen und ihm möglichst schon einmal geholfen haben, damit einem selbst auch geholfen wird. Ein großes Netzwerk von Freunden bietet somit mehr Sicherheit, als es der Familienverbund ermöglichen kann. In dem Video der Forscher kann man gut sehen, wie die hungrigen Tiere von den anderen mit hochgewürgtem Blut gefüttert werden.[204]

Der Fairness halber muss ich aber ergänzen, dass sich nur die Weibchen untereinander so generös verhalten.[205] Interessanterweise ist die Beobachtung der Blutspende bereits über 30 Jahre alt, und seither wird darüber diskutiert, ob es sich tatsächlich um reziproken Altruismus handelt.[206] Heute wird dies allerdings nicht mehr in Frage gestellt und deckt sich mit vielen anderen beeindruckenden kognitiven Leistung von Fledermäusen – wie zum Beispiel dem Dialekt[207] und der individuellen Erkennbarkeit.[208]

Der Gemeine Vampir (*Desmodus rotundus*) bei seiner nächtlichen Arbeit. Die Tiere haben einen Freundeskreis, der sie mit Blutspenden unterstützt, wenn sie mal kein Opfer gefunden haben.

Weder Delfine noch Fledermäuse sind Einzelfälle. Unter dem Sammelbegriff »prosozial« wird seit Jahren überall auf der Welt komplexes Sozialleben bei Tieren untersucht. Wir alle kennen die Legenden, dass Delfine Menschen vor dem Ertrinken retteten, und wundern uns darüber, warum die Tiere das tun. Ausgehend von dem evolutionären Schritt, den wir gerade bei den Fledermäusen kennengelernt haben, ist es durchaus plausibel, zu vermuten, dass sich Selbstlosigkeit weiterentwickelt hat und auch eine größere soziale und vielleicht sogar artübergreifende Gemeinschaft umfasst. Wenn man bedenkt, zu welchen außergewöhnlichen kognitiven Leistungen Delfine fähig sind, dann ist es durchaus denkbar, dass auch Delfine ähnlich großzügig sind wie wir. Es gibt unzählige Anekdoten und Beobachtungen, bei denen Delfine oder Wale nicht nur Menschen,[209] sondern auch anderen Arten[210] helfen. Auch gibt es vermehrt Beobachtungen, dass andere Säugetierarten nicht nur ihrer eigenen Art oder ihrem Freundeskreis gegenüber uneigennützig handeln. Da rettet ein Nilpferd eine Gazelle vor einem Krokodil[211] oder ein Bär eine Krähe vor dem Ertrinken.[212]

Es ist natürlich schwer, solche Einzelfälle richtig einzuschätzen, und oftmals sind auch einfachere Erklärungen möglich. Ich persönlich glaube aber, dass wir in den kommenden Jahren noch viele Überraschungen erleben werden und dass auch die Wissenschaft mehr und mehr Daten liefern wird, die nahelegen, dass wir Menschen mit unserem uneigennützigen Verhalten nur eine Tierart unter vielen sind. Der erste Schritt wurde kürzlich in einer wissenschaftlich geplanten Untersuchung getan, und die Forscher sprechen von einem Nachweis von Xenophilia (Fremdenfreundlichkeit) bei Bonobos.[213]

Meine Welt wird dadurch reicher, und es fällt mir immer schwerer, eine Natur zu sehen, die voller Konkurrenzkampf und im Sinne eines »Jeder gegen jeden« funktioniert. Die Welt ist viel komplexer und viel schöner, als wir bisher dachten.

Persönlichkeit

Nachdem wir uns in den letzten Kapiteln mit den komplexesten kognitiven Fähigkeiten beschäftigt haben, kommen wir nun zu einer sehr alten Erfindung, der Persönlichkeit. Ich kann mich noch gut an meine Mutter erinnern, die von all ihren Hunden als Persönlichkeiten mit eigenem Charakter gesprochen hat. Praktisch im gleichen Atemzug hat sie auf die Wissenschaft geschimpft, die ihre geliebten Hunde zu instinktgesteuerten persönlichkeitslosen Robotern gemacht hat.

Auch heute ist diese Einstellung weit verbreitet, und selbst viele

Biologielehrer wissen es nicht besser. Der Grund dafür ist eine mangelhafte Lehrerausbildung, bei der Erkenntnisse aus der modernen Verhaltensbiologie kaum Berücksichtigung finden. Fakt ist aber: Selbst relativ einfach gebaute Tiere haben schon so etwas wie Persönlichkeit. In der Biologie spricht man von »Consistent Individual Differences« (CIDs), also weitgehend unveränderlichen individuellen Unterschieden. Wir meinen damit »Temperament«, »Gemüt«, »Charakter« oder auch »Individualität«.

Aus Sicht der Evolution gesehen sind unterschiedliche Persönlichkeiten eine grandiose Erfindung.[214] Die einen sind mutiger und finden schnell mal eine neue Nahrungsquelle, die anderen sind zurückhaltender, bleiben lieber bei dem, was sie kennen, und werden weniger oft gefressen. Jede kleine Nuance hat ihren Vorteil, und wie im Großen so auch im Kleinen: Vielfalt schafft Dynamik, und in der Dynamik steckt die Stabilität des ganzen Systems Leben.

Wenn man dies einmal verinnerlicht hat, dann fällt es nicht schwer, in Einsiedlerkrebsen, Regenbogenforellen, Zebrafischen, Seesternen, Stierkopfhaien oder Kängururatten Individuen mit unterschiedlichem Charakter und Persönlichkeit zu sehen.[215] Wer hätte auch gedacht, dass sozial lebende Spinnen sich bei ihrer Berufswahl zwischen Amme und Soldat auf Grundlage ihrer Persönlichkeit entscheiden?[216] Sie haben richtig gelesen, Spinnen treffen tatsächlich ihre Entscheidung auf Grundlage ihrer Persönlichkeit und nicht wie bei einigen anderen Arten auf Grundlage von Hormonen oder einer speziellen Ernährung. Es ist somit keine Überraschung, wenn wir den einen Hund anders erleben als einen anderen, er hat einfach eine eigene Persönlichkeit.[217]

Biographien

Alle bisher genannten Fähigkeiten werden für uns als Individuum bedeutungslos, wenn wir die Erlebnisse, die wir mit diesen Fähigkeiten gemacht haben, nicht bewahren können. Wir hätten keine Vergangenheit und könnten folglich auch nicht aus unseren Fehlern lernen. Mit anderen Worten: Unsere Biographie macht uns eigentlich zu dem, was wir sind.

Ich habe noch in der Schule gelernt, dass Tiere im Hier und Jetzt leben, und auch heute verlassen viele Schüler die Schule mit einer solchen Vorstellung. Anekdoten über Hunde, die ihr Herrchen suchen und über Hunderte von Kilometern wandern, um es zu finden, können in dieser Welt nur Mythen sein.

Demgegenüber steht aus Sicht der Evolution der unglaubliche Vorteil einer Biographie und der darin gespeicherten Erfahrungen. Sollte es wirklich so sein, dass nur wir Menschen uns an unsere Vergangenheit erinnern können? Doch wie kann sich dann ein Delfin an den Namen eines anderen Delfins erinnern, den er 20 Jahre lang nicht mehr gesehen hat?[218] Ja, Sie haben mich richtig verstanden: Delfine haben Namen, sie können sich, ganz ähnlich wie wir, gegenseitig rufen.[219] Seit einigen Jahren wissen wir, dass auch Papageien Namen haben.[220] Oder warum können sich eine Seebärenmutter (*Callorhinus ursinus*) und deren Kinder noch nach Jahren aneinander erinnern?[221] Und wieso erforscht man an Mäusen Medikamente gegen Alzheimer, eine Krankheit, bei der wir Menschen unsere Biographie verlieren?[222]

Die Antwort darauf ist ganz einfach, es ist völliger Quatsch, zu glauben, dass nur wir Menschen eine Biographie haben. Raben beispielsweise merken sich nicht nur ihre Verstecke, nein, sie wissen sogar, ab wann ihre Nahrung verdirbt.[223] Elefanten haben nicht nur ein sprichwörtliches Elefantengedächtnis, nein, es konnte sogar gezeigt werden, dass die Lebenserwartung der jungen Tiere sinkt, wenn das erfahrenste Leittier stirbt.[224] Letztlich konnte sogar bei Bienen ein episodisches Gedächtnis nachgewiesen werden.[225]

Dennoch muss man aufpassen, dass man nicht allen Tieren eine Biographie unterstellt, wie wir sie von uns kennen. Das, was bei Tieren im Gedächtnis festgehalten wird, kann natürlich nicht mehr sein als das, was sie entsprechend ihren kognitiven Fähigkeiten auch wahrnehmen. Trotz dieser Einschränkung möchte ich an einem Beispiel zeigen, wie vergleichbar das episodische Gedächtnis zwischen Maus und Mensch ist.

Sie wissen sicher, dass es unterschiedliche Gedächtnisformen gibt. Motorische Fähigkeiten erlernen und speichern wir beispielsweise ganz anders als unsere Erinnerungen. Unsere Biographie steckt im sogenannten episodischen Gedächtnis, und dieses ist leider das Empfindlichste. Deutlich wird dies, wenn man sieht, wie leicht sich unser episodisches Gedächtnis manipulieren lässt.[226] Doch mit diesem Manko sind wir nicht allein, bei Mäusen lässt sich das episodische Gedächtnis genauso leicht manipulieren wie bei uns.[227] Dies ist letztlich auch der Grund, warum die Pharmaindustrie auf der Suche nach Alzheimermedikamenten so große Hoffnung auf die Untersuchung der neuronalen Grundlage des Mäusegedächtnisses setzt.

Wenn Sie in Zukunft also Tieren begegnen – egal, ob es sich um ein Haustier oder einen Vogel im Wald handelt –, es ist gut möglich, dass sie im Gedächtnis der Tiere bleiben. Vielleicht haben Sie auch Lust, einige Videos auf YouTube zu sehen. Ihnen werden Tiere begegnen, die sich offenkundig erinnern. Selbst wenn wir uns dieser Interpretation nicht vollständig sicher sein können, so sind doch die Bilder mit unserem jetzigen Wissen überhaupt erst plausibel erklärbar.[228]

Moral und Fairness

Unsere moralischen und ethischen Maßstäbe unterliegen zweifelsfrei einer permanenten Veränderung. Vor nicht allzu langer Zeit konnte man Menschen als Sklaven halten oder wurde dafür bezahlt, Menschen zu vergasen. Über das, was moralisch richtig ist, entscheiden also der Zeitgeist, ein Regime und unsere Kultur. Doch ganz so veränderlich, wie man es von einem Kulturgut erwarten würde, ist die Moral nicht. Sie unterliegt nämlich natürlichen Gesetzmäßigkeiten. Können Sie sich beispielsweise vorstellen, dass ein erfahrener Richter mit vielen Jahren Berufserfahrung durch die elektromagnetische Manipulation eines lediglich fingerspitzengroßen Areals im Gehirn nicht mehr dazu in der Lage ist, moralisch richtige Entscheidungen zu fällen? Wenn dem so wäre, dann müsste die Moral mehr als nur ein Kulturgut sein, denn sie wäre in einem bestimmten Bereich unseres Gehirns verankert.

Das sogenannte RTPJ-Areal ist ein kleiner Gehirnbereich, der tatsächlich darüber entscheidet, ob jemand schuldfähig ist oder nicht. Schaltet man dieses Areal aus, so wie es die Forscherin Rebecca Saxe getan hat, dann wird aus einem Unfall ein Verbrechen, und jemand, der aus Versehen beim Säubern seiner Waffe seinen besten Freund erschossen hat, landet als Mörder auf dem elektrischen Stuhl.[229] Auch Kinder sind erst mit 6 bis 8 Jahren dazu in der Lage, Aspekte der Schuldfähigkeit in ihre Entscheidungen und Beurteilungen mit einzubeziehen. Es ist daher kein Wunder, dass wir mit bildgebenden Verfahren das RTPJ-Areal bei kleinen Kindern noch nicht nachweisen können.

Unabhängig von dieser spektakulären, aber auch ein wenig beunruhigenden Entdeckung wenden wir uns nun der wahrscheinlichen Entstehung der Moral zu. Haben Sie sich schon einmal gefragt, was Moral eigentlich erreichen will? Ich nehme an, Sie stimmen mir zu, dass Moral in erster Linie unser Sozialverhalten regeln soll. Doch was genau soll die Moral erreichen?

Lebewesen, die in sozialen Gemeinschaften leben, haben viele Vorteile, aber auch viele Probleme. Eines dieser Probleme ist die permanente Angst davor, zu kurz zu kommen. Sozial lebende Tiere vergleichen permanent, was sie und was andere bekommen. Wir haben daher ein sehr feines Gespür dafür entwickelt, ob Ressourcen gerecht verteilt werden. Würden sie das nicht, hätten die Tiere, die mehr bekommen, einen Vorteil und würden mehr Nachkommen zeugen. Letztlich hätte dies wieder zur Folge, dass die Tiere, die sich einfach nehmen, was sie wollen, immer mehr würden, und zum Schluss gäbe es das soziale Netzwerk nicht mehr, weil jeder nur an sich denkt. Aus diesem Grund hat sich im Verlauf der Evolution ein Mechanismus entwickelt, den die Forscher Inequity-Aversion, also Ungerechtigkeitsabneigung nennen. Das daraus folgende Verhalten sorgt in einer sozialen Gemeinschaft dafür, dass Ressourcen gerecht verteilt werden.

Die ersten Experimente dazu wurden von dem Forscher Frans

de Waal an Kapuzineräffchen durchgeführt. Dazu hatte man zwei der Äffchen in jeweils einen Käfig gesperrt, und man gab ihnen die Aufgabe, kleine Steinchen aus dem Käfig herauszureichen. Für jedes Steinchen bekamen sie ein Stück Gurke. Bis dahin war alles prima, denn beide Tiere bekamen für gleiche Leistung die gleiche Gurke. Doch nun wurden einem der beiden Tiere Weintrauben als Belohnung gegeben. Auch Kapuzineräffchen haben eine klare Vorstellung davon, dass Weintrauben besser schmecken als Gurken, und so dauerte es nicht lange, bis das benachteiligte Äffchen förmlich ausrastete.[230] Ermutigt von diesen Experimenten wurden weitere Tiere getestet, und es stellte sich heraus, dass viele sozial lebende Tiere wie Hunde,[231] Ratten,[232] Krähen und Raben[233] ganz ähnlich reagierten. Überrascht waren die Forscher, dass beispielsweise Orang-Utans den Test nicht bestanden.[234] Es war ihnen völlig egal, ob der Orang-Utan neben ihnen besser behandelt wurde oder nicht. Doch die Erklärung für diese Beobachtung liegt auf der Hand, denn Orang-Utans leben nicht sozial. Es hat für sie überhaupt keinen Sinn, diese Fähigkeit zu entwickeln, dennoch sind sie ähnlich wie auch die anderen Menschenaffenarten höchst intelligent und verfügen über hochentwickelte kognitive Fähigkeiten.

Doch eine Ungerechtigkeitsaversion ist noch keine Vorstellung von Fairness oder Moral. Fairness wäre, wenn das bevorzugte Tier die Weintrauben aus Protest verweigern würde. Genau dies konnte bei Schimpansen beobachtet werden.[235] Dies ist durchaus beeindruckend, denn Kinder entwickeln diese Fähigkeit erst mit etwa acht Jahren.

Moralisches Verhalten hat sich somit im Verlauf der Evolution entwickelt, und auch diese ehemals menschliche Domain bricht unter der Beweislast zusammen. Was am Ende bleibt, ist die Tatsache, dass viele Tiere über die gleichen kognitiven Fähigkeiten verfügen wie wir Menschen. Nicht alle Tiere verfügen über alle Fähigkeiten, und manchmal sind sie auch nur in bestimmten Lebensphasen zu bestimmten Leistungen fähig. Aber auch dies ist ganz ähnlich wie bei uns, und jeder Erwachsene, der gegen kleine Kinder im Memoryspiel schon einmal verloren hat, weiß, was ich meine.

Kultur und Imitation

Beim Thema Sprachentwicklung hatten wir schon erfahren, dass Lernen durch drei unterschiedliche »Verfahren« ermöglicht wird. Wir haben erstens eine genetische Prädisposition, die es uns ermöglicht, bestimmte Dinge extrem leicht und viel besser als andere zu lernen. Ein Beispiel dafür sind musikalische Kinder in Familien, in denen die Vorfahren auch musikalisch waren. Auf diese Weise erklärt man das sogenannte genetisch angelegte Verhalten. Das zweite Verfahren basiert auf individuell erworbenen Erfahrungen. Ich habe bei meinem Tun einen Trick erkannt, mir diesen gemerkt und wende ihn in Zukunft an. Man spricht vom Lernen aus Erfahrung oder Einsicht.

Das dritte Verfahren ist etwas Besonderes. Es handelt sich dabei um das Lernen durch Imitation. Hier hat ein Tier einen tollen Trick erfunden, und alle anderen schauen sich das neue Verhalten bei ihm ab. Eine unglaublich praktische Angelegenheit, die aber voraussetzt, dass die Tiere andere überhaupt als andere wahrnehmen und in ihrem Verhalten etwas erkennen, das ihnen selbst nützlich sein kann. Das ist keine kleine Leistung, und daher hielt man früher das Lernen durch Imitation für etwas ausgesprochen Seltenes.

Heute wissen wir, dass viele Tiere dazu fähig sind. So entdeckte man, dass besonders Jungtiere sehr aufmerksam beobachten, welche Nahrung ihre Eltern zu sich nehmen. Nahrungsauswahl aufgrund der Imitation anderer gibt es sogar bei Insekten.[236] Auch gibt es beispielsweise bei Fischen durch Imitation gelernte Regeln zur räumlichen Nutzung.[237] Beide Beispiele unterliegen aber einer gewissen Starre. Es scheint so zu sein, dass die Tiere nur in diesem bestimmten Kontext dazu in der Lage sind, bestimmte Dinge sozial – also durch Imitation – zu lernen.

Etwas größere Flexibilität hat man bei Hunden beobachtet[238] und man macht sich diese Fähigkeit vermehrt auch im Hundetraining als »Do what I do« zunutze. Damit das funktioniert, braucht man aber durchaus einige Ausdauer. Demgegenüber fällt Wölfen das Lernen durch Imitation um einiges leichter.[239] Wer sich für die entsprechenden Videos interessiert, der findet hier die Reaktion eines Hundes[240] und hier die eines Wolfes.[241] Beide Tiere haben sich den Trick bei einem anderen Hund, der die Lehrerrolle übernommen hatte, abgeschaut.[242]

Darüber hinaus gibt es aber mehr und mehr gut dokumentierte Beispiele für die Nachahmung komplexerer Verhaltensweisen wie Kommunikation, Strategien der Nahrungsbeschaffung, Werkzeuggebrauch und vieles mehr. In diesen Fällen hat das soziale Lernen einen wahren Quantensprung ermöglicht, denn Tiere, die dazu fähig sind, leben in einer Kultur. Dies klingt vielleicht erst einmal etwas absurd, und ich empfehle jedem, der daran Interesse hat, mein Buch »Das Mysterium der Tiere«. Ich beschreibe darin auf viele Beispiele für Kultur im Tierreich.[243]

Die alte und auch heute noch in vielen Lexika angegebene Definition für Kultur ist etwas, das der Mensch geschaffen hat und das der Natur gegenübersteht. Per Definition können Tiere also keine Kultur haben. Mit so einer Definition kann natürlich kein Wissenschaftler glücklich sein, und so ist man sich heute einig, dass Kultur ein durch soziales Lernen erzeugtes Verhalten ist. Ein Tier muss sich also von anderen Tieren etwas abgeguckt haben und dieses Verhalten imitieren. Wenn sich dieses Verhalten dann in einer ganzen Population oder einer bestimmten Gruppe verbreitet, dann spricht man von Kultur.

Ähnlich wie wir von einer Esskultur sprechen und zwischen der westlichen Welt, die mit Messer und Gabel isst, und Asiaten, die mit Stäbchen essen, unterscheiden, so gibt es beispielsweise auch eine Esskultur bei Orcas. Die einen essen nur Fisch und die anderen nur Säugetiere. Beide Gruppen leben im gleichen Territorium, doch wir wissen durch genetische Untersuchungen, dass sie seit 700 000 Jahren getrennte Wege gehen. Sie leben in einer Kultur, in der es ihnen verboten ist, mit den jeweils anderen etwas anzufangen. Doch dies war nur eines von vielen unglaublichen Beispielen. Für mich war an dieser Stelle nur wichtig, zu vermitteln, dass nicht nur wir Menschen in einer Kultur leben.

Im Gegensatz zu Veränderungen durch Selektion im Verlauf der Evolution hat Kultur nämlich den großen Vorteil, extrem schnell zu sein. Man kann sich praktisch umgehend auf veränderte Umweltbedingungen einstellen. Es reicht ein Individuum mit einer guten Idee. Ist das Problem damit gelöst, lernen alle anderen durch Imitation, wie es geht. Ein unglaublicher Vorteil, den sich die Natur nicht entgehen lassen kann, und ein weiteres schönes Beispiel dafür, wo wir und unsere Kulturen herkommen.

Schwarmintelligenz

Diskutiert wird über Effekte der Schwarmintelligenz bereits seit Aristoteles. Er nannte es Summierungstheorie. Dennoch gibt es bis heute noch keine einheitliche Definition. Unterschiedliche Wissenschaftszweige verwenden den Begriff oft sehr verschieden, aber es gibt einen gemeinsamen Nenner: Einzelne dumme Individuen reagieren auf einfache Reize, und in ihrer Gesamtheit kreieren alle Beteiligten schließlich etwas Intelligentes.

Stellen Sie sich einfach vor, Sie sind ein Vertreter und müssen 15 Städte abklappern. Natürlich wollen Sie Ihre Runde in der kürzestmöglichen Zeit schaffen. Doch diese Aufgabe ist gar nicht so einfach, und man spricht vom Traveling-Salesman-Problem. Die Frage ist: Welche ist die kürzeste Strecke, um alle Ziele zu erreichen und wieder zurückzukommen? Große Logistikunternehmen lassen sich die komplexen Routen von Computern errechnen, denn der Mensch kann die beste Route zwar schätzen, ist aber dabei nicht perfekt.

Ameisen haben ein ganz ähnliches Problem. Auch sie sind nicht perfekt, doch ihre Schwarmintelligenz findet die Lösung mit Leichtigkeit, und auf die Menge aller Tiere gerechnet, wird unglaublich viel Arbeitsaufwand gespart. In diesem Fall ist der Schwarm sogar intelligenter als wir bei unserem Traveling-Salesman-Problem.

Das Problem für Ameisen sieht folgendermaßen aus: Angenommen, es gibt zu einer Nahrungsquelle viele unterschiedliche Wege, dann ist es von Vorteil, nur den kürzesten zu benutzen. Doch woher soll eine einzelne Ameise den kürzesten Weg kennen? Im Verlauf der Evolution hat es sich als sinnvoll erwiesen, dass Ameisen ihren Weg mit Duftstoffen markieren. Nach einiger Zeit hat der kürzeste der vielen Wege zwangsläufig eine höhere Konzentration dieser Duftstoffe, denn es gehen in der gleichen Zeit mehr Tiere hin und her (denn ihr Weg ist ja kürzer). Diese höhere Konzentration regt wieder andere Tiere an, nur diesen Weg zu benutzen, und die Konzentration der Markierung wird noch höher. Schon nach kurzer Zeit werden alle anderen Wege kaum noch benutzt. Auch wenn jedes einzelne Individuum keine Ahnung von diesem Mechanismus hat, so ergibt sich doch eine intelligente Lösung, und wir haben ein schönes Beispiel für Schwarmintelligenz.

Auch der Formationsflug von Vögeln wird oft als Schwarmintelligenz bezeichnet. Die Position jedes einzelnen Tieres im Schwarm lässt sich leicht durch die Wahrnehmung der einzelnen Tiere erklären. Jeder einzelne Vogel nimmt in einer bestimmten Position weniger Gegenwind wahr und wird sich entsprechend in die Formation einreihen. Der Effekt macht sich aber bereits ab zwei Tieren bemerkbar, und daher halte ich den Formationsflug für kein gutes Beispiel für eine Schwarmintelligenz, denn zwei Vögel sind beim besten Willen noch kein Schwarm. Dennoch gilt ein Vogel- oder ein Fischschwarm, der beispielsweise auf einen Räuber reagiert, als intelligent, weil er als ein Ganzes reagiert. Auch in diesem Fall reagiert das einzelne Tier nur auf einfache physikalische Reize und weiß nichts von dem klugen Verhalten des Schwarms.

Aber sind wir Menschen im Schwarm auch klüger? Na klar, werden Sie denken, das beste Beispiel ist doch die beliebte Fernsehsendung »Wer wird Millionär?«. Natürlich haben Sie recht, der Publikumsjoker ist der beste, denn die Masse irrt sich fast nie. Man spricht auch von der Weisheit der Masse (Crowd Wisdom). Ein russischer Freund hat mir einmal erzählt, dass es in der Version der Sendung in seinem Heimatland den Publikumsjoker nicht gibt. Er erklärte mir, dass dies ein Mentalitätsproblem sei, denn die Russen gönnen angeblich dem Kandidaten den Erfolg nicht und wählen absichtlich falsch. In diesem Fall funktioniert die Schwarmintelligenz natürlich nicht.

Das System ist aber grundsätzlich so gut, dass es auch von Experten genutzt wird. Auf diese Weise wurde sogar die Sicherheit von Kernreaktoren beurteilt,[244] und ich habe selbst in Arbeitsgruppen der Europäischen Kommission erlebt, dass bei kritischen Fragen eine sogenannte Expertenbefragung durchgeführt wurde. Für mich war das immer ein Graus, denn oft war ich der einzige Vertreter einer Umweltschutzorganisation, der es in die Arbeitsgruppe geschafft hatte, und die Durchschnittsmeinung war weit von meinen Erwartungen entfernt.

Abgesehen davon gibt es aber noch ein weiteres Problem. Die Intelligenz der Masse funktioniert nicht bei Dingen, von denen die meisten keine Ahnung oder nur ein gesundes Halbwissen haben. Schauen wir uns die folgenden beiden Fragen an: Ist Bier das Lieblingsgetränk der Deutschen?/Ist Weimar die Geburtsstadt von Goethe? Vermutlich würden die meisten beide Fragen mit Ja beantworten, denn nur wenige wissen, dass bei uns Kaffee lieber getrunken wird als Bier und dass Goethe in Frankfurt am Main geboren wurde.

Wenn man aber zusätzlich fragt, wie viel Prozent der Befragten mit Ja antworten würden, kommt ein überraschendes Ergebnis zustande. Diejenigen, die fälschlich mit Ja geantwortet haben, denken, dass sie richtigliegen und dass fast alle anderen auch so entschieden haben. Sie geben somit einen hohen Prozentsatz für ja an. Diejenigen, die richtigerweise mit Nein geantwortet haben, wissen, dass die meisten danebenliegen, und werden somit auch viele Jasager erwarten. Am Ende steht ein ganz einfaches Ergebnis: Es gibt viel mehr erwartete Jasager als wirkliche Jasager (denn die echten Neinsager fehlen in der Summe der echten Jasager). Ab einer gewissen Differenz, so die Wissenschaftler, ist demnach nein die richtige Antwort.[245]

Auch wenn die Durchschnittsmeinung als Weisheit der Masse und als Schwarmintelligenz gefeiert wird, für mich steht erst das zweite Beispiel wirklich für Schwarmintelligenz. Dabei spielt es keine Rolle, ob die Einzelwesen intelligent sind oder es sich nur um extrem einfach gebaute Lebewesen handelt. Wichtig ist, dass der Interaktionsmechanismus zwischen den einzelnen Beteiligten einfach ist und die einzelnen Individuen keine Ahnung davon haben, auf welche Lösung der Schwarm kommt.

Ich habe den Aspekt Schwarmintelligenz hier mit aufgenommen, weil er einerseits schön zeigt, dass auch wir Menschen, wenn wir über einfache Mechanismen vernetzt werden, eine Schwarmintelligenz bilden können. Andererseits aber auch, weil man unser Gehirn und unser Nervensystem als eine Art Schwarm von Nervenzellen betrachten kann. Die einzelnen Nervenzellen machen nichts weiter, als Aktionspotentiale aufzusummieren und eventuell als Aktionspotential weiterzugeben. Die einzelnen Nervenzellen haben aber keine Ahnung davon, welche klugen Gedanken sie im Schwarm erzeugen, und natürlich gilt das auch für Computer.[246]

Der deutsche Psychologe Peter Kruse unterscheidet übrigens sehr deutlich zwischen Schwarmintelligenz und kollektiver Intelligenz.[247] Für ihn ist die kollektive Intelligenz unsere Kultur. Aus meiner Sicht ist diese Unterscheidung extrem wichtig, denn die Wirkmechanismen, wie Intelligenz entsteht, sind ganz unterschiedlich.

7. Wie wir fühlen

Ich hoffe, ich konnte Ihnen mit den vielen Beispielen zum Thema, wie wir denken, deutlich machen, dass es je nach Fähigkeit keinen Unterschied zwischen uns und den Tieren gibt, die diese Fähigkeit auch besitzen. Auf einer individuellen Ebene fällt es immer schwerer, eine klare Grenze zwischen uns und Tieren zu ziehen. Beim Thema Fühlen wird diese Grenze noch unschärfer.

Gefühle sind weniger präzise als unser Denken, aber haben keineswegs weniger Einfluss auf unser Handeln. Im Gegenteil: Viele Entscheidungen, die rational nur schwer zu fällen sind, werden von unseren Gefühlen bestimmt. Fühle ich mich in der neuen Wohnung wohl? Was für ein Gefühl habe ich bei meinem neuen Chef? Selbstverständlich werden diese Fragen nicht nur von unseren Gefühlen entschieden, aber unsere Gefühle reflektieren unsere zugrundeliegenden Gedanken und lassen uns oftmals die für uns richtige Entscheidung fällen.

Natürlich könnten wir uns auch jetzt wieder alle möglichen verschiedenen Aspekte der Gefühle vornehmen. Wir könnten darüber reden, wie Schmerzen wahrgenommen werden, was Leid ist, wie Freude wirkt und was Motivation ist. Ich könnte Ihnen bei all diesen Aspekten auch wieder deutlich machen, wie nah unser Empfinden dem Empfinden der Tiere ist. Ich hoffe aber, Sie glauben mir das und verzeihen mir, wenn ich exemplarisch nur die Liebe als ein repräsentatives Beispiel herausgreife.

Den richtigen Partner finden

Welche Mechanismen sind dafür verantwortlich, dass wir eine Partnerschaft eingehen? Vermutlich unzählige, und wir wenden mit Sicherheit bei der Wahl unserer Partner verschiedenste kognitive Fähigkeiten an, um unseren Partner zu beurteilen und Voraussagen über eine gemeinsame Zukunft zu machen. Doch wie helfen uns Gefühle dabei, den richtigen Partner zu finden und ihm schließlich sogar treu zu bleiben?

Haben Sie schon einmal mit Ihrer Nase eine Zeitreise gemacht? Wenn ich beispielsweise den Hauseingang eines alten, etwas muffig riechenden Hauses betrete, dann fühle ich mich zurückversetzt in meine Kindheit und besuche meine Oma. Die Nase ist wie kaum ein anderes Sinnesorgan extrem gut mit unserem Gehirn und auch mit unserem Gedächtnis vernetzt. Der chemische Sinn unseres Riechorgans spielt aber auch für andere Aufgaben eine extrem wichtige Rolle. So können wir die Qualität von Nahrung erschnuppern, und ja, wir erschnuppern auch den für uns richtigen Partner. Wohl jeder hat schon einmal festgestellt, dass andersgeschlechtliche Familienmitglieder nicht besonders gut riechen und trotz Hygiene und Deo sogar stinken. Dem gegenüber steht der Duft eines potentiellen Partners, der in uns Erregung auslöst und uns in dessen Arme zieht.

Doch was genau riechen wir, wenn ein Partner attraktiv duftet? Man mag es kaum glauben, aber wir riechen das Immunsystem unseres Gegenübers. Um dies einschätzen zu können, muss man sich erst darüber klarwerden, dass die Gefahr, durch einen Krankheitserreger getötet zu werden, mindestens so groß ist, wie durch ein Raubtier gefressen zu werden. Mechanismen, nicht gefressen zu werden, sind für uns leicht wahrnehmbar. Wir können prima rennen, sind wachsam und gemeinsam stark.

Doch wie können wir uns gegen einen Feind zur Wehr setzen, den wir weder sehen, hören, riechen, schmecken oder fühlen können? Wie können wir gegen einen Feind vorgehen, der überall ist, und wie erkennt unser Immunsystem, wer überhaupt ein Feind ist? Bedenkt man, dass in und an uns genauso viele Bakterien leben, wie wir körpereigene Zellen haben, dann scheint das Problem unlösbar.

Doch der mikroskopische Kampf dauert nun schon Milliarden von Jahren, und unser Immunsystem hat sich einen genialen Trick einfallen lassen. Jeder lebende Organismus auf unserem Planeten ist von einer Zellmembran umgeben, und in und auf dieser Membran sind Proteine eingebaut. Jedes einzelne Protein hat aber eine bestimmte geometrische Figur, um seine Aufgabe zu erfüllen. Für jedes dieser dreidimensionalen Proteingebilde gibt es theoretisch ein Gegenstück, den sogenannten Antikörper.

Wenn nun unser Immunsystem wahrnimmt, dass wir von einem fremden Organismus befallen werden, beginnt es wahllos und nach dem Zufallsprinzip, unterschiedliche Antikörper zu produzieren. Es ist reine Glücksache, ob die Form der Antikörper durch Zufall auf eine Oberflächenstruktur des Eindringlings passt. Wenn wir beispielsweise Fieber bekommen, dann schrauben wir durch die Temperaturerhöhung einfach nur unseren Stoffwechsel nach oben. Wir sorgen damit sogar dafür, dass auch der Krankheitserreger schneller wächst und sich vermehrt, denn auch er profitiert in den allermeisten Fällen von der höheren Umgebungstemperatur. Doch unser Vorteil überwiegt, denn wir können in kürzerer Zeit mehr unterschiedliche Antikörper produzieren. Finden wir dennoch nicht den richtigen Antikörper, bekommt unser Immunsystem langsam »Panik«, und es treibt den Stoffwechsel bis zu einem lebensbedrohlichen Maß nach oben. Dies tut es in der Hoffnung, nun doch endlich durch Zufall den richtigen Antikörper gegen den Eindringling zu erschaffen. Irgendwann ist der Jackpot geknackt. Dies wird von den B-Lymphozyten des Immunsystems registriert, und es werden die entsprechenden Antikörper in großen Mengen produziert. In diesem Moment hat der Erreger verloren, die Antikörper heften sich an seine Oberfläche, verkleben die Erreger miteinander und markieren sie als Futter für unsere Fresszellen.

Nun kommt der eigentliche Punkt: Jeder Mensch unterscheidet sich nicht nur im Fingerabdruck oder im Gesicht von anderen, auch das Immunsystem ist ein wenig anders. Die Andersartigkeit zeigt sich darin, dass mit anderen Molekülen gewürfelt wird. Der Prozess der zufälligen Antikörpergenerierung ist der gleiche, aber von Mensch zu Mensch und von Tier zu Tier kommen doch andere Strukturen zustande. Es ist nun von unermesslichem Vorteil, sich einen Partner zu suchen, dessen Immunsystem das eigene ergänzt. Die Nachkommen dieser Partnerschaft sind dann gegenüber Krankheiten besser geschützt als ihre Eltern. Wenn wir Menschen nun aus Züchtungsgründen die Partnerwahl für Tiere übernehmen, verhindern wir diesen genialen Mechanismus der Natur.

Der Clou ist nun aber der, dass wir ein andersartiges Immunsystem riechen können und jemand mit komplementärem Immunsystem für uns attraktiv duftet. Winzig kleine Moleküle, die an Rezeptoren in unserer Nasenschleimhaut andocken, sind also dafür verantwortlich, zu welchem Partner wir uns sexuell hingezogen fühlen – eine grandiose Erfindung der Natur, um sinnvolles Verhalten zu steuern. Erforscht wird dieser Mechanismus unter anderem an Stichlingen,[248] kleinen Fischlein, die in unseren Bächen und Flüssen vorkommen. Wenn es also darum geht, sich den richtigen Partner zu erschnüffeln, dann empfinden wir genauso wie Stichlinge und alle anderen Wirbeltiere.

Dem Partner treu bleiben

Nachdem wir uns mit der romantischen Liebe und einem der Gründe für sexuelle Attraktivität beschäftigt haben, wenden wir uns nun der Liebe in einer Partnerschaft zu und betrachten den Mechanismus, der uns treu sein lässt. Auch dieses Verhalten steht unter dem Einfluss chemischer Botenstoffe, und viele von Ihnen haben womöglich schon von dem Liebeshormon Oxytocin gehört.[249]

Tatsächlich ist Oxytocin aber nicht nur ein Liebeshormon. In der Wissenschaft wurde es daher auch eher als Bindungshormon bezeichnet. Heute wissen wir, dass auch das nicht ganz richtig ist bzw. zu kurz greift. Oxytocin scheint vielmehr ein Hormon zu sein, das uns in unserer näheren sozialen Gemeinschaft vertrauensvoll und uneigennützig sein lässt. So konnte in einer Studie gezeigt werden, dass Banker eher bereit sind, einen Kredit zu geben, wenn sie unter dem Einfluss von Oxytocin standen.[250] Die kühlen Rechner empfanden die Bittsteller als Mitglieder ihres engen sozialen

Netzes. Sie vertrauten ihnen und waren bereit, uneigennützig Risiken einzugehen. Ähnlich überraschend war auch die Entdeckung, dass sich Hunde fremden Menschen gegenüber weniger aggressiv verhielten, wenn sie unter dem Einfluss von Oxytocin standen.[251]

Doch unabhängig von diesen Ergebnissen hat Oxytocin tatsächlich einen Einfluss auf die Partnerschaft. Vielleicht muss ich dazu erwähnen, dass es gar nicht so leicht war, passende Säugetiere für diese Untersuchung zu finden. Im Gegensatz zu Vögeln, die darauf angewiesen sind, gemeinsam zu brüten und Nahrung für ihre Nachkommen heranzuschaffen, sind Säugetierweibchen mit der Erfindung der Brust relativ unabhängig vom starken Geschlecht. Genau genommen ist der Säugetiermann nach der Befruchtung nicht mehr wichtig, und so gibt es tatsächlich nur wenige Säugetiere, die monogam leben. Eines dieser Tiere ist die Präriewühlmaus. Wenn man bei ihr chemisch den Stoff Oxytocin hemmt, ändert sich ihr Verhalten gravierend. Sie fühlt sich nicht mehr zu nur einem Partner hingezogen und verhält sich wie ihre polygam lebende nahe Verwandte, die Bergwühlmaus.[252]

Mit großer Wahrscheinlichkeit würde sich auch die in Nordamerika weitverbreitete California Mouse (*Peromyscus californicus*), eine Mäuseart aus der Gruppe der Weißfußmäuse oder Hirschmäuse, so verhalten. Sie ist auch monogam, und man hat sehr genau untersucht, mit welchen unterschiedlichen Rufen sie ihr Territorium verteidigt.[253] Ihre Kommunikation ist für uns zu hoch, denn sie kommuniziert in einem höheren Frequenzbereich, und wir können nur einige wenige Elemente ihrer Rufe hören.

Unter dem Einfluss von Oxytocin ist man nicht nur treu, sondern auch liebevoller. So konnte bei Nagetieren gezeigt werden, dass die Tiere unter Oxytocineinfluss mehr Zeit mit körperlicher Zuwendung verbrachten und gestresste Artgenossen trösteten.[254]

Doch damit nicht genug, selbst monogam lebende Fische stehen unter dem Einfluss der Liebesdroge. Doch das für ihre Treue verantwortliche Molekül ist geringfügig anders gebaut, es wird Isotocin genannt und ist evolutionär gesehen älter.[255]

Nun fühlt man sich ja nicht ständig verliebt, und vielleicht glauben Sie, dass dieses Gefühl für Sie gar nicht so bedeutend ist. Wenn Sie Kinder haben, dann können Sie sich ganz schnell die Stärke dieses Gefühls bewusst machen. Stellen Sie sich einfach vor, Ihr Kind würde entführt, und Sie haben keine Ahnung, was der Entführer mit Ihrem Kind vorhat. Sie wissen es nicht, Sie spüren nur diesen ungeheuren Schmerz, den der Verlust auslöst. Dieser Schmerz der verlorenen Bindung kommt dadurch zustande, dass in Ihrem Gehirn Oxytocin fehlt. Sowohl seine Produktion als auch seine Wahrnehmung werden durch das Stresshormon CRF (Corticotropin Releasing Factor) negativ beeinflusst.[256] Es ist fast wie eine Droge, von der wir abhängig sind und die uns plötzlich fehlt. Aus Sicht der Biologie ist das eine absolut gewünschte Empfindung. Sie soll uns veranlassen, unser Kind, unseren Lebenspartner oder einen wichtigen Sozialpartner wiederzufinden und alles für dessen Rettung zu tun. Erst wenn dies geschafft ist, wird die Oxytocinblockade gelöst, und Sie dürfen sich wieder entspannen und Liebe empfinden.

Entdeckt hat man die Wirkung des Hormons übrigens, als man sich für die Mutterliebe interessiert hat. Damals war aufgefallen, dass während des Geburtsvorgangs Oxytocin in hoher Konzentration produziert wird und dass dadurch auch die Milchproduktion in der weiblichen Brust angeregt wird. Man glaubte daher lange, dass nur Säugetiere, also alle Tiere, die ihre jungen Nachkommen mit der Milch aus der Säugetierbrust ernähren, unter dem Einfluss von Oxytocin stehen. Heute wissen wir, wie oben gezeigt, dass selbst Fische ähnlich gesteuert werden wie wir. Der Mechanismus der Empfindung der Liebe und der Zuneigung ist also unter Wirbeltieren weit verbreitet. Die Forschung zur Hemmung von Oxytocin wurde übrigens an den schon oben erwähnten Präriewühlmäusen gemacht. Wir können also davon ausgehen, dass der Trennungsschmerz zumindest von allen Säugetieren ganz ähnlich empfunden wird wie bei uns.

An dieser Stelle wird jedem bewusst denkenden Menschen auch klar, mit welchen psychischen Schmerzen unsere Milchproduktion erkauft wird. »Milchkühe« produzieren keine Milch, ohne Nachkommen zur Welt gebracht zu haben. Leider werden die

Kälbchen Minuten, Stunden oder einige Tage nach der Geburt von ihren Müttern getrennt. Die Kühe schreien dann stundenlang vor emotionalem Schmerz. Doch es geht auch anders, der Biobauer Achim Bock aus Schleswig-Holstein zum Beispiel trennt die Tiere nicht. Er meint, dass die heutigen Milchkühe ohnehin ausreichend Milch produzieren, sodass auch die Kälber etwas abbekommen können.[257]

Nun kommt ein Gedanke, für den ich vermutlich von allen Seiten Kritik ernte. Was wäre, wenn man Kühen zur Vermeidung des Trennungsschmerzes Oxytocin geben würde? Um dies zu tun, müsste man Kühen überhaupt erst einmal zutrauen, dass sie diese Empfindungen haben. Nach deutschem Tierschutzgesetz dürfen einem Tier aber keine vermeidbaren Schmerzen zugefügt werden. Allein die Diskussion darüber, ob man Oxytocin geben soll oder nicht, wäre aber schon ein Eingeständnis, dass die Tiere unter der Trennung von ihren Kälbern leiden. Rein theoretisch müsste aber in diesem Fall die herkömmliche Milchproduktion gestoppt werden, denn man könnte sich nicht darauf herausreden, dass die Schmerzen nicht vermeidbar sind. Der Biobauer Achim Bock aus Schleswig-Holstein macht es ja vor: Die Schmerzen sind vermeidbar, wenn man die Tiere einfach nicht trennt.

Hier wird deutlich, welche Konsequenzen sich sehr schnell aus unserem aktuellen Wissensstand und einer daraus folgenden Veränderung unseres Weltbildes ergeben könnten. Aus diesem Grund beschäftigt sich das folgende Kapitel mit unserem alten, unserem aktuellen und einem möglichen künftigen Weltbild Tieren gegenüber.

Steht das Denken über dem Fühlen?

Für die meisten Menschen steht das Denken über dem Fühlen. Für viele ist diese Fähigkeit sogar der große Unterschied zwischen uns und anderen Lebewesen. Doch ganz so einfach ist das nicht, und natürlich lässt sich diese Frage so auch überhaupt nicht beantworten. Dennoch möchte ich versuchen, ein paar wichtige Aspekte aufzuzeigen.

Wir haben bereits erfahren, dass es in vielen Fällen durchaus sinnvoll ist, auf unsere Gefühle zu hören. Diese Steuermechanismen haben sich im Verlauf der Evolution entwickelt und sind perfekt auf unsere Lebensumstände zugeschnitten. Dennoch sind Tiere mit einem komplexen Nervensystem dazu in der Lage, den Einfluss der Gefühle zu überschreiben. Doch auch dies ist nicht ganz richtig. Viele Handlungen, die wir unbewusst durchführen, werden durch unsere Gefühle initiiert. Unserer bewussten Wahrnehmung entgeht dies aber, weil unser Nervensystem die entsprechenden Informationen überhaupt nicht an unser Bewusstsein weiterleitet. Wir tun die Dinge unbewusst, und ich persönlich bin sogar sehr froh darüber, denn die unzähligen Steuermechanismen bewusst zu kontrollieren wäre ein Fulltime-Job und ich hätte keine Kapazitäten für die wirklich wichtigen Dinge des Lebens. Mit anderen Worten: Den Großteil der durch Gefühle gesteuerten Prozesse mogelt uns unser Gehirn am Bewusstsein vorbei.

Doch selbst wenn man sich bestimmter Gefühle bewusst ist, bedeutet dies noch lange nicht, dass die Gefühle und das daraus folgende Handeln kontrolliert werden können. Um dies zu tun, müssen wir über die oben schon beschriebene geistige Fähigkeit der Metakognition verfügen. Diese Fähigkeit gibt uns die Möglichkeit, nicht nur über unser Denken und unser Wissen, sondern auch über unsere Gefühle zu reflektieren. Wenn also ein Tier über Metakognition verfügt, dann hat es auch die Möglichkeit, sich über die eigenen Gefühle hinwegzusetzen. In diesem Fall steht tatsächlich das Denken über dem Fühlen, aber eben nur, wenn die Gefühle auch bewusst wahrgenommen werden.

IV. DAS MENSCH-TIER-VERHÄLTNIS: EIN MISSVERSTÄNDNIS?!

8. Tieren auf Augenhöhe begegnen

Wir können heute keineswegs behaupten, wir hätten alle Mechanismen des Denkens und Fühlens verstanden, doch eines gilt als unumstößliche Tatsache: Die Steuerungsmechanismen für Verhalten haben sich im Verlauf der Evolution entwickelt, und wir teilen sie mit anderen Tieren. Ich bin mir durchaus bewusst, dass Fühlen und Denken aus dem Blickwinkel der Psychologie und der Philosophie beliebig komplex werden können. Gefühle, Emotionen, Affekte oder Stimmungen sind nur ein paar Begriffe, die diese Komplexität widerspiegeln. Für mich hat aber bisher noch niemand schlüssig bewiesen, dass Tiere zu dieser Vielfalt und Komplexität nicht in der Lage sind. Im Kapitel »Tiere im Labor« kommen wir auf diesen Aspekt noch einmal zurück, und ich werde Ihnen zeigen, dass selbst komplexeste psychische Probleme bei Menschen mit Hilfe an Tieren gewonnener Ergebnisse behandelt werden sollen. Wie sollte das denn funktionieren, wenn nicht auch die Tiere entsprechend komplex wären? Warum fällt es uns so leicht, zu akzeptieren, dass sich unsere Niere, die Fingernägel und Augen im Verlauf der Evolution entwickelt haben? Aber warum fällt es uns so schwer, zu akzeptieren, dass die zugrundeliegenden Steuerungsmechanismen für Verhalten – nämlich das Denken und Fühlen – in gleicher Weise entstanden sind und wir diese mit den anderen Tieren teilen? Vermutlich lässt sich diese Einstellung nur historisch betrachten, und aus diesem Grund entführe ich Sie zunächst in unsere eigene Geschichte.

Unser altes Bild von Tieren

Vor 1850

Ich hatte vor einiger Zeit die große Freude, ein 30 Seiten umfassendes Vorwort zu einer Neuauflage von Brehms Tierleben zu schreiben. Durch die dazugehörige Recherche ist mir tatsächlich vieles klargeworden, was mir vorher rätselhaft und unwissenschaftlich erschien. Doch dazu später, denn zunächst reisen wir tief in unsere Vergangenheit.

Vor circa 70 000 bis 60 000 Jahren hatten unsere Vorfahren ein echtes Problem. Ihre Heimat in Afrika wurde immer trockener. Während die Landmassen auf der Nordhalbkugel von Norden her immer weiter vereisten, vertrocknete um den Äquator herum die Landschaft. In Afrika gab es plötzlich nur noch wenige Gegenden, in denen unsere Vorfahren überleben konnten. Genetiker haben berechnet, dass zu jener Zeit die gesamte Menschheit auf wenig mehr als 2000 Individuen zusammengeschrumpft war.[258] Als Art standen wir damit kurz vor dem Aussterben.

Nach mehreren 100 000 Jahren Menschheitsgeschichte, in denen praktisch nichts passierte, außer dass sich unsere Vorfahren einfacher Steinwerkzeuge bedienten, explodierte unsere Kultur. Vermutlich entstand zu jener Zeit das Verhaltensmerkmal, das uns als Menschheit so erfolgreich hat werden lassen. Im Gegensatz zu allen anderen Tieren ordneten wir uns gern der Gemeinschaft unter.[259] Dies ließ uns weiter zusammenrücken, und gemeinsam waren wir stark.

Mit Tricks und einer entsprechenden Strategie waren unsere Vorfahren plötzlich dazu in der Lage, weitaus größere und stärkere Tiere zu erlegen. So konnten wir, trotz Eiszeit, Afrika verlassen und nach Norden vordringen. Nach der Bergmann'schen Regel, die besagt, dass über die relativ kleinere Oberfläche von großen Tieren weniger Energie verloren geht als über die relativ große Oberfläche von kleinen Tieren, begegneten unserer Ahnen den riesigen Geschöpfen der Megafauna, die sich an die eiszeitlichen Bedingungen angepasst hatten. Mammuts, Saigas, Säbelzahnkatzen, Höhlenlöwen und Höhlenbären konnten dank gemeinschaftlichen und strategisch geplanten Vorgehens erfolgreich gejagt werden, und wir wurden vom Beutetier zum gefährlichsten Raubtier der Erde.

Unsere Vorfahren trotzten der Natur und überlebten entgegen allen Widerständen. Es ist daher vielleicht nicht verwunderlich, dass die Überwindung natürlicher Widrigkeiten und die Ausnutzung anderer Tiere tief in unserem Selbstverständnis verwurzelt sind. Auf unseren Aufbruch aus Afrika und die folgenden 30 000 Jahre, die wir zur Verbreitung über den Globus gebraucht haben, bezieht sich auch die Paleo-Diät. In ihr wird eine fleischreiche Ernährung als natürlich und artgemäß gepriesen. Gemessen an den fast drei Millionen Jahren Entwicklungsgeschichte unserer Gattung ist dies aber nicht zutreffend, und aktuelle Erkenntnisse der Ernährungsforschung haben 2015 die Welternährungsorganisation dazu veranlasst, vor dem derzeitigen Maß an Fleischkonsum zu warnen. Die krebserregende Wirkung roten und verarbeiteten Fleisches ist sogar so gut dokumentiert wie die schädliche Wirkung von Nikotin.[260] Ein Blick auf unsere mickrigen Reißzähne im Spiegel könnte gläubige Paleos aber auch überzeugen. Unabhängig von einer meist pflanzlichen Ernährung töteten wir Tiere dennoch mit großer Selbstverständlichkeit, wann immer wir sie brauchten. Dies war gängige Praxis bis hinein in das zwölfte Jahrhundert unserer Zeitrechnung.

Ganz ähnlich wie im 19. Jahrhundert die technische Revolution den meisten Menschen als die Lösung aller Probleme erschien, so wurde im zwölften Jahrhundert die Rechtsprechung durch Gerichte begrüßt. Plötzlich galt nicht mehr nur das Gesetz des Stärkeren, sondern es gab eine Instanz, die über richtig und falsch entschied und moralisch richtungsweisend war. Aus dieser Entwicklung heraus wurden nicht nur Strafen über Menschen verhängt, sondern auch über Tiere. Zwischen dem 13. und 18. Jahrhundert war es in vielen europäischen Ländern ganz normale Rechtspraxis, Prozesse gegen Tiere zu führen und diese bei erwiesener Schuld entsprechend zu bestrafen. Aber eine Strafe war nicht

1457 wurde einer Sau und ihren Ferkeln der Prozess gemacht, weil sie ein Kleinkind getötet hatten. Die Schweinemutter wurde rechtskräftig verurteilt, doch ihre Jungen wurden freigesprochen.

nur Bestrafung für den Schuldigen, sondern sollte auch andere Tiere abschrecken, Verfehlungen zu begehen. Da konnte ein Schwein gehängt, eine Kuh gesteinigt und eine Population von Mäusen des Landes verwiesen werden.

Doch schon damals kam es zur Kritik an dieser Praxis. Der Rechtsgelehrte Philippe de Beaumanoir kritisierte bereits 1283 die Praxis mit dem Hinweis, dass ein Verbrechen nur mit Absicht begangen werden könne. Dieser Einwand fand allerdings keinen Anklang, zu lukrativ war das Geschäft mit den tierischen Gerichtsverfahren. Wer mehr zu diesem Thema erfahren möchte, dem empfehle ich das Buch »Das fremde Mittelalter. Gottesurteil und Tierprozess« von Peter Dinzelbacher, dem ich auch meine Beispiele entnommen habe.[261]

Erst im 18. Jahrhundert änderte sich diese Praxis. Die Aufklärung sorgte dafür, dass neben Theologie, Recht, Medizin und Philosophie nun auch Naturwissenschaft an den Universitäten gelehrt wurde. Mit dem Einzug des rationalen Denkens wurde auch die Gesellschaft offener für rationale Argumente. So war nach 500 Jahren Philippe de Beaumanoirs Standpunkt überzeugend, und Tiere wurden nicht mehr vor Gericht angeklagt. Stattdessen machte sich die Naturwissenschaft auf den Weg, das Lebendige zu verstehen und zu kartieren.

Vielleicht geht es Ihnen genauso wie mir, und Namen bekannter Personen setzen Ihr Kopfkino in Gang. Schauen wir einmal, wer uns bei dieser kleinen Zeitreise in die Aufklärung behilflich sein kann: Immanuel Kant (geb. 1724), Johann Wolfgang von Goethe (geb. 1749), Alexander von Humboldt (geb. 1769) und Charles Darwin (geb. 1809). Die letzten beiden spielen stellvertretend für eine ganze Generation von Naturforschern eine besondere Rolle. Ihre Reisen folgten dem Gedanken Carl von Linnés (geb. 1707), der in seiner *Systema Naturae* dazu aufrief, Lebewesen zu klassifizieren und deren Aussehen, Bau und Funktion detailliert zu dokumentieren.

Auf diesen Reisen entstanden die großen Tiersammlungen, die wir heute in den naturkundlichen Museen bewundern. Die allermeisten Exponate liegen allerdings gut verwahrt in klimatisierten Gewölben. Außerdem erwartet der moderne Museumsbesucher mehr als nur ausgestopfte Tiere und aufgespießte Schmetterlinge. Doch damals legte die Sammelleidenschaft der Forschungsreisenden den Grundstein für Jean-Baptiste de Lamarcks (geb. 1744) 1809 veröffentlichte Theorie des Artenwandels. Diese Ideen läuteten ein fundamentales Umdenken ein. Die Entstehung des Lebens ging nun nicht mehr auf einen Schöpfungsakt zurück, sondern wurde zu dem Resultat einer natürlichen Entwicklung. Der Weg für Darwins und Wallace' Evolutionstheorien aus dem Jahr 1859 war frei.

Doch kommen wir zurück zum Tierbild jener Zeit. Nachdem man über mehrere 100 Jahre Tieren Verantwortung für ihr Handeln unterstellt hatte, schuf die Naturwissenschaft nun ein nüchternes Bild vom Tier. Kant differenziert klar zwischen dem vernünftigen Menschen und dem unvernünftigen, instinktgesteuerten Tier, und Linnés Aufruf zur Klassifizierung des Lebens fokussierte das wissenschaftliche Interesse auf den Körperbau. Da es verhältnismäßig kompliziert ist, den inneren und äußeren Körperbau von Tieren am lebenden Organismus zu studieren, erwachte bei den Forschern die Jagdleidenschaft.

Dank Linnés Systematik konnte man sich sogar ein Denkmal setzen. Entweder benannte man die neuentdeckte Tier- oder Pflanzenart gleich nach sich selbst, oder man durfte sich als Erstbestimmer zumindest mit Kürzel neben den Namen setzen (Beispiel für Linnés binäre Nomenklatur: *Nerium oleander* L. = Gattung Art Erstbestimmerkürzel L. für Linné).

Brehms Thierleben – Das kompetente und kluge Tier

Bei meiner Recherche zu Brehms Thierleben ist mir noch ein anderer Aspekt klargeworden. Bis ins 12. Jahrhundert hinein durfte jeder, der Hunger hatte, in den Wald gehen und sich Fleisch besorgen. Doch die Ressourcen neigten sich ihrem Ende zu, und es wurde immer schwieriger, erfolgreich zu jagen. Vermutlich fehlte das Verständnis für ursächliche Zusammenhänge, und so wurden im allgemeinen Gottvertrauen auch Jungtiere erbeutet. Zu jener Zeit wurde das Jagdrecht ein Privileg des Adels.

Nun lehne ich mich ein bisschen aus dem Fenster, denn ich kann die folgende Aussage nicht beweisen. Doch in verschiedenen Interviews, die ich wegen Brehm geführt habe, gewann ich den Eindruck, dass es die Forschungsreisenden zur damaligen Zeit genossen, zu jagen. Draußen in der Welt konnte sich jeder Naturforscher wie ein Fürst fühlen und der eigenen Jagdleidenschaft im Namen der Wissenschaft ungezügelt frönen.

Einer dieser schießwütigen Forschungsreisenden war Dr. Alfred Edmund Brehm, geboren am 2. Februar 1829 in Renthendorf in Thüringen. Tierliebhaber, Naturforscher, Reisender und Autor des erfolgreichsten Biologiebuches aller Zeiten: »Brehms Thierleben«.

Vielleicht fragen Sie sich an dieser Stelle, warum ich ein Vorwort für jemanden schreibe, den ich als schießwütigen Forschungsreisenden bezeichne? Das ist ein bisschen kompliziert und mindestens so ambivalent wie das Mensch-Tier-Verhältnis im Allgemei-

Der heilige Franziskus von Assisi (geb. 1181 oder 1182) predigt den Vögeln.

nen. Doch Brehm tat etwas, das vor ihm kaum jemand getan hat. Er beschäftigte sich mit lebenden Tieren. Dies klingt erst mal absurd, aber tatsächlich gab es vor ihm nur wenige, die dies getan haben. Eine und vielleicht die bekannteste Ausnahme ist Franziskus von Assisi, der Gründer des Franziskanerordens und Prediger der Tiere, zu dessen Gedenken der Welttierschutztag auf den 4. Oktober gelegt wurde.

Die wissenschaftliche Welt, in die Alfred Brehm hineingeboren wurde und die ihm von seinem Vater Christian Ludwig Brehm, einem damals bekannten Vogelkundler, nahegebracht wurde, beschäftigte sich nicht mit lebenden Tieren. Auch war der Forschungszweig der Verhaltensbiologie noch lange nicht erfunden. Unabhängig davon hatte das gebildete Bürgertum ein großes Interesse an Tieren, und die ersten Städte gönnten sich eigene Zoos, die den Menagerien des Adels nachempfunden wurden. Zu jener Zeit wurde Alfred Brehm zu so etwas wie einem Popstar, denn er war ein begnadeter Beobachter und konnte erzählen.

Wie kaum ein anderer war er in der Lage, auf die schillerndste Art und Weise von seinen Reisen und seinen Erlebnissen mit Tieren zu berichten. Zu einer Zeit, als es noch keinen Fernseher und keine Naturdokumentationen gab, beschrieb er Leben, Menschen, Tiere und exotische Plätze, wie es eine Kamera kaum einzufangen vermag.

Für Wissenschaft und Philosophie, aber auch für die meisten Menschen waren Tiere zu jener Zeit nicht viel mehr als von Gott erfundene und, einem Spielzeugauto gleich, aufgezogene Bioroboter. Doch Brehm sah mehr in ihnen und tat etwas, was damals wie heute verpönt war: **Er vermenschlichte die Tiere** und sah Dinge, die die moderne Verhaltensforschung erst langsam anerkennt.

So schreibt er in Band 1 seines »Thierlebens«: *Das Säugetier besitzt Gedächtnis, Verstand und Gemüt und hat daher oft einen sehr entschiedenen, bestimmten Charakter. Es zeigt Unterscheidungsvermögen, Zeit-, Ort-, Farben- und Tonsinn, Erkenntnis, Wahrnehmungsgabe, Urteil, Schlußfähigkeit; es bewahrt sich gemachte Erfahrungen auf und benutzt sie; es erkennt Gefahren und denkt über die Mittel nach, um sie zu vermeiden; es beweist Neigung und Abneigung, Liebe gegen Gatten und Kind, Freunde und Wohltäter, Haß gegen Feinde und Widersacher, Dankbarkeit, Treue, Achtung und Mißachtung, Freude und Schmerz, Zorn und Sanftmut, List und Klugheit, Ehrlichkeit und Verschlagenheit. Das kluge Tier rechnet, bedenkt, erwägt, ehe es handelt, das gefühlvolle setzt mit Bewußtsein Freiheit und Leben ein, um seinem inneren Drange zu ge-*

nügen. Das Tier hat von Geselligkeit sehr hohe Begriffe und opfert sich zum Wohle der Gesamtheit; es pflegt Kranke, unterstützt Schwächere und teilt mit Hungrigen seine Nahrung. Es überwindet Begierden und Leidenschaften und lernt sich beherrschen, zeigt also auch selbständigen Willen und Willenskraft. Es erinnert sich der Vergangenheit jahrelang und gedenkt sogar der Zukunft, sammelt und spart für sie.

Dies hätte auch ich schreiben können, doch meine Erkenntnis fußt auf jahrzehntelanger verhaltensbiologischer Forschung, und ich lebe und schreibe 150 Jahre nach Brehm. Wenn ich heute in einer Talkshow oder in einem Interview zu den oben gelisteten Aspekten befragt werde, dann werden meine Antworten meist mit großem Staunen aufgenommen, und im Allgemeinen bleibt der Eindruck: Unglaublich, wer hätte das gedacht?!

Würde Brehm sich mit der heute aktuellen Literatur beschäftigen, wäre er vermutlich zutiefst verwundert und würde sich fragen, was all die Abertausende Biologen in den letzten 150 Jahren getrieben haben. Ich empfinde es geradezu als erschütternd, welches Bild von Tieren wir alle im Kopf haben, und das, obwohl diese Gedanken seit 150 Jahren in dem am häufigsten verkauften Biologiebuch stehen.

Um dies zu verstehen, müssen wir uns die Geschichte der Verhaltensforschung weiter ansehen, doch bevor wir dazu kommen, bedarf es eines weiteren Blickes auf Brehm. Die oben geschilderte Einstellung Brehms basiert auf seiner Vermenschlichung von Tieren. Doch gerade diese Vermenschlichung birgt extreme Risiken und ein hohes Potential für Fehleinschätzungen, wie der folgende Satz zeigt: *Das Hundegesicht spricht uns in der Regel freundlich an und läßt niemals das trotzige Selbstvertrauen und die Wildheit, die sich im Katzengesichte ausdrücken, besonders bemerklich werden.* Aus heutiger Sicht mutet es regelrecht befremdlich an, in Tiergesichtern Wesenszüge zu entdecken.

Doch nach einer so harmlos erscheinenden Feststellung konnte bei Brehm schnell der Aufruf zum Massenmord an einer ganzen Spezies folgen. Beispiel: Er war, wie sein Vater auch, großer Singvogelliebhaber und hasste ihre natürlichen Feinde. Raubvögel und

Schlangen waren auf seiner schwarzen Liste. Ohne jede Selbstreflexion und im Glauben an die eigene Unfehlbarkeit schreibt er: *Die wirklich schädlichen Vögel unseres Vaterlandes, deren Verfolgung und bezüglich Vernichtung nothwendig ist, sind folgende:* Es folgt eine Liste mit 16 zur Ausrottung freigegebenen Arten wie beispielsweise verschiedenen Adlerarten, über die er schreibt: *Die großen Arten von ihnen, also Stein-, Gold- und Schreiadler, sind es, welche, wie erwiesen ist, schon mehr als einmal kleine Kinder geraubt haben. Alle Adler bringen dem Menschen gar keinen Nutzen.* Ganz ähnlich erging es der Kreuzotter: *Bemerken muß ich, daß die Kreuzotter boshaft geboren wird und unwiderruflich bis an ihr Lebensende im Bösen verharrt.* Und weiter: *Gewiß, wer aus übertriebener Thierfreundlichkeit den Schlangen das Wort redet, frevelt an den Menschen. Besser ist es, ich wiederhole es, daß sie alle, die schuldigen wie die unschuldigen, vernichtet werden, als daß ein einziger Mensch sein Leben durch eine giftige unter ihnen verliere, oder daß das Leben eines einzigen Menschen durch das höllische Gift in eine ununterbrochene Qual verkehrt werde. Daher Schutz den natürlichen Feinden der Ottern, vor allen dem Iltis, dem Igel und dem Schlangenbussard, über deren ersprießliche Wirksamkeit ich weiter oben gesprochen habe, und unnachsichtliche Verfolgung ihrer selbst und ihres ganzen Gezüchtes!*

Ich habe bei Brehm die Begriffe Ökologie oder ökologische Nische, wie sie beispielsweise von Darwin oder Ernst Haeckel (geb. 1834) verwendet werden, nicht gefunden. In seiner Welt vom guten und nützlichen oder schädlichen und bösen Tier war für solche Begriffe kein Platz. Er bleibt somit trotz seines Weitblicks in seiner Zeit und einem homozentrischen Weltbild gefangen.

Genau dieses Weltbild bedarf einer weiteren Beleuchtung, um die folgende Entwicklung besser zu verstehen. Für Brehm war es selbstverständlich, in Tieren mehr zu sehen oder vielleicht sogar beseelte Wesen zu erkennen, nur so konnte er sich die Vielschichtigkeit ihres Verhaltens erklären. Brehm schrieb 1866 in der *Gartenlaube,* einer Zeitschrift, die damals so bekannt war wie Spiegel, Stern und Fokus zusammen, im Heft 15 auf Seite 229 Folgendes:[262] *Vor geraumer Zeit sind mir unter Kreuzband mehrere Bogen aus einer nicht näher bezeichneten Zeitschrift zugegangen, welche sich die Aufgabe stellen, die Annahme einer »Thierseele« als Irrthum zu verwerfen. Ich darf mich mit dem Herrn Verfasser insofern einverstanden erklären, als auch mir der Begriff »Seele« unfaßlich ist, da ich eben nur zu begreifen vermag, daß das Hirn eine Thätigkeit ausübt, welche wir Geist zu nennen pflegen. So meint es der gelehrte Verfasser des betreffenden Aufsatzes nun freilich nicht. Er sieht sich in der beneidenswerthen Lage, von einer »Seele« etwas zu wissen, spricht selbige jedoch ausschließlich dem Menschen zu, begründet damit dessen Halbgöttlichkeit und stößt die gesammte übrige Thierwelt mit einem einzigen Tritt seines ebenbildlichen Fußes in den Abgrund des leeren Nichts hinab, indem er von einer »organisirenden Kraft« faselt, welche im Thierhirn wunderbare Wirkungen hervorrufen und sogar Gesinnungstüchtigen Täuschungen bereiten soll, die leicht zu falschen Schlüssen führen können.*

Er nimmt hier auf die damals weitverbreitete Ansicht Bezug, dass Tiere als Gottesgeschöpfe für den Menschen geschaffen wurden und nicht mehr sind als programmierte Automaten. Darüber hinaus unterstützt er trotz seines religiösen Elternhauses und seines eigenen religiösen Weltbildes Darwins 1859 veröffentlichte Evolutionstheorie. Das war revolutionär in Deutschland, und so verwundert es nicht, dass Brehm Mitglied des sogenannten Verbrechertisches, einer elitären Clique von Intellektuellen, die die Deutsche Revolution (1848/49) und die Demagogenverfolgung überlebt hatten, war. In den Jahrzehnten nach der Revolution suchte das gebildete Bürgertum nach einer neuen Weltsicht, und Aspekte, die die aktuellen Machtverhältnisse untergruben, waren willkommen. Brehm lag somit im Trend und wurde selbst zu einem Trendsetter.

In diesem Geiste führt er weiter aus: *Der Naturforscher, welcher für seine Menschenwürde keine Sorge hegt, freut sich, wenn er den lebenden Schimpansen vor sich sieht, Gelegenheit zum Vergleichen zu erhalten; der im Ebenbildlichkeitsglauben Befangene fühlt sich unbehaglich …*

Schön formuliert und wie aus meinem Herzen, doch dieser Absatz geht auf ganz verstörende Weise weiter: …, *daß es innerhalb der ersten Classe des Thierreichs Wesen giebt* (er meint hier Schimpansen), *die sich wenig mehr von den tiefstehendsten Negern unterscheiden …* Diesen Satz schrieb er, mehr als 50 Jahre nachdem im Artikel 118 des Wiener Kongresses 1814 der Sklaverei in Europa abgeschworen wurde. Ein Schimpanse konnte in seiner Welt schon fast ein vollwertiger Schwarzer sein. Auch unterschied er zwischen Kaukasier, Dinka-Neger oder den Papua, den Eingeborenen von Neuguinea, und verstieg sich zu Analogien zwischen Mensch und Tier wie: *vorausgesetzt natürlich, daß er weiß, wie groß die Unterschiede sind zwischen den genannten Menschenarten.* Für Brehm war das alles absolut logisch, denn er beobachtete: *…, daß die wenigsten aller Neger jemals ordentlich sprechen lernen, sondern Laute hervorstoßen, welche an die sogenannten thierischen sehr lebhaft erinnern.*

Doch der Artikel aus der Gartenlaube bietet noch mehr ambivalente Erkenntnisse, und als er zur Titelheldin der Geschichte kommt, beweist er abermals sein Gespür für Tiere:

Er (der weibliche Affe Molli, mit dem Brehm zu seinen Zeiten als Hamburger Zoodirektor viel Zeit verbracht hat) *versteht, was gesprochen wird, und wir verstehen auch ihn, weil er zu sprechen weiß – nicht mit Worten allerdings, aber mit so ausdrucksvoll betonten Lauten und Silben, daß wir uns über sein Begehren nicht täuschen. Er erkennt sich und seine Umgebung, er ist sich seiner Stellung bewußt. Im Umgange mit Menschen ordnet er sich der höheren Begabung und Fähigkeit unter, im Umgange mit Thieren bekundet er ein ähnliches Selbstbewußtsein wie der Mensch: er hält sich für besser, für höherstehend, als andere Thiere, namentlich als andere Affen. Er unterscheidet zwischen erwachsenen Menschen und Kindern: erstere achtet er, letztere beachtet er wenig. Er hat witzige Einfälle und erlaubt sich Späße, und nicht blos mit Thieren, sondern auch mit Menschen. Er zeigt Theilnahme für Gegenstände, welche mit keinem seiner natürlichen Bedürfnisse Zusammenhang haben, für Thiere, welche ihn so zu sagen nichts angehen, mit denen er weder Freundschaft anknüpfen, noch in irgend ein anderes Verhältniß treten kann. Er ist nicht blos neugierig, sondern förmlich wißbegierig: ein Gegenstand, welcher seine Aufmerksamkeit fesselte, gewinnt an Werth für ihn, wenn er gelernt hat, ihn zu benutzen. Er versteht, Schlüsse zu ziehen, von dem Einen auf etwas Anderes zu folgern, gewisse Erfahrungen zweckentsprechend auf ihm neue Verhältnisse zu übertragen. Er ist listig, sogar verschmitzt, eigenwillig, aber nicht störrisch; er verlangt, was ihm zukommt, ohne rechthaberisch zu sein. Er hat Launen und Stimmungen, ist heute lustig und aufgeräumt, morgen traurig und mürrisch. Er unterhält sich in dieser und langweilt sich in jener Gesellschaft, geht auf passende Scherze ein und weist unpassende von sich. Seine Gefühle drückt er aus wie ein Mensch. In heiterer Stimmung lacht er freilich nicht, aber er schmunzelt doch wenigstens; trübe Stimmung dagegen bekundet er ganz in derselben Weise wie ein Mensch: man kann in seinem Gesichte lesen. Einmal habe ich ihn in Verzweiflung gesehen, weil ich seinen heißesten Wunsch, eine zu unternehmende Lustwandlung im Garten, nicht erfüllen konnte. Da warf er sich auf die Erde, legte sich auf den Rücken, kreischte, verzerrte sein Gesicht und raufte sich sein Haar. Ich erinnere mich einer an der Treue ihres Geliebten zweifelnden Spanierin, welche sich, nachdem sie Phosphor verschluckt, um sich zu vergiften, ganz genau ebenso gebehrdete!*

Andere Affen und Hunde bekunden ähnliche Geistesfähigkeit, beim Schimpanse aber erscheint jede Aeußerung des Geistes klarer, verständlicher, weil sie dem, was wir beim Menschen sehen, entschieden ähnlicher ist, als die Verstandesäußerung jener Thiere.

Molli hält sich nach Brehms Einschätzung für etwas Besseres und fühlt sich anderen Tieren überlegen. Ganz ähnliches berichtete mehr als 130 Jahre später die Forscherin Sue Savage-Rumbaugh. Sie hatte ihrem Bonobo (eine der beiden Schimpansenarten) Kanzi eine auf Symbolen basierende Kunstsprache namens Yerkish beigebracht. Kanzi beherrschte mehr als 400 abstrakte Symbole und war in der Lage, einfache Dreiwortsätze zu bilden und Gespräche zu führen. In dieser Sprache gab es Symbole für »apes« und »monkeys« und »Personen«. In einem dieser Gespräche, so berichtete Professor Sue Savage-Rumbaugh, unterschied Kanzi klar zwischen Personen und Nichtpersonen.[263] Apes, also die Vertreter der großen Menschenaffen, waren Personen. Monkeys, also alle anderen Affenarten, waren es nicht.

Doch die Geschichte geht noch weiter, und es wird ein Spaziergang mit Affenmädchen Molli im Hamburger Zoo beschrieben:

»Schließ die Thür auf!«

Das ist ein schweres Stück Arbeit; denn die Thür ist mit zwei drehbaren, mittels eines Dornenschlüssels zu öffnenden Schrauben gegen alle Bestrebungen eines erfinderischen Affengehirns versichert. Molli weiß aber Bescheid und dreht so lange in entsprechender Richtung, bis die Thür sich öffnet.

»Gieb mir die Hand, Molli.«

Sie thut es.

»Nein, die andere.«

Sie wechselt.

»Willst Du die Peitsche?«

»Oh, oh, oh!« – bedeutet: »Ganz gewiß!«

»Aergern Dich die Paviane?«

»Oh, oh!«

»Prügle sie!«

Molli steigt auf das Schutzgeländer vor dem Käfig der Mantelpaviane und peitscht mit sichtlichem Vergnügen auf ihre Verwandten los. Diese werden rasend vor Wuth, klappen die Zähne bei geschlossenen Lippen zusammen, hüpfen ellenhoch vom Boden auf, haschen nach der Peitsche, nehmen sich aber doch in Acht, sich preiszugeben, denn der Pseudanthropos spaßt nicht und läßt seine Halbmenschlichkeit merken. Endlich scheint das Maß der Strafe erfüllt zu sein, und der Weg wird fortgesetzt.

Es geht sich für einen Schimpansen schlecht Hand in Hand mit einem Menschen. So behend er auf allen Vieren dahin läuft – mag es auch aussehen, als ob der nur diesen Affen eigene, schwer zu beschreibende, vertrackte Gang sehr ermüde – so schwer wird es ihm, in aufrechter Stellung zu gehen. Daher ladet Molli denn auch den ersten Vorübergehenden durch eine freundliche Darreichung der Hand ein, ihn führen zu helfen. So, gehalten von beiden Seiten, strampelt sie ziemlich rasch auf beiden Hinterbeinen weiter.

Eine Knabenschaar stellt sich in den Weg, Molli umringend.

»Mach' Dir Platz, Molli!«

Sie greift sofort nach der Peitsche und öffnet sich im Nu eine Gasse durch die Umlagerer.

Mehrere Mädchen thun Dasselbe, wie die Knaben. Molli will die Peitsche wieder handhaben.

»Pfui, Molli, das sind ja Mädchen!«

Sie läßt augenblicklich die Peitsche fallen und reicht dem kühnsten Backfisch die Hand hin, zum Zeichen der Freundschaft.

An dieser Stelle muss ich noch einmal deutlich auf die Bedeutung der Gartenlaube als Leitmedium der damaligen Zeit hinweisen. Brehm hat über die Jahre fast 400 Seiten in dem Magazin veröffentlicht und war ein gerngelesener Autor. Die Zeilen verraten uns also nicht nur viel über die kognitiven Fähigkeiten der Schimpansin, sondern auch über das Weltbild Brehms und seiner Leser. Brehm kann auch nicht damit entschuldigt werden, dass er Paviane nicht gut gekannt hätte und daher »etwas über die Stränge« schlug. In Band 1 von Brehms Thierleben schreibt er über Atile, ein Pavianweibchen, mit dem er in Renthendorf und Jena zusammenlebte: *Ihr Scharfsinn war außerordentlich groß. Sie stahl meisterhaft, machte Thüren auf und zu und besaß eine bedeutende Fertigkeit, Knoten zu lösen, wenn sie glaubte, dadurch irgend etwas zu erreichen. Schachteln und Kisten öffnete sie ebenfalls und plünderte sie dann immer rein aus.* Und weiter: *Freundliche Worte schmeichelten ihr, Gelächter empörte sie, zumal wenn sie merkte, daß es ihr galt.*

Und weiter: *Wir pflegten sie* (Atile) *manchmal zu erschrecken, indem wir ein Häufchen Pulver vor sie auf den Boden schütteten und dieses dann mit Feuerschwamm anzündeten. Sie schrie gewöhnlich laut auf, wenn das Pulver aufblitzte, und machte einen Satz, so weit ihr Strick es zuließ. Doch ließ sie sich derartige Schrecken nur einigemal gutwillig gefallen. Später war sie pfiffig genug, den brennenden Schwamm mit ihren Händen zu ersticken und so die Entzündung des Pulvers zu verhüten!*

Zweifelsfrei hatte Brehm ein aus heutiger Sicht durchaus ambivalentes Verhältnis zu Tieren. Auf der einen Seite konnte er wie kein anderer ihre kognitiven Fähigkeiten einschätzen und beschreiben, auf der anderen Seite konnte er nur einen Moment später Kimme und Korn in Deckung bringen oder sie mit beachtenswerter Ignoranz quälen oder quälen lassen. Seine Leser schien dies nicht zu stören, und so bleibt uns nur, diese Anekdoten als Beispiele des Zeitgeistes hinzunehmen und uns daran zu erinnern, dass wir beim Thema Fleischkonsum und industrielle Massentierhaltung auf der einen Seite und der Liebe zu unseren Haustieren auf der anderen Seite nicht anders agieren.

Doch Moral hin oder her, wie kann es sein, dass vor 150 Jahren jemand Wissen über das Verhalten von Tieren publizierte und mit seinen Texten weltweit eine ganze Generation beeinflusste, aber wir heute überrascht sind, wenn Verhaltensbiologen seine damaligen Beobachtungen bestätigen? Was ist in der Zwischenzeit passiert?

Dazu müssen wir in der Zeit ein paar Jahrzehnte nach vorn springen. Wir befinden uns im Jahre 1904, also circa 40 Jahre nach der Erstauflage von Brehms Thierleben. Zu jener Zeit hatte Brehms Wirken bereits reichlich Früchte getragen. Die meisten gebildeten Menschen hielten Tiere für komplexe Wesen, und man traute ihnen so einiges zu. Dies ging sogar so weit, dass man nicht überrascht war zu erfahren, dass beispielsweise Pferde lesen und schreiben können. Wahre Berühmtheit erlangte der Kluge Hans. Ein Pferd, dessen vermeintliche Klugheit so beeindruckend war, dass eine 13-köpfige wissenschaftliche Kommission unter der Leitung des damals sehr bekannten Forschers Prof. Dr. Carl Stumpf einberufen wurde. Diese Kommission sollte nun ein für alle Mal prüfen, ob der Kluge Hans wirklich so klug war oder ob sein Besitzer, der Mathematiklehrer Wilhelm von Osten, nur ein Scharlatan wäre.[264]

Es konnte mit wissenschaftlicher Präzision bewiesen werden, dass der Kluge Hans nicht lesen und schreiben und auch sonst keine Meisterleistungen erbringen konnte. Betrug war die ganze Geschichte dennoch nicht, denn Wilhelm von Osten war sich keinerlei Manipulation bewusst. Tatsächlich las der Kluge Hans in der Körpersprache der fragenden Menschen und reagierte mit dem Schlagen der Hufe, wenn er bei seinem Gegenüber eine entsprechende Regung wahrnahm. Dies funktionierte sogar bei völlig unbekannten Personen, und so wurde ein Betrug durch von Osten ausgeschlossen.

Nun könnte man sich fragen, ob der Kluge Hans Gedanken- oder Körpersprache gelesen hat (siehe das Kapitel »Mitgefühl«). Meine Meinung dazu ist eindeutig: Ich kann mir beim besten Willen nicht vorstellen, dass der Kluge Hans nur Körpersprache gelesen hat. Es ist natürlich nur Spekulation, aber die Tatsache, dass er unterschiedliche Personen lesen konnte, deutet darauf hin, dass er sich in die Personen hineinversetzen konnte und auf Grundlage seiner Theory of Mind entschieden hat, wann sein Gegenüber ihm die unbewussten Signale gab. Ich kann mir gut vorstellen, dass ein Tier die Körpersprache einer Person lernen kann, doch wenn ein Tier dazu in der Lage ist, unterschiedlichste Menschen zu interpretieren, dann kann dies meiner Meinung nach nur durch einen Mechanismus geschehen, der eine Verallgemeinerung ermöglicht. Eine Theory of Mind würde das können.

Wie dem auch sei, das Ergebnis der Untersuchungskommission veränderte die Wissenschaftsgeschichte nachhaltig. Es scheint fast so, als hätte sich die gesamte Wissenschaft durch ein Nadelöhr quetschen müssen, um sich auf der anderen Seite neu zu erfinden und ein besseres und solides Wissensnetz zu weben. Jeder Forscher, der heute eine Doppelblindstudie durchführt, weiß, dass er dies dem »Kluger-Hans-Effekt« verdankt, und er weiß auch, wie wichtig ein entsprechendes Versuchsdesign ist.

Die Diskrepanz zwischen den damaligen hochgreifenden Erwartungen und dem ernüchternden Ergebnis der Untersuchung war für die damaligen Forscher wie eine kalte Dusche. Vielleicht muss man dazu noch wissen, dass die Untersuchungskommission kurz davor stand, dem Klugen Hans seine Fähigkeiten zu bestätigen. Praktisch kurz vor Ladenschluss führte der Student Oskar Pfungst noch ein zusätzliches Experiment durch und belegte die Täuschung. Die Tatsache, um Haaresbreite vor einer folgenschweren falschen Aussage bewahrt wurden zu sein, schuf eine Atmosphäre der allgemeinen wissenschaftlichen Skepsis, der sich noch heute alle Wissenschaftler verpflichtet fühlen. Auch wenn die Bedeutung dieses Ereignisses unbestritten ist,[265] ich bin zu wenig

Wissenschaftshistoriker, um diese Entwicklung allein dem Klugen Hans zuzuschreiben. Sicher gab es unzählige vergleichbare Aha-Erlebnisse, doch lassen wir den Klugen Hans hier stellvertretend stehen und ehren damit ein Pferd, das es in seinem Leben nicht leicht gehabt hat.

Obwohl Brehms Thierleben auch im 20. Jahrhundert weiter verlegt und gelesen wurde, so waren seine Einschätzungen über die Kognition von Tieren in der allgemeinen wissenschaftlichen Auffassung nicht mehr als Anekdoten ohne wirkliche wissenschaftliche Relevanz. Brehms Bild vom kompetenten und klugen Tier war zerstört.

Es dauerte mehrere Jahrzehnte, bis sich Biologen zögerlich an Experimenten zu höheren kognitiven Leistungen bei Tieren wagten. Auch Wolfgang Köhler (geb. 1887), berühmt durch seine Forschung zum Werkzeuggebrauch und zum Problemlöseverhalten von Schimpansen,[266] bestätigte einige von Brehms Beobachtungen zu Menschaffen, aber er erfuhr erst 30 Jahre nach seiner Veröffentlichung eine angemessene Beachtung.

Im Gegensatz zu Brehms Ansatz der Vermenschlichung und des Sich-in-Tiere-Hineinfühlens wurde das Innere aus der Betrachtung verbannt. Stattdessen konzentrierte man sich ausschließlich auf das äußere Verhalten und versuchte dieses mit den einfachsten nur denkbaren Ansätzen zu erklären.

Die Stunde des Behaviorismus

Der vielleicht bekannteste Vertreter des Behaviorismus war Burrhus Frederic Skinner (geb. 1904). Er liebte es, komplizierte Dinge einfach zu machen, und glaubte fest daran, mit seiner Forschung sogar Kriege verhindern zu können. Um seine Ideen zu verdeutlichen, schrieb er sogar einen Science-Fiction-Roman, in dem er die unvernünftige Menschheit mit Mechanismen der Konditionierung in eine friedliche Gesellschaft überführen wollte.[267] Doch in seinem wahren Leben war er u. a. auch als Harvard-Professor alles andere als ein Utopist.

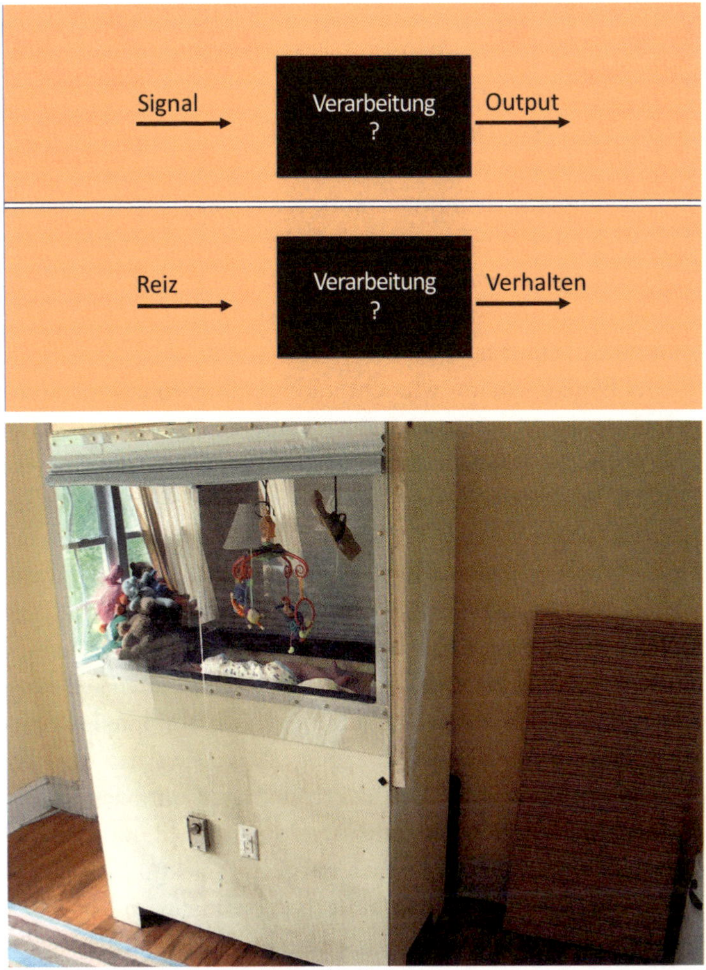

Oben: Behaviorismus: Tier und Mensch als Black Box. Das Innenleben wurde nicht betrachtet. Unten: Skinners Air-Crib, in dem er seine Tochter Deborah in ihren ersten beiden Lebensjahren hielt.

Für mich (und ich gebe zu, das ist nicht ganz fair) bleibt er der Mann der Kasten. Er ist der Erfinder der »Skinner-Box«, betrachtete das Innenleben von Tieren als Black Box und hielt seine Tochter in einer Kinder-Box. Letzteres war kein Witz, tatsächlich hat er den sogenannten »Air-Crib« erfunden, eine Art beheizbaren Kasten mit einer Glaswand. Die in den USA recht bekannte Zeitschrift

»Ladies Home Journal« titelte 1945 ihren Bericht zu der neuen Krippe mit »Baby in a Box«. Immerhin beteuerte seine Tochter 2004, sie sei keine Laborratte gewesen und habe keine bleibenden Schäden behalten.[268]

Doch betrachten wir die »Skinner-Box«, die Skinner selbst »operant conditioning chamber« nannte, etwas näher. Die Box soll im Prinzip so reizarm sein wie möglich. Es geht nicht darum, dem Tier eine angemessene Umgebung zu geben, sondern es geht genau um das Gegenteil. Das Tier, das getestet wird, soll sich in einer Umgebung befinden, in der keine äußeren Einflüsse außer denen, die der Experimentator wünscht und beeinflussen kann, existieren. Dieser Gedanke ist sicher ganz richtig, nur ist so eine Box für Tiere genauso wie für Menschen ein starker äußerer Reiz, und vermutlich würde keines der getesteten Tiere freiwillig diese Umgebung aufsuchen.

In dieser Box kann nun weitgehend automatisiert experimentiert werden. Beispielsweise gibt es einen Hebel (heute ist es oft ein Touchscreen), der von dem Tier betätigt werden kann. Unter bestimmten Bedingungen sorgt der Hebel für eine Futtergabe. Dies geschieht natürlich nur, wenn das Tier eine bestimmte Leistung erbracht hat. Die Wissenschaftler gingen davon aus, dass ein Tier, wenn es dazu in der Lage ist, die Leistung auch erbringen würde. Um diese Leistung hervorzurufen, konnte sowohl mit positiver Verstärkung (Fütterung) als auch mit Strafe (Elektroschocks) gearbeitet werden. Damit Futter unter den Bedingungen der »Skinner-Box« eine genügend starke Motivation darstellte, ließ man die Tiere auf 75 Prozent ihres Normalgewichts abmagern.

In meinem Fall müsste ich 15 bis 20 Kilo abnehmen und würde nur noch 55 Kilo wiegen. Ich halte sehr viel von regelmäßigem Fasten und habe schon mehrfach in meinem Leben zehn Tage nichts gegessen. Ich verliere dabei circa sechs Kilo Gewicht. Dieser Gewichtsverlust ist mir nicht unangenehm, aber die Grenze meines Wohlbefindens. Es ist schier unvorstellbar, wie es mir ergehen würde, wenn ich mit dem drei- oder vierfachen Gewichtsverlust leben müsste. Ich kann noch nicht mal ermessen, ob ich überhaupt noch zu irgendetwas motiviert wäre. Ganz ähnlich wurde übrigens auch der Kluge Hans motiviert, und so folgten auch die getesteten Tiere in Skinners Box den Vorgaben der Experimentatoren. Dies tun sie auch noch heute, und wer möchte, kann in eine beliebige Internetsuchmaschine für wissenschaftliche Publikationen den Begriff »food restricted« eingeben. Sie werden sehen, dass allein in den letzten zehn Jahren in mehr als 10 000 Forschungsprojekten mit hungernden Tieren gearbeitet wurde.[269]

Auch heute sind die Erkenntnisse, die aus den Experimenten mit der Box abgeleitet wurden, wesentlicher Bestandteil in der Ausbildung von Lehrern und Biologen. Dabei ist ein Begriff von zentraler Bedeutung. In der Welt des Behaviorismus wird versucht, jede Verhaltensäußerung mit einer Konditionierung zu erklären. Extrem vereinfacht werden zwei Grundformen unterschieden:

- klassische Konditionierung: Ein Tier reagiert nicht nur auf den Reiz selbst, sondern schon auf ein konditioniertes Signal. Bei Pawlow (geb. 1849) reagierte ein Hund auf das Ertönen einer Glocke mit Speichelfluss, wenn er vorher gelernt hatte, dass es Fressen gibt, wenn die Glocke läutet.
- instrumentelle/operante Konditionierung: Das Verhalten eines Tiers wird positiv (meist mit Futter, aber auch mit Zuwendung) oder negativ (mit Schmerzen oder Strafe) verstärkt. Das typische Tiertraining in der Hundeschule oder auf dem Reitplatz basiert auf diesem Prinzip.

Ich könnte nun beliebig in die Tiefe gehen und Dutzende weitere Begriffe einführen, doch ich möchte mich auf ein weiteres Beispiel beschränken. Obwohl der Behaviorismus extrem vereinfacht hat, so glaubte man dennoch, auch sehr komplexes Verhalten erklären zu können. Ein Beispiel wäre die Entstehung von Aberglauben. Absurd? Man könnte es fast glauben. Aber tatsächlich lässt sich Aberglauben ganz gut mit operanter Konditionierung erklären. Skinner beobachtete bei seinen ausgehungerten Tauben zufälliges Verhalten, wie Laufen im Kreis, Picken in einer Ecke, Flügelschlagen oder das Kratzen mit den Füßen. Im Moment der zufälligen Handlung wurde diese dann durch Futter positiv verstärkt. Wiederholt man dies, wird das Tier abergläubisch und sieht einen Zusammenhang zwischen seinem völlig sinnlosen Verhalten und dem Zugang zu Futter. Dies ist laut Skinner mit abergläubischen Ritualen vergleichbar.[270]

Tierpsychologie als Alternative zum Behaviorismus

In Europa, speziell aber in Deutschland, stand dem amerikanisch dominierten Behaviorismus die sogenannte Tierpsychologie gegenüber. Dieser Wissenschaftszweig fühlte sich der menschlichen Psychologie relativ nah und geriet gerade dadurch in die wissenschaftliche Kritik. Im Gegensatz zum Behaviorismus beschäftigte sich die Tierpsychologie durchaus mit dem Innenleben der Tiere und machte sich damit angreifbar. Dem Hauptargument des Behaviorismus, dass man nicht in das Innere hineinsehen könne und jede Beschäftigung damit rein hypothetisch sei, hatte die Tierpsychologie nichts entgegenzusetzen. Die Tierpsychologie wurde daher in den 50er Jahren in Ethologie umbenannt. Durch kluge Beispiele konnten besonders zwei Forscher den Behaviorismus kritisch hinterfragen. Konrad Lorenz (1903) zeigte mit seinen Untersuchungen zur Prägung deutlich, dass es nicht nur konditioniertes Lernen gibt. Konditioniertes Lernen lässt sich auslöschen, wohingegen eine Prägung nicht verlernbar ist. Nikolaas Tinbergen (1907) unterschied zwischen einem inneren und einem äußeren Reiz. Wenn ein Individuum beispielsweise Durst hat, ist dies ein innerer Reiz. Von außen kann man dies aber nicht beobachten. Kommt nun ein äußerer Reiz, zum Beispiel eine Schale mit Wasser, hinzu, wird das beobachtete Individuum zu trinken beginnen. Hat es aber keinen Durst und somit keinen inneren Reiz, kann man ihm zehn Schalen mit Wasser hinstellen, es wird nicht trinken. Insofern hat also eine innere Variable Einfluss auf das äußere Verhalten. Skinner ließ seine Tiere hungern und erzeugte somit einen inneren Reiz, mit dem er arbeitete, doch er weigerte sich, diesen inneren Reiz in seinen Theorien zu berücksichtigen. Sowohl Lorenz als auch Tinbergen gelten heute als Begründer der vergleichenden Verhaltensbiologie, und diese ist heute allgemein anerkannt. Auch wissen wir heute, dass es viel mehr Formen des Lernens als nur Konditionierung und Prägung gibt.

Unser neues Bild von Tieren

Heute

Vielleicht haben Sie sich gefragt, warum ich so viel Zeit darauf verwende, über die Geschichte der Verhaltensbiologie zu schreiben. Diese Geschichte ist unmittelbar mit unserem Verständnis von Tieren verbunden, und viele überholte Aspekte haben in der Gegenwart immer noch große Bedeutung.

Um diese Bedeutung zu veranschaulichen, muss ich sehr privat werden. Ich kann mich noch gut erinnern, dass mir mein Vater, als ich noch sehr klein war, erklärte, wie man im Stehen pinkelt. Ich war sehr stolz. Während meines Studiums in Kiel wohnte ich einige Zeit gemeinsam mit zwei Frauen in einer WG und musste feststellen, dass mein Kunststück wenig Anklang fand. Das recht laute Plätschern verriet mich regelmäßig, und die Kommentare aus der Küche lauteten: Karsten, setzen! Mein Stolz wurde zwar verletzt, doch die Einsicht, dass die von meinem Vater erlernte Technik zu größerer Verunreinigung führte als ein bequemes Hinsetzen, ließ mich zum Sitzer werden.

Ein ganz ähnliches Hygieneproblem haben Bauern, die ihre Kühe in Stahlkäfigen oder angebunden halten. Die Kühe haben ein Vorne und ein Hinten und bewegen das Vorne zum Fressen aus der Box heraus. Das machen sie freiwillig, denn da liegt ja ihr Futter. Das hintere Ende einer Kuh macht unter diesen Haltungsbedingungen aber Probleme. Irgendwann muss das verwertete Futter wieder heraus, und es wäre wünschenswert, wenn die Kuh dazu ihren Popo nach hinten an das Gestänge drücken würde. In diesem Fall landen ihre Stoffwechselendprodukte nicht in ihrer Box, ein Gewinn für Kuh und Bauer. Um die Kühe zu diesem Verhalten zu motivieren, nimmt man einen sogenannten Kuhtrainer. Der kostet 200 Euro,[271] und man spart sich eine Menge ekliger

Arbeit. Hinter dem freundlichen Begriff Kuhtrainer verbirgt sich ein Elektroschockgerät, das mit 5000 Volt Kühe konditioniert. Wir haben also so etwas wie eine Skinner-Box, in der durch positive Bestrafung (so der Fachterminus) unerwünschtes Verhalten reduziert wird. Eine schöne, saubere Lösung für alle Beteiligten!?

Leider nein, denn die Geschichte geht noch weiter. Der Stromstoß wird durch einen Metallbügel, der sich wenige Zentimeter über dem Rücken der Kuh befindet, übertragen. Wenn eine Kuh ihr Geschäft erledigen will, beugt sie ein wenig den Rücken und kommt an den Bügel. Drückt sie ihr Hinterteil so weit wie möglich nach hinten, krümmt sich ihr Rücken an einer Stelle, wo kein elektrischer Bügel ist. Das Problem ist nur, dass Kühe ihren Rücken nicht nur krümmen, wenn sie ihr Geschäft erledigen wollen. Der elektrische Bügel schränkt somit den ohnehin eingeschränkten Bewegungsraum der Kühe noch weiter ein. Was tun unsere konditionierten Kühe in diesem Fall? Sie reduzieren praktisch jede mögliche Bewegung. Die Kühe wedeln weniger mit dem Schwanz zur Fliegenabwehr, lecken weniger über ihren Rücken und betreiben weniger Hygiene. Dies weiß man übrigens schon seit 1992.[272] Dennoch ist der Kuhtrainer in Deutschland erlaubt, und selbst in der EU-Verordnung Nr. 834/2007 (Öko-Verordnung) wird diese Praxis nicht erwähnt und ist somit legal.

Nun wird es interessant: Nach deutschem Tierschutzgesetz darf niemand einem Tier ohne vernünftigen Grund Schmerzen, Leiden oder Schäden zufügen. Es ist verboten, ein Tier anzubinden, sofern damit erhebliche Schmerzen, Leiden oder Schäden für das Tier verbunden sind. Darüber hinaus ist es verboten, ein Gerät zu verwenden, das durch direkte Stromeinwirkung das artgemäße Verhalten eines Tieres, insbesondere seine Bewegung, erheblich einschränkt oder es zur Bewegung zwingt und dem Tier dadurch nicht unerhebliche Schmerzen, Leiden oder Schäden entstehen.

Jeder Laie weiß mit diesen Sätzen etwas anzufangen. Fachleute haben es da etwas schwerer. Angenommen, ein solcher Fall müsste vor Gericht verhandelt werden, dann müsste ein Richter so viel biologischen oder veterinärmedizinischen Sachverstand besitzen, um beurteilen zu können, ob diese Haltungsform mit erheblichen oder nicht unerheblichen Schmerzen und Leiden verbunden ist. Das kann er nicht, und daher ist er auf Gutachten von Sachverständigen angewiesen. In der Praxis bedeutet dies, dass eigentlich der Sachverständige das Urteil fällt.[273]

Die große (hypothetische) Frage ist nun: Wie wird ein Sachverständiger diese Situation beurteilen? Jeder Sachverständige, egal ob Biologe oder Veterinärmediziner, der in einem solchen Verfahren berufen wird, kennt die Versuche von Skinner und blickt auf 100 Jahre Forschungsgeschichte, tausende wissenschaftliche Veröffentlichungen und eine Ausbildung zurück, in der man diese Praxis, ohne zu zögern, gelehrt und angewandt hat. Wie wird er sich entscheiden, wie kann er sich entscheiden?

Der Tierschutz ist seit 1872[274] in Deutschland rechtlich geregelt und seit 2002 in Artikel 20a in unserem Grundgesetz[275] verankert. In der Praxis bedeutet das aber nicht viel, und das eben gezeigte Beispiel ist, gemessen an dem Leid in der industriellen Schweinemast, vielleicht kaum der Rede wert.

Zum Glück wird die Anbindehaltung immer weniger, und von der Firma Agrar-Fachversand[276] habe ich erfahren, dass die Bestellungen der Geräte rückläufig sind. Dies wurde mir auch von Frau Karin Mück vom Gnadenhof Butenland bestätigt.[277] Sie erzählte mir aber auch, dass jeder Tierarzt und Bauer, der Großtiere hält oder betreut, ein Elektroschockgerät in der Tasche hat. Die Beispiele, die sie mir nannte, erspare ich ihnen.

Der Grund, warum es nicht schon längst eine Klage gegen Kuhtrainer oder anderes gibt, liegt in den begrenzten Klagemöglichkeiten. Aus diesem Grund unterstütze ich die Initiative www.IRI.world, die sich dafür einsetzt, dass Tiere von einem Anwalt vertreten werden können. Nach meinen Erfahrungen ist dies momentan der vielversprechendste Weg, wirklich etwas für den Tierschutz zu tun. Tiere müssen also wieder ins Gericht, so wie es über Jahrhunderte schon üblich war. Es gibt nur einen kleinen Unterschied: Tiere werden nicht mehr für ihr Vergehen angeklagt, denn ihnen fehlt die Schuldfähigkeit, stattdessen dürfen sie klagen, und zwar gegen das Handeln des Menschen, denn wir sind schuldfähig.

Doch neben den Sachverständigen und den juristischen Rahmenbedingungen gibt es noch eine dritte Kraft. Das sind wir Menschen und unsere Vorstellung von Tieren. In all meinen Vorträgen versuche ich, mit dem Begriff Instinkt aufzuräumen oder besser noch, ihn aus dem aktiven Wortschatz zu verbannen. Doch die Idee, dass wir Menschen vernünftig handeln und Tiere auf Grundlage ihres Instinktes, ist alt und tief in unserer Kultur verwurzelt. Selbst Lorenz und Tinbergen haben mit ihrem Beitrag zur Instinkttheorie und dem Postulat eines hierarchisch organisierten Mechanismus im Nervensystem für die Verbreitung dieser Idee gesorgt.

Doch weder der Begriff Instinkt noch die Theorie haben Bestand. Der Grund dafür ist, dass wir die treibende Kraft oder Energie, die angeblich hinter der instinktgesteuerten Handlung stehen soll, nicht gefunden haben. Es gibt keinerlei Hinweis darauf, dass so etwas wie Instinkt existiert. Demgegenüber wissen wir heute sehr genau, wie Denken und Fühlen funktionieren, und sollten daher den Begriff Instinkt aus unserem Vokabular verbannen. Ich empfinde ihn sogar als Diskriminierung! Warum? Das werden wir gleich sehen.

Die Sprache

Sie ist unser wichtigstes, aber auch ein sehr gefährliches Werkzeug. Mit der Sprache kann man sich von Unterdrückung befreien, aber auch Kriege anzetteln. Nigger darf man versklaven, Schlampen darf man schlagen und Nutztiere ausnutzen. In der Psychologie spricht man bei diesen Beispielen von Opferabwertung. Unsere Sprache ermöglicht es uns, Dinge zu tun, die wir sonst mit unserer Moral nicht in Einklang bringen könnten.

Im Kapitel »Denken und Fühlen« habe ich gezeigt, dass selbst höhere kognitive Leistungen kein menschliches Alleinstellungsmerkmal mehr sind. Dennoch trennt unsere Sprache messerscharf: Wir Menschen haben eine Bevölkerung und Tiere eine Population, wir Menschen bewohnen ein Gebiet, doch Tiere kommen dort nur vor, wir Menschen essen, und Tiere fressen, wir

Menschen haben eine Kultur, und alles andere ist Natur, wir Menschen haben eine Familienleben und Tiere betreiben »nur« Brutpflege, das weidwund geschossene Tiere blutet nicht, es schweißt – und wo beißt man lieber hinein: in einen Schweinepo oder in einen saftigen Schinken?

Das sind doch nur Worte, werden Sie denken. Aber stellen Sie sich bitte folgende Alternativen vor: Sie würden eine Geschichte über Hunde lesen. In der Geschichte wären die Tiere aber vermenschlicht beschrieben. Ihr Leben wäre also mit menschlichen Vokabeln dargestellt. Sie würden essen, sich mit Freunden treffen und Kinder bekommen. Demgegenüber klingt dieselbe Geschichte mit aktuellem Vokabular etwas anders: Die Hunde würden fressen, mit ihren Artgenossen interagieren und Welpen werfen. Was denken Sie: Wie würden Sie reagieren? Zufällig ausgewählte Probanden zeigten ein eindeutiges Ergebnis. Diejenigen, die die vermenschlichte Geschichte gelesen hatten, waren im Anschluss wesentlich bereiter, Hunden in Not zu helfen, als die Gruppe mit der herkömmlichen Beschreibung.[278]

Interessant ist auch die Tatsache, dass Menschen, die Fleisch essen, Tieren weniger kognitive Fähigkeiten zubilligen. Selbst wenn sie mit überzeugenden Informationen konfrontiert werden, bestehen sie eher auf ihrer ursprünglichen Meinung.[279] In einer großen Umfrage der Harvard-Universität wurde mit einer ganzen Reihe von klugen Fragen, bei denen die Forscher dreimal um die Ecke gedacht haben, aus den Probanden eine eindeutige Aussage herausgekitzelt: Je eher einem Tier oder einem Etwas ein Mind (Verstand, Geist, Seele usw.) zugestanden wurde, desto eher wurde das eigene Handeln moralisch hinterfragt.

Ich bin fest davon überzeugt, dass wir, wenn wir das aktuelle Wissen zur Kenntnis nehmen und bereit sind, die moralischen Konsequenzen zuzulassen, unser Verhältnis zu Tieren verbessern werden. Doch unabhängig davon, dass wir hoffentlich bald keine abwertende Sprache mehr benutzen und unsere Erkenntnisse auch unser Handeln bestimmen, gibt es doch ein Element, das den Verlust von leckeren tierischen Produkten aufwiegt. Es handelt sich dabei um etwas, das wir sogar umsonst bekommen und das uns glücklich macht. Tatsächlich ist dieses Etwas von der Wissenschaft noch nicht wirklich gefasst worden, und daher spricht man auch nur von der:

Biophilie-Hypothese

Biophilie ist die leidenschaftliche Liebe zum Leben und allem Lebendigen; sie ist der Wunsch, das Wachstum zu fördern, ob es sich nun um einen Menschen, eine Pflanze, eine Idee oder eine soziale Gruppe handelt.[280]

Diese Zeilen sind der erste Versuch, etwas zu beschreiben, das wir Menschen vermutlich schon seit Menschengedenken in uns spüren, und stammen von Erich Fromm. Ohne sich auf Fromm zu beziehen, erarbeitete Edward Wilson, ein Insektenkundler und Evolutionsbiologe, eine Biophilie-Hypothese, die er aus der Evolutionsbiologie heraus begründete.[281] Dabei sind wir Menschen mit den Tieren und auch mit der Natur in unserer Umgebung in Koevolution gegangen. Verhalten, das für beide Seiten von Vorteil war, hat sich im Verlauf der Zeit verfestigt. Unter der Prämisse, dass wir von der Natur und unserer Umwelt abhängig sind, wäre es ein sinnvolles Verhalten, die Natur zu schützen und zu erhalten. Ein etablierter Steuerungsmechanismus für tierisches und somit auch menschliches Verhalten sind positive Gefühle wie zum Beispiel die Liebe. Es klingt ein bisschen abgedroschen, aber wenn man ganz sachlich die oben beschriebenen verhaltenssteuernden Mechanismen betrachtet, dann hat die Liebe zur Natur evolutionsbiologisch absolut Sinn. Ein interessanter Nebenaspekt ist die Tatsache, dass auf dieser Grundlage die Tiergestützte Therapie (siehe »Tiergestützte Therapie«) funktioniert. Durch die Begegnung mit einem Therapietier wird somit ein uralter uns tief eingebauter Mechanismus aktiviert.

Die Kehrseite der Medaille ist natürlich, dass wir Menschen, wenn wir uns der Natur entfremden, auch diese Liebe nicht mehr empfinden. Ich kenne beispielsweise eine Frau, die lieber auf einem schönen asphaltierten Parkplatz spazieren geht als im Wald. In meiner Wahrnehmung hat diese Frau auch ein gestörtes bzw.

eingeschränktes Sozialleben, aber das ist vielleicht auch keine Überraschung. Entfremden können wir uns natürlich auch durch unsere Sprache. Die Distanz, die über das oben beschriebene Vokabular aufgebaut wird, reduziert zwangsläufig die Wirkung der Biophilie.

Aus meiner Sicht ist die Biophilie-Hypothese aber noch lange nicht so weit entwickelt, eine handfeste Theorie zu werden. Der 2016 verstorbene und von mir sehr geschätzte Psychologieprofessor Erhard Olbrich hatte mir 2008 ein Dokument mit dem Namen »Towards a Theory« mit der Bitte um Feedback geschickt. Leider ist es ihm nicht mehr gelungen, die Theorie so weit zu entwickeln, dass sie veröffentlicht wurde.

Perspektivwechsel

Ein Perspektivwechsel ist bekanntermaßen oft hilfreich. Es gibt sogar eine philosophische Schule, den Perspektivismus, der sich damit beschäftigt. Doch ich will Sie nicht mit trockener Philosophie langweilen und nehme Sie gleich mit nach Brasilien in die tiefsten und verborgensten Winkel Amazoniens. Dort leben die Runa,[282] und sie haben sich den Perspektivismus zu eigen gemacht, ohne auch nur den Begriff zu kennen. Für sie ist es die einzige und richtige Betrachtung der Welt.[283]

Woran denken Sie, wenn Sie sehen, wie sich ein Jaguar auf sein Opfer stürzt und später dessen Blut trinkt? Ich weiß, Sie denken an einen Jaguar, der sich auf sein Opfer stürzt und später dessen Blut trinkt. Runa sehen etwas anderes. Für sie ist der Jaguar ein Jäger, der mit Pfeil und Bogen auf seine Beute schießt und später ein Maisbier trinkt. In ihrer Welt gibt es Menschen, Tiere, Pflanzen und Gegenstände. Doch all diese Dinge sind Personen, die so fühlen und denken wie Menschen. Für einen Jaguar fühlt es sich so an, als wären seine Zähne die Pfeile, und wenn er Blut trinkt, so schmeckt es wie Maisbier. Für die Runa gibt es keinen Unterschied zwischen Blut und Maisbier, alle leben in derselben Kultur, und alles ist nur eine Frage der Perspektive. Natürlich können in ihrer

Runa sehen auf diesem Bild keinen Jaguar, der sich auf sein Opfer stürzt, sondern einen Jäger, der sich auf sein Bier freut.

Welt auch Tiere sprechen, und es ist eine praktische Angelegenheit, diese Sprache zu verstehen. Gelingt es ihnen, eine Konversation zwischen Tieren zu belauschen, können sie ihren Nutzen daraus ziehen. So etwas passiert ständig, denn wenn sie sich in die Tiere hineinfühlen und deren Perspektive einnehmen, wird das Verhalten für sie berechenbarer. Auch wird die Kommunikation zwischen den Tieren verständlich, wenn man diese nur lange genug beobachtet. Alles in allem eine praktische Angelegenheit, denn sie können sich auf diese Weise tatsächlich besser in die Tiere hineinversetzen und ihr Verhalten voraussehen. Da sich ihre Einschätzung bei jeder Jagd bestätigt, wird auch jeden Tag aufs Neue die Richtigkeit ihres amazonischen Perspektivismus bestätigt.

Doch diese Perspektivwechsel haben nicht nur Vorteile. So leicht, wie man sich durch den Perspektivwechsel in ein Tier und seine Wahrnehmung versetzen kann, so leicht kann auch ein Mensch durch den Perspektivwechsel zum Tier gemacht werden. Die Gefahr eines solchen Wandels sehen die Runa besonders gegeben, wenn sie mit Tieren sprechen und diese ihnen antworten. Um

Die Yukaghir, ein Volksstamm, der im Nordosten Sibiriens lebt, betreiben genauso wie die Runa in Amazonien Perspektivismus.

dies zu vermeiden, wird Hunden das Maul zugebunden, oder man gibt ihnen Drogen, was sie zu Schamanen macht, mit denen man wiederum von Schamane zu Schamane sprechen kann.[284]

Ganz ähnliche Vorstellungen haben auch die Yukaghir im Nordosten Sibiriens. Auch sie praktizieren den Perspektivismus und profitieren bei der Jagd von ihren gewonnenen Erkenntnissen.[285]

Eduardo Kohn, der Anthropologe, der die eben beschriebenen Beobachtungen gemacht hat, sieht in der Fähigkeit der Runa nicht nur abstrusen Aberglauben. Für ihn ist dieser Perspektivwechsel ein wichtiges Element, wenn wir Tiere besser verstehen wollen.

Ein Beispiel: Schwimmen mit Delfinen

Nach so viel Geschichte und Theorie wenden wir uns nun der Realität zu. Ich möchte an einem persönlichen Beispiel verdeutlichen, wie leicht man sich irren kann, wenn man versucht, tierisches Verhalten zu interpretieren. Man könnte dieses Kapitel auch

»Die Geschichte eines Missverständnisses« nennen. Damit wären wir auch gleich beim Thema, beim Verstehen und Missverstehen. Die Sprache, egal ob Körpersprache oder gesprochenes Wort, und das Verhalten von Tieren kann zu leicht fehlinterpretiert werden, und daher folgt hier ein eindrückliches Beispiel:

Bei einer Umfrage der BBC in England wurden 20 000 Menschen gefragt, was sie unbedingt vor ihrem Tod erleben wollten. Auf Platz eins der Wunschliste war das Schwimmen mit Delfinen.[286] Ich vermute, dass viele von Ihnen diesen Wunsch gut nachvollziehen können. Ich auch, und doch hat das alles mit den Delfinen gar nichts zu tun.

Stellen Sie sich vor, Sie wären ein frischgebackener Biologe und würden ganz professionell, so wie man es eben gelernt hat, eine Pilotstudie zu Ihrer geplanten Doktorarbeit durchführen. Sie kommen zu einer wunderschönen, spannenden Hypothese und sehen sich schon als den Entdecker der ersten tierischen Therapieform. In Ihrer Vorstellung haben Delfine im Verlauf der Evolution die Fähigkeit entwickelt, mit ihrem Ultraschall Knochenbrüche schneller heilen zu lassen und vielleicht auch andere Krankheiten in den Griff zu bekommen. Mit anderen Worten: Sie malen sich Ihre künftige Karriere als Delfinforscher in den schönsten Farben aus. Natürlich weiß ich heute, dass medizinische Anwendungen im Tierreich vorkommen. Selbst Impfungen und Maßnahmen wie eine Quarantäne konnten belegt werden.[287] Nach Jahren unermüdlicher Datenerhebung und statistischer Kunststücke legen Sie schließlich eine Trendlinie in Ihre Datenpunkte, doch dummerweise geht die nicht von links unten nach rechts oben, sondern von links oben nach rechts unten und bedeutet damit genau das Gegenteil zu Ihrer Hypothese. Genauso ist es mir gegangen, und so wurde ich von einem Delfinforscher zu einem Delfinschützer. Ich hatte einen riesigen Fehler gemacht und damit vielleicht die größte Lektion meines Lebens gelernt: Vorsicht bei der Interpretation von tierischem Verhalten!

Doch was war geschehen? Nach dem Abschluss meines Studiums als Meeresbiologe in Kiel wollte ich endlich meinen Kindheitstraum in die Realität umsetzen und Delfine erforschen. In

Deutschland gibt es nur eine einzige einheimische Walart: den Schweinswal. Er ist zwar wirklich ein ganz possierliches Tierchen, doch er lebt meist untergetaucht, und als Verhaltensforscher kann man in den trüben Gewässern unserer Breiten nicht viel mehr beobachten als sein Atemholen. In meinen Träumen hingegen stand ein Delfinforscher mit nacktem Oberkörper am Bug einer weißen Jacht, um dann athletisch in kristallklares Wasser zu springen. Es stellte sich also die Frage, welches Forschungsfeld ich mir für meine künftige Karriere wählen sollte.

Schwimmen mit Delfinen in Gefangenschaft

Damals hatte die sogenannte Delfintherapie Hochkonjunktur. Eine betroffene Mutter gründete einen Verein, der erkrankten Kindern das Schwimmen mit Delfinen ermöglichen sollte, und wurde von einer Talkshow zur nächsten gereicht. Zu schön waren die Geschichten von schwerkranken Kindern, die dank eines Delfins ihr erstes Wort sagten, ihren ersten Schritt gingen oder aus dem Koma erwachten. Ich kann mich noch heute gut an den Moment erinnern, als ich vor dem Fernseher meiner Schwiegermutter saß und wusste, was zu tun war. Ich würde den Mythos Delfintherapie erforschen.

Ich schrieb also einen Brief an den Verein (E-Mails waren noch nicht üblich) und bat darum, Kontakt zu der Einrichtung in Florida herzustellen. Der Verein war sehr hilfsbereit und freute sich über mein Forschungsvorhaben.

In diesem Moment war eine Kette von Enttäuschungen vorprogrammiert. Es begann damit, dass ich drei Wochen lang durch das Delfingehege in Florida tauchte, um unzählige Kubikmeter Algen zu entfernen. Diese lagen in einer dicken Schicht auf dem Boden, was zur Folge hatte, dass ein dunkler Delfinrücken für eine über dem Pool angebrachte Kamera praktisch unsichtbar war. Also mussten die dunklen Algen raus, damit man den Sandboden wieder sehen und damit das Verhalten der Delfine beobachten konnte. Tatsächlich waren die Algen über die Jahre ein echtes Problem geworden, denn sie wuchsen, durch die Exkremente der Delfine permanent gedüngt, in großen Mengen und konnten durch die engen Maschen des Drahtzauns nicht aus dem Gehege herausgespült werden.

Ich hatte mir mein erstes Schwimmen mit Delfinen anders vorgestellt, da war kein kristallklares Wasser, und schon gar nicht hatte ich damit gerechnet, dass ich mich nach jedem Aufenthalt im Wasser stundenlang kratzen musste, weil Millionen von Nesseltierchen ihre Pfeile mit 40 000-facher Erdbeschleunigung[288] auf mich abgefeuert hatten. Aber immerhin konnte ich meinem schlechten Englisch eine neue Vokabel hinzufügen: itchy. Noch heute frage ich mich, ob die Delfine meine Reinigungsaktion gut fanden oder ich nur ein weiterer skurril agierender Mensch in ihrem Gehege war.

Doch die Enttäuschungen gingen weiter. Ich lernte einen sehr netten Deutschen kennen, der damals ein großer Förderer des Vereins war. Sein Millionenerbe ermöglichte ihm einen mir fremden Lebensstandard, und umso beeindruckter war ich, als ich erfuhr, dass er trotz seines Vermögens als Sozialbetreuer für behinderte Kinder arbeitete. Irgendwann war er verschwunden und wurde von Interpol wegen Kindesmissbrauchs und Betruges gesucht. Was blieb, waren geschockte Familien, die ihm obendrein noch ihr Erspartes anvertraut hatten, denn er galt als jemand, der weiß, wie man Geld gut angelegt.

Ab und an werde ich auch heute von diesem Lebensabschnitt eingeholt. So rief mich vor kurzem ein Journalist an. Er erkundigte sich nach meiner Meinung zur Delfintherapie, denn er verfolgte die Klage des oben genannten Vereins gegen einen Tierschutzverband. Dieser hatte den Verein wegen seiner Intransparenz im Umgang mit Spendengeldern kritisiert.[289] Das Gericht wies die Klage ab, und der Tierschutzverband darf seine Kritik weiter äußern.[290] Ich weiß nicht, ob das Spendensammeln dieses Vereins Abzocke ist, aber ich kann sehr gut begründen, warum die Delfintherapie an sich eine Abzocke ist, doch dazu später.

Reisen wir also zurück in das Jahr 1998, mein Forschungsjahr in Florida. Das folgende Bild stammt aus meiner Pilotstudie, und

Delfintherapie in Florida. Die Therapeutin hält den kleinen Patienten.

ich habe es immer als Beispiel genommen, um zu erklären, warum mich diese Situation überhaupt interessierte. Wir sehen hier eine Therapeutin mit einem Kind in einem sogenannten unstrukturierten Schwimmprogramm. Unstrukturiert deshalb, weil die Delfine nicht trainiert sind, irgendwelche Kunststücke zu machen, und die Interaktion mit den Menschen auch nicht mit Futter belohnt wird. Für einen Verhaltensbiologen war dies natürlich Voraussetzung, um selbstmotiviertes Verhalten bei Tieren zu erforschen.

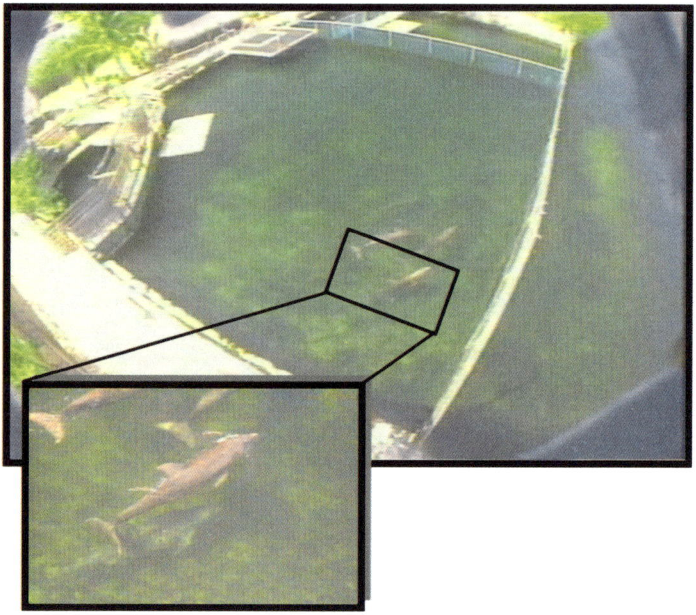

Untersuchungsgehege in Florida mit Kameraspot zur Identifizierung der Delfine.

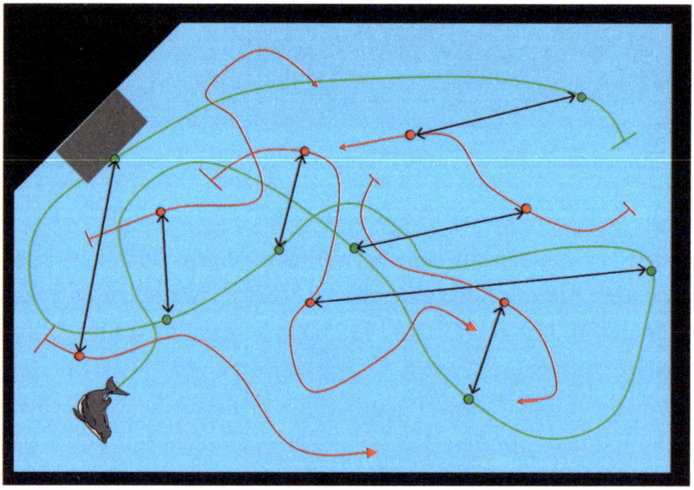

Schwimmpfad eines Delfins in grün, Schwimmpfad von fünf Menschen in rot und Abstandsmessungen in schwarz.

Die Delfindame, die wir hier sehen, heißt Sarah, sie war das dominante Tier im Gehege. Was auffällt, ist ihre Körperhaltung. Sie richtet ihre Schnauze auf das Kind, und es könnte theoretisch möglich sein, dass sie in diesem Moment mit Hilfe ihres nach vorn gerichteten Ultraschalls den kleinen Patienten nicht nur untersucht, sondern auch therapiert. Ich hatte in meiner Pilotstudie berechnet, dass Frequenz und abgegebene Energie durchaus dazu in der Lage sind, eine Wirkung auf biologisches Gewebe zu haben, und so musste ich in meiner Untersuchung nur überprüfen, ob dieses Verhalten lange genug beobachtet werden konnte.

Doch dies war nur ein Aspekt meiner Arbeit, denn hauptsächlich ging es mir darum, zu überprüfen, ob Delfine überhaupt gern mit Menschen schwimmen. Dies galt damals als weitgehend anerkannt, und die Betreiber vergleichbarer Anlagen machen damit auch heute noch Werbung.

Um dies zu überprüfen, haben ich und meine heutige Frau Katrin die Schwimmprogramme mehrere Monate lang beobachtet. In dem Becken lebten fünf Delfine, und in ein Schwimmprogramm wurden jeweils acht Menschen aufgenommen. Wir wollten für jede Sekunde wissen, wie groß die Distanz zwischen jedem Schwimmer und jedem Delfin war. Um dies zu ermöglichen, musste die gesamte Aufnahmezeit 13-mal angesehen werden. Bei jedem Durchlauf folgten wir mit der Maus einer bestimmten Person oder einem Delfin. Die korrekte Mausposition wurde elektronisch erfasst. Auf diese Weise konnten wir für jeden beliebigen Zeitpunkt den Abstand zwischen jedem beliebigen Menschen und jedem beliebigen Delfin angeben. Nun gibt es grundsätzlich zwei Möglichkeiten. Entweder sind die Delfine näher an den Menschen dran, als man erwarten würde, oder sie sind weiter als erwartet von ihnen entfernt.

Die große Frage ist nur: Was würde man erwarten? Wie groß ist die Distanz, die im Durchschnitt eingenommen würde, wenn es zu keinerlei Anziehungs- oder Abstoßungsreaktion zwischen Mensch und Delfin käme? Um diesen Wert zu errechnen, muss man eine Permutation mit den Daten durchführen. Das klingt furchtbar kompliziert, ist aber wie die meiste Statistik eigentlich

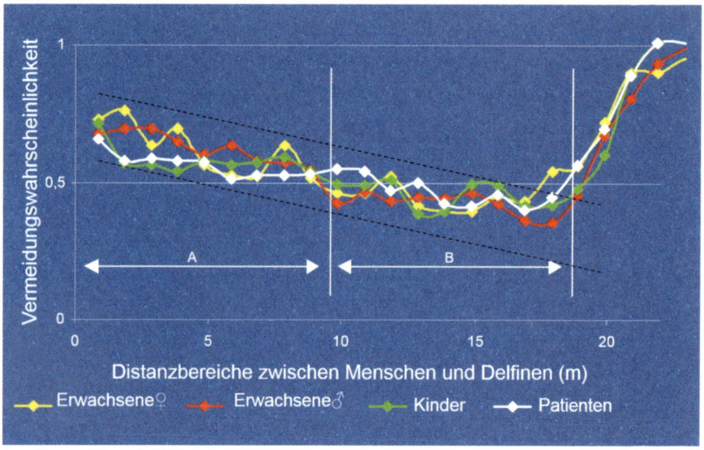

Diese Abbildung stammt aus meiner Doktorarbeit und zeigt, dass sich Delfine lieber im Bereich B aufgehalten haben. Im Gegensatz zum Bereich A ist B weit von den Schwimmern entfernt. Die Daten zeigen somit, dass die Delfine bemüht waren, eine möglichst große Distanz zwischen sich und den menschlichen Schwimmern zu haben.

ganz einfach. Man nimmt die geschwungenen Pfade eines Delfins und verschiebt sie zufällig in der Zeit. Es ergeben sich also zufällige mögliche Distanzen zwischen Menschen und Delfin, die aber nichts mit dem Verhalten der Menschen oder Tiere zu tun haben. Die Distanzen sind rein zufällig und bilden in ihrer Summe einen Mittelwert, und dieser bildet unseren sogenannten Erwartungswert. Wenn nun die Distanz kleiner ist als der Erwartungswert, können wir davon ausgehen, dass die Delfine gern zu den Menschen schwimmen. Ist er größer als der Erwartungswert, weichen sie den Menschen aus. In der folgenden Abbildung sehen wir die über alle Daten gemittelte Wahrscheinlichkeit, sich in einer bestimmten Distanz aufzuhalten. Werte <0,5 bedeuten, dass sich die Tiere in diesem Bereich lieber aufgehalten haben. Werte >0,5 bedeuten, dass die Tiere diesen Bereich gemieden haben.

Nach meinen Beobachtungen in der Pilotstudie erwartete ich also, dass die Tiere die kurzen Distanzen zu Menschen bevorzugten, denn sie wollten ja nahe bei ihnen sein. Tatsächlich war genau das Gegenteil der Fall, denn die Tiere versuchten, möglichst weit von den Menschen wegzukommen. Vielleicht wundern Sie sich, warum ab einer Distanz von 18 Metern die Kurve wieder nach oben zieht. Die Erklärung ist ganz einfach: Das Becken war an dieser Stelle zu Ende, und die Wahrscheinlichkeit, dass ein Delfin den Bereich außerhalb seines Beckens meidet, war entsprechend groß.

Warum hatte ich mich in meiner Pilotstudie so geirrt? Wir Menschen haben im Verlauf der Evolution die Fähigkeit entwickelt, kleinste Veränderungen oder Bewegungen in unserer Umgebung wahrzunehmen. Bewegungen ziehen uns somit magisch an. Dies erklärt auch, warum man, obwohl man sich gerade angeregt unterhält, doch immer wieder zu einem laufenden Fernseher sieht. Unser Gehirn denkt in diesem Moment unbewusst: Uups, vielleicht ist da ja eine Gefahr oder ein Beutetier. Ganz ähnlich geht es einem Beobachter am Beckenrand eines Pools mit fünf Delfinen und acht Menschen. Das Auge springt in den 40 Minuten permanent von einer Interaktion zur nächsten, und am Ende hat man den Eindruck, dass die Delfine ständig in der Nähe der Menschen geschwommen sind. Eine Permutation ist für solche Beobachtungen blind, für sie existieren nur die realen Abstände zwischen jedem Delfin und jedem Menschen. Tatsächlich war meine späte Erkenntnis nur mit einer entsprechenden Statistik möglich. Der menschlichen Aufmerksamkeit hat sich die wahre Situation entzogen. Sie können sich sicher vorstellen, wie groß der Schock für mich war und wie nachhaltig diese Lehre bei mir wirkt. Wir Menschen müssen höllisch aufpassen, dass wir in tierischem Verhalten nicht etwas entdecken, das wir selbst in unseren Gedanken produziert haben.

Hinzu kam noch die Beobachtung, dass die Delfine versuchten, bei der Anwesenheit von Menschen tiefer zu tauchen und öfter Luft zu holen. Beide Parameter wurden gemeinsam mit der Position erfasst und sind Anzeichen für Stress.[291] Auch aus der schönen Hypothese mit dem Ultraschall ist nichts geworden, denn statistisch kamen auf jedes therapierte Kind 10 Sekunden Ultraschalltherapie.[292] Medizinische Ultraschallanwendung muss aber mindestens 10 bis 20 Minuten dauern, um eine Wirkung zu entfalten. Letztlich kam ich zu dem Schluss, dass bei der Delfintherapie eine

Wirkung durch den Ultraschall der Tiere ausgeschlossen werden muss. Hinzu kommt die Tatsache, dass die Tiere praktisch die ganze Zeit mit maximaler Leistung Ultraschall applizieren müssten. Versuchen Sie einmal, 10 Minuten lang zu schreien. Nach wenigen Sekunden versagt ihre Stimme, und bei Delfinen wäre das spätestens nach einer Minute auch nicht anders.

Delfintherapie: Betrug an Mensch und Tier

Dennoch wurde in den folgenden Jahren kräftig mit der Wirkung von Ultraschall Werbung gemacht. Allen voran behauptete der russische Arzt und Psychologe Dr. Victor Lysenko, dass er seine kleinen Patienten mit Ultraschall heilen würde. Irgendwann fragte mich meine Frau – sie hatte in der Zwischenzeit ein Aufbaustudium absolviert und arbeitete als Wissenschaftsjournalistin für den Hessischen Rundfunk –, ob wir nicht mal einen Fernsehbericht über den Betrug mit der Delfintherapie machen sollten. Ich war natürlich begeistert und wurde als Unterwasserkameramann in das Team eingeschleust. So begaben wir uns 2005 im Auftrag der Sendung *Abenteuer Erde* in die Türkei zu dem malerischen Ort Kas, und das erste Mal seit meiner Kindheit weinte ich mich am Abend in den Schlaf.

In dem Gehege wurden nicht nur Delfine für die Delfintherapie gehalten, sondern auch Belugawale. Sie gehören zu den wenigen Tieren, die eine echte Mimik besitzen, und ihr beweglicher Hals ermöglicht ihnen Bewegungen mit dem Kopf, die ein normaler Delfin nicht vollbringen kann. Hinzu kommen seine weiße Farbe und eine ausgesprochen ruhige Mentalität sowie ein unglaublich breites Spektrum an Rufen. Früher hielten die Seefahrer ihre Gesänge für die sagenumwobenen Lockrufe der Sirenen, und auch heute werden sie oft als Kanarienvögel der Meere bezeichnet.

Schon nach einem kurzen Blick auf die Tiere war mir klar, dass sie höchstens drei oder vier Jahre alt waren. Ihr Weiß war noch ein Grau, und in der Natur wären sie mindesten noch vier Jahre bei ih-

Belugawale besitzen eine echte Gesichtsmimik und können ihren Hals bewegen, um den Kopf zu drehen, dadurch erscheinen sie fast menschlich. Ihr großes Vokabular und ihre Ausdauer beim Vokalisieren haben ihnen den Spitznamen Kanarienvögel der Meere eingebracht. Außerdem ist der Beluga eines von bisher nur fünf Tierarten, die menschliche Sprache nachgeahmt haben.

rer Mutter geblieben. Ich hatte also Beluga-Kleinkinder vor mir. Ich war kurz zuvor mit einem russischen Umweltaktivisten in Kontakt gewesen und wusste daher, dass man die Jungtiere fängt, indem man die Mutter erschießt.

Als Kameramann ist man praktisch unsichtbar, man spielt keine bedeutende Rolle, denn letztlich ist man nur ausführender Arbeiter für den Journalisten. Auf diesem Niveau ist es leicht, Kontakte zu anderen Arbeitern zu knüpfen. In meinem Fall waren es die russischen Trainer. Schon nach wenigen Minuten in gebrochenem Englisch erzählten sie mir freimütig, dass die Tiere ihre Augen in der prallen Sonne nicht öffnen können und dass die Entzündungen permanent medikamentös behandelt werden. Sie erzählten mir auch, dass sie den Jungtieren nicht genügend Futter geben dürften, damit diese ihre isolierende Speckschicht nicht aufbauen können. Im Interview auf diese Aspekte angesprochen, wurde uns gesagt, dass es sich um ein wissenschaftliches Experiment handele und man wissen wolle, ob die Tiere, die normalerweise in der Arktis leben, sich an die Bedingungen im sommerlichen Mittelmeer anpassen könnten. Der Arzt hielt Belugas aufgrund ihres Aussehens und ihrer Mentalität für absolut geeignet für die Therapie.

Da schwamm ich nun mit all meinem Wissen und einer Unterwasserkamera in der Hand im auf 35 Grad Celsius aufgeheizten Wasser der Bucht von Kas und drückte mit tränenverschleiertem Blick die Aufnahmetaste. Ich versuchte mir vorzustellen, wie diese drei jungen, wunderschönen Tiere an einer Eiskante in ihrem natürlichen Habitat abtauchten, doch so richtig wollte mir das nicht gelingen, denn obwohl ich keinen Tauchanzug trug, war mir zu warm.

Kurze Zeit später wurde ich von dem Umweltabkommen ACCOBAMS[293] gebeten, die Anzahl von Walen und Delfinen in der Türkei zu recherchieren. Grund dafür war die illegale Einfuhr von acht Delfinen aus Japan. Die Tiere waren im Rahmen einer Treibjagd in der Bucht von Taiji gefangen worden. Die dort praktizierte brutale Methode der Delfinschlachtung ist vielen Menschen aus dem oscarprämierten Dokumentarfilm »Die Bucht« bekannt.[294] Die schönsten Tiere werden für Delfinarien aussortiert und in diesem Fall 2008 in die Türkei exportiert. Meine Recherche ergab, dass es in der Türkei keine Belugas mehr gab. Das Experiment war wohl nicht erfolgreich gewesen.

Der nächste Tag barg eine weitere Überraschung, denn nun sollte ich eine Therapie filmen. Das Ganze sah ausgesprochen professionell aus, denn es wurde schließlich nicht nur therapiert, sondern auch geforscht. Der Assistent des Arztes hatte dazu seinen Computer aufgebaut und ein Hydrophon, eine Art wasserdichtes Mikrofon, in das Becken gehängt. Auf dem Monitor verfolgte er nun konzentriert den Ultraschall der Delfine. Mit einem Handzeichen machte er dann den Trainer darauf aufmerksam, dass ein Delfin Ultraschall produzierte. Geschah dies im richtigen Moment und in der richtigen Position zu den kleinen Patienten, bekam der Delfin einen Fisch. Er hatte ja in diesem Moment, so glaubten es zumindest alle Anwesenden, den kleinen Patienten mit Ultraschall therapiert. Der russische Arzt behauptete sogar, dass sie die Frequenz des Ultraschalls beeinflussen und den Delfin nur für den positiv wirkenden Ultraschall belohnen. Was der Assistent nicht wusste, war, dass ich durch meine Kamera sehr genau sah, was seine komplizierten Kurven auf dem Monitor darstellten. Tatsächlich zeigten sie die Visualisierung der Delfinlaute, aber nur im hörbaren Bereich. Der angeblich heilende Ultraschall konnte mit seiner Apparatur weder aufgenommen noch ausgewertet werden. Alles war glatter Betrug.

Im Interview fragte meine Frau Katrin die Eltern des behinderten Kindes, was sie über die Therapiedelfine dächten und wie es den Tieren wohl gehe. Einhellig und mit Begeisterung sprachen sie sich dafür aus, dass die Tiere die Therapie gern durchführten und dass man dies doch offensichtlich sehen könne. Natürlich wussten sie nicht, dass die meisten Delfine in der Türkei Wildfänge waren und dass man sie im Schwarzen Meer aus ihren eigenen Familien herausgerissen hatte. Somit konnten sie sich natürlich auch nicht die Frage stellen, warum ein Delfin, der von Menschen seiner eigenen Familie beraubt wurde, einer menschlichen Familie mit Freude helfen sollte.

Im selben Jahr bekam ich eine schon fast verzweifelte Anfrage von einem großen deutschen Kinderhilfsverband. Sie rechneten mir vor, dass sie ein Jahr lang zehn Kinder mit Reittherapie versorgen oder ein Kind drei Wochen zur Delfintherapie schicken könnten. Sie baten mich daher, eine kurze, gut begründete Stellungnahme zu schreiben, denn sie wollten den betroffenen Familien nicht immer nur das Geldargument entgegenhalten. Angeregt durch diese Bitte, habe ich dann in dem Journal P&N, der Schweizer Zeitschrift für Psychiatrie und Neurologie, einen kritischen Artikel zur Delfintherapie veröffentlicht.[295] Ich verfolge die Forschung und die Veröffentlichungen in diesem Bereich auch heute noch, doch obwohl der Artikel nunmehr zehn Jahre alt ist, stehe ich nach wie vor zu seinen Kernaussagen.

Ohne an dieser Stelle auf die entsprechende Fachliteratur eingehen zu wollen, muss ich dennoch kurz erklären, warum ich diese Form der tiergestützten Therapie für Betrug an Mensch und Tier halte. Es steht außer Zweifel, dass Delfine keinen einzigen Vorteil aus ihrem Einsatz als Therapietiere ziehen können. Sie leben getrennt von ihren Familien und Freunden, sind ihrer Freiheit beraubt und in ihrer Reproduktion eingeschränkt. Sie leben meist in unnatürlichen Sozialstrukturen, haben dadurch oft Stress und werden in vielen Fällen sogar mit Psychopharmaka behandelt.[296] Infolge all dieser widrigen Umstände ist ihre Lebenserwartung geringer als im Freiland und die Nachzucht nicht nachhaltig. Ich habe diesen Zusammenhang im Mai 2013 in einer Bundestagsanhörung[297] vortragen dürfen, leider hat dies nicht zu besseren Haltungsbedingungen für die Tiere geführt.

Doch auch die betroffenen Familien werden betrogen, auch wenn diese es oft selbst nicht erkennen. Viele Familien nehmen zwar eine Verbesserung wahr, doch bisher ist es noch keinem Wissenschaftler gelungen, diese Verbesserung dem Einfluss der Delfine zuzuschreiben. Betrogen werden die Familien auch in vielen Informationsbroschüren, denn es werden völlig überzogene Erwartungshaltungen geweckt. So wirbt beispielsweise der oben schon erwähnte Verein in einer Broschüre unter der Überschrift »Erfolgreich behandelte Krankheitsbilder« damit, dass über 140 Krankheiten therapiert werden können. Eine der gelisteten und angeblich erfolgreich behandelten Krankheiten ist die Holoprosencephalie.[298] Dies ist eine sehr schwere, aber leider häufige Fehlbildung des Gesichts und des Vorderhirns. Obwohl etwa jeder hundertste Embryo von dieser Fehlbildung betroffen ist, wird nur etwa jedes zehntausendste Kind lebend geboren. Von diesen wenigen Kindern wiederum versterben die meisten im ersten Lebensjahr. Holoprosencephalie ist eine schreckliche Fehlbildung, und es gibt keine Heilung. Ein Verein, der mit einer erfolgreichen Behandlung dieser Krankheit wirbt, kann nur als unseriös bezeichnet werden.

Eine spaßige Ergänzung zu diesem Thema: Es gibt eine Veröffentlichung, bei der mit Gummidelfinen therapiert wurde. In den Ergebnissen konnte kein Unterschied zu echten Delfinen festgestellt werden.[299] Durchgeführt wurde diese Untersuchung von David Nathanson, einem der Erfinder der tiergestützten Therapie mit Delfinen (kurz DAT: dolphin assisted therapie).

Letztlich muss auch noch erwähnt werden, dass der internationale Dachverband für tiergestützt arbeitende Therapeuten[300] die

Delfintherapie nicht anerkennt. Einerseits lehnt der Verband die Therapie mit Wildtieren grundsätzlich ab, und andererseits kann sich durch die kurze Zeitspanne der Therapie der eigentliche Wirkmechanismus der tiergestützten Therapie überhaupt nicht entfalten. Dieser beruht auf gegenseitiger Interaktion und wachsendem Vertrauen. Bei der Delfintherapie interagiert aber der Delfin ausschließlich mit dem neben dem Therapeuten sitzenden Trainer, denn dieser hat die Pfeife, und jeder dritte Pfiff bedeutet einen Fisch und somit Nahrung. Rein formal ist die Therapie also eher eine spezielle Form der Delfinshow.

Warum sind wir von Delfinen so fasziniert?

Um uns Menschen besser zu verstehen, stelle ich mir gern vor, ich wäre ein Außerirdischer und würde versuchen, menschliches Verhalten zu interpretieren. Vielleicht lassen Sie sich kurz auf das Gedankenspiel ein und folgen mir in einen beliebigen Wald. Dort sind wir nun gut getarnt unterwegs und beobachten die Lebewesen auf diesem Planeten. Ein Lebewesen erregt in besonderem Maße unsere Aufmerksamkeit. Im Gegensatz zu allen anderen Tieren hat dieses Individuum erkannt, dass irgendetwas Unsichtbares Fußspuren in seiner direkten Umgebung hinterlässt. Offenkundig ist das Lebewesen vor uns zu logischen Schlüssen fähig. Auch hat es seine Körperoberfläche mit einem künstlichen Gewebe in verschiedenen Schichten bedeckt.

Kurze Zeit später entdecken wir sogar eine Art provisorische Unterkunft aus einem ähnlichen Gewebe. Natürlich sind wir fasziniert von diesem Lebewesen, und doch wundern wir uns auch, warum dieses offenkundig hochentwickelte Individuum keinen Kontakt zu seinen Artgenossen pflegt. Wir schlussfolgern daraus, dass diese bestimmte Art intelligent ist, aber als Einzelgänger lebt und vermutlich nur zur Reproduktion mit ihren Artgenossen zusammenkommt.

Sie ahnen es: Das Lebewesen war ein menschlicher Eremit, und wir als Außerirdische haben einen großen Fehler gemacht, als wir vom Verhalten dieses einzelnen Lebewesens auf die ganze Art geschlossen haben. Menschen leben ausgesprochen ungern allein, und der Lebensstil unseres Waldbewohners ist alles andere als repräsentativ.

Ungefähr so ergeht es uns Menschen, wenn wir das Verhalten von sogenannten solitären Delfinen betrachten. Diese suchen seit Menschengedenken immer wieder Kontakt zu uns und gehen manchmal sogar echte Freundschaften mit ihnen bekannten Schwimmern ein. Meist sind die Tiere aber gar nicht wählerisch und interagieren sowohl mit Fremden als auch mit ihnen bekannten Schwimmern. Das klingt alles wie ein schönes Märchen, denn endlich können wir ohne schlechtes Gewissen mit diesen Tieren zusammen im Wasser herumtollen und spielen. Leider hat die Realität eine Kehrseite, denn selten dauert diese Beziehung zwischen Mensch und Delfin länger als ein paar Jahre, und meist steht am Ende der Tod des Delfins.[301] Auf Youtube kann man unzählige Videos von solchen Tieren ansehen, und meist sind auch die Verletzungen, die von der Nähe zu uns Menschen herrühren, gut zu erkennen.[302]

In den Medien hört man davon nichts, zu schön sind die Geschichten von Delfinen, die sich friedlich mit Schwimmern im Wasser tummeln. In England gibt es meist zeitgleich mehrere Tiere mit dieser Lebensweise, und entsprechend oft sind sie in den Medien. Für die meist kleinen Fischerorte ist ein solcher Fall wie ein Lottogewinn, denn plötzlich kommen Touristen, und die bringen einen unerwarteten, aber sehr willkommenen Geldregen in die Gemeinde. Wer will da schon negative Schlagzeilen? Auch Journalisten wissen, dass positive Berichte mehr Menschen erreichen, und so ist die oben erwähnte Umfrage der BBC keine Überraschung.

Doch so ganz ist das Mysterium noch nicht geklärt, denn nicht nur Engländer sind von Delfinen begeistert. Ich selbst bin in der Mitte Deutschlands groß geworden, hatte noch nie etwas von solitär lebenden Delfinen gehört und wollte doch Delfinforscher werden.

Der Grund dafür war: Flipper. Flipper, der kluge Delfin und Le-

Griechische Münze; 2. Jh. v. Chr.

Knabe, auf einem Delfin reitend, Revers eines römischen Denarius, um 76 v. Chr.

bensretter in der Not. Freilich, damals wusste ich noch nicht, dass mindestens fünf Delfine mit ihrem Leben für Kinofilme und Serien bezahlen mussten. Einer der ehemaligen Trainer, Rick O Barry, ist heute ein scharfer Gegner der Delfinhaltung, und nach seinen eigenen Angaben hat sich ein Delfin in seinen Armen selbst umgebracht, indem er aufgehört hat zu atmen.[303] Wir Menschen könnten das nicht, auch wenn wir immer noch nicht wissen, warum.[304] Delfine können es, denn sie haben sich im Verlauf der Evolution an ein Leben im Wasser angepasst. Verfangen sie sich in einem

Fischernetz, so ersticken sie. Verfangen wir uns unter Wasser, so ertrinken wir, denn irgendwann können wir den Drang zum Atemholen nicht unterdrücken, und unsere Lunge füllt sich mit Wasser.

Begeisterung für Delfine gab es aber schon vor Flipper, und der älteste uns bekannte Nachweis stammt aus Griechenland. Angeblich wurde der Dichter Arion von Lesbos im 7. Jahrhundert v. Chr. von Matrosen ins Meer geworfen und von Delfinen gerettet.

Doch diese Anekdote ist kein Einzelfall und auch kein Mythos. Der bekannte Schweizer Gehirnforscher Giorgio Pilleri sammelte eine große Zahl vergleichbarer Anekdoten und beschäftigte sich über viele Jahrzehnten mit der Intelligenz von Delfinen. Um diese besser erforschen zu können, gründete er 1960 in Bern ein Delfinarium, das er 15 Jahre später aus ethischen Gründen wieder schloss.[305]

Ein bekannter Fall in der jüngeren Geschichte ereignete sich in der südlichen italienischen Adria. Dort fiel im August 2000 der 14-jährige Nichtschwimmer Davide Cece vom Boot seines Vaters und wurde von einem solitär lebenden Delfin namens Filippo gerettet.[306] Der Delfin lebte seit 1998 in der Nähe der Stadt Manfredonia, doch leider teilte er das Schicksal der meisten Delfine, die die Nähe zu uns Menschen suchen. Er starb am 6. August 2004 durch den Propeller eines Motorbootes.[307]

Können wir Delfine zu Haustieren machen?

Tatsächlich hat der Delfinforscher John Lilly in den siebziger Jahren des letzten Jahrhunderts versucht, mit einem Delfin als Haustier zu leben. Wie schon im Kapitel *Tieren Sprechen beibringen* beschrieben, flutete er eine Wohnung mit knietiefem Wasser und ließ Delfin und Mensch gemeinsam leben.[308] Doch da ihm mit diesem Versuch kein wissenschaftlicher Durchbruch gelang, wurden die Versuche eingestellt. Aus heutiger Sicht hat dieses Experiment aber eines sehr deutlich gezeigt: Mensch und Delfin leben in unterschiedlichen Habitaten, und ein Kompromiss ist für beide

Beteiligten nur Stress. Ich habe während meines Grundstudiums in Göttingen als Schwimmlehrer gearbeitet, und jeder mit einem vergleichbaren Job wird mir beipflichten, dass ein stundenlanges Stehen im Wasser, und dies möglicherweise über Tage und Wochen hinweg, extrem unangenehm ist.

Umgekehrt ist es auch für die Delfine ein Horror, unter solchen Bedingungen gehalten zu werden. In der freien Natur meiden die Tiere alle schmalen Durchgänge, und wild gefangene Delfine müssen in einem Delfinarium erst daran gewöhnt werden, durch Tore zu schwimmen. Grund dafür ist die Tatsache, dass Delfine an das offene Meer angepasst sind und nicht rückwärts schwimmen können. Schwimmen sie in eine Enge, so müssen sie genügend Platz haben, um eine Rolle machen und umkehren zu können.

Vor einiger Zeit stellte man mir nach einem Vortrag die Frage, ob man Delfine domestizieren kann. Damals ist mir klar geworden, wie wenig die Menschen über den Vorgang der Domestizierung wissen. Als Grundvoraussetzung kann man annehmen, dass Mensch und Tier einen Lebensraum teilen. Dann muss eine Selektion eingesetzt haben, in der Verhalten, das zu einem gemeinsamen Leben geführt hat, verstärkt wurde. Man ist sich heute gar nicht sicher, ob wir Menschen die Pflanzen und Tiere domestiziert haben oder umgekehrt. Könnten nicht auch Pflanzen Menschen benutzen, um ihre Samen zu verteilen? Ganz ähnlich könnte man auch die Situation mit Tieren betrachten, denn auch hier könnten sich die Tiere die Menschen ausgesucht haben, die sie am ehesten tolerierten. Das gemeinsame Leben schuf dann einen Vorteil für den Menschen. Wie dem auch sei: Eine Diskussion darüber ist müßig, denn beides ist möglich, und vermutlich hat beides gleichzeitig stattgefunden, wenn auch nicht bewusst.

Wichtig ist aber eines: Die Selektion muss Merkmale verstärkt haben, die ein gemeinsames Miteinander unterstützen. Dies bedeutet, dass die unterschiedlichen Arten weniger Angst voreinander hatten, in Kooperation gegangen sind und schließlich sogar aufeinander angewiesen waren. In jedem Fall hat dieser Prozess viele Generationen lang gedauert. Das klassische Beispiel ist natürlich der Hund, für den wir Menschen wichtige Sozialpartner sind und für den die körperliche Interaktion mit vertrauten Personen zu einem glücklichen Hundeleben gehören.

Delfine werden erst seit ungefähr 100 Jahren von Menschen gehalten. Bei einer mit dem Menschen vergleichbaren Geschlechtsreife von circa 13 Jahren können höchstens acht Generationen an dieser Domestizierung beteiligt sein. Dies ist Jahrhunderte von einer ersten kleinen durch Selektion erzeugten Anpassung an neue Lebensbedingungen und somit von einer Domestizierung entfernt. Hinzu kommt, dass die Realität ganz anders aussieht. Tatsächlich zeigte es sich, dass Tiere, die in Gefangenschaft geboren wurden, nur in Ausnahmefällen selbst Nachkommen aufziehen konnten. Gründe dafür sind das komplexe Sozialleben der Tiere und der begrenzte Raum in Delfinarien.[309]

Von einer Domestizierung kann also bei Delfinen gar keine Rede sein. Dies ist ganz ähnlich wie bei Elefanten, die wir Menschen vermutlich schon seit 5000 Jahren nutzen, aber immer noch nicht domestiziert haben. Nur mit großem medizinischem Aufwand und künstlicher Befruchtung sind Zoos überhaupt in der Lage, Elefantennachkommen zu erzeugen.[310] Darüber hinaus ist auch die Lebenserwartung auf Grund von Stress und Fettleibigkeit reduziert.[311] Die sogenannten Arbeitselefanten werden seit Jahrtausenden als Jungtiere von ihren wildlebenden Eltern getrennt. Die oben genannten Mechanismen einer Domestizierung finden also überhaupt nicht statt.

Muss der Traum vom Schwimmen mit Delfinen platzen?

Nein, weder der Traum vom Schwimmen mit Delfinen noch andere Formen der Interaktion mit Tieren müssen platzen. Im Gegenteil: Wir Menschen brauchen diese Interaktion, wir müssen Tieren begegnen und sie in all ihren Facetten erleben können. Nur so können sie für uns einen wahrnehmbaren Wert besitzen.

Die beste Alternative ist leider begrenzt, aber genau darin liegt der Vorteil. Die Wal- und Delfinbeobachtung von einem privaten Boot aus hat den großen Vorteil, dass sie nicht organisiert ist. Es gibt kein bestimmtes Gebiet, in dem sich die professionellen Boote um die Tiere drängeln. Mit ein bisschen Glück segelt man einfach in den Sonnenuntergang, und plötzlich hört man es vor dem Bug planschen. In so einem Moment gibt es die Möglichkeit einer ungewöhnlich innigen Begegnung. Man kann Sekunden oder vielleicht sogar eine Minute lang in nur einem Meter Entfernung in die Augen eines Delfins schauen, und er schaut zurück. Die Tiere nutzen den Druck des Bugs zum Surfen und suchen oft den direkten Blickkontakt mit den Seglern über ihnen. Drosselt man allerdings die Geschwindigkeit, um zu ihnen ins Wasser zu können, sind sie verschwunden. Es gibt aber auch wunderschöne Begegnungen unter Wasser, wenn Taucher oder Schwimmer Besuch von Delfinen bekommen. Bisher war noch jeder, den ich kenne, in einem solchen Moment verzaubert.

Eine weniger reale, aber zukunftsträchtige Variante ist das Schwimmen mit Gummiattrappen, die wir schon im Kapitel »Delfintherapie: Betrug an Mensch und Tier« kennengelernt haben. Genutzt wurden dazu sogenannte Animatronics, also mechanische Tiere. Diese Tiere werden heute beispielsweise in der Freilandforschung eingesetzt und mit Kameras ausgestattet. Sie helfen, näher an die Untersuchungstiere heranzukommen, und reduzieren die Störung durch die Forscher. Auch Hollywood hat eine Vielzahl von Kunsttieren eingesetzt, und vielleicht finden Sie auf diesem YouTube-Video[312] Ihren Lieblingsfilm. Auch wenn die Zoos davon nichts wissen wollen, irgendwann werden die Besucher lieber in ein großes Museum mit gut animierten Tieren gehen, um zwischen rasenden Dinosauriern zu lustwandeln oder mit Haien tauchen zu gehen. Vielleicht ist aber noch nicht mal das nötig, denn wahrscheinlich wird uns die virtuelle Realität schon bald im Wohnzimmer abholen.

Zweifelsfrei fehlt den beiden letzten Begegnungsformen die echte Interaktion mit einem Tier. Es wird aber mehr als ein einfaches Beobachten sein. Als Bestandteil dieser künstlichen Realität werden wir die Reaktionen der Tiere kaum von echten Reaktionen unterscheiden können. Es wird uns so gehen wie den Teilnehmern im ELIZA-Test, die vor 50 Jahren glaubten, mit einem echten Psychologen zu sprechen, obwohl die Antworten von einem Computerprogramm generiert worden waren.[313]

Außerdem müssen wir uns zügeln. Derzeit gibt es schätzungsweise noch 600 000 Große Tümmler,[314] also die Delfinart, die wir aus Delfinarien oder Kinofilmen kennen. Das sind weltweit weniger Delfine, als Düsseldorf Einwohner hat. Ganz ähnlich sieht es mit vielen anderen wildlebenden Tieren aus. Ihr Lebensraum wird immer kleiner, und die Populationen schrumpfen. Wenn wir sie dann noch stören, fehlt ihnen Zeit, um sich beispielsweise Nahrung zu beschaffen.[315] Mit Ausnahme von gut organisiertem Whale-Watching möchte ich daher von allen kommerziellen Angeboten abraten.[316]

Ein künstlicher sogenannter Animatronic Dolphin, wie er auch in der Delfintherapie eingesetzt wird.

10. Die wilden Tiere

Die Begegnungen mit Wildtieren und die Interaktion, die in diesem Moment entsteht, sind für mich so ziemlich das Interessanteste, was es überhaupt gibt. Es begegnen sich zwei völlig fremde Wesen, und in erster Linie dreht sich alles um Vertrauen. Die folgenden Beispiele sollen aber zeigen, wie weit das allgemeine Verständnis von wildlebenden Tieren von der Realität abweicht und wie dringend wir unser Perspektive aktualisieren müssen.

Haie

Es gibt zwei Tiere im Meer, die es den Medien und den Menschen wirklich angetan haben. Das eine ist der Delfin, und das andere ist der Hai. Schon von frühester Kindheit an werden wir mit einer archetypischen Vorstellung dieser Tiere versorgt. Meine Söhne haben unzählige Bücher, in denen es liebe Delfine gibt. Dem gegenüber stehen genauso viele Bücher, die von bösen Haien handeln. Freilich, dem Delfin sieht man durch sein Lächeln schon seine Freundlichkeit an. Ganz anders sieht es bei einem Hai aus. Öffnet er sein Maul, zeigt er sein sogenanntes Revolverzahngebiss, und man kann sich leicht vorstellen, was die messerscharfen Zähne mit einem menschlichen Schenkel anstellen können. Doch wie Sie sicher wissen, ist das Lächeln des Delfins kein Lächeln, denn seine Physiognomie ist ihm angeboren und wurde ihm somit in die Wiege gelegt. Außerdem haben Delfine überhaupt keine Mimik, und wenn man mit ihnen in Kommunikation treten will, muss man sich ihren ganzen Körper ansehen.

Wer das nicht weiß, den verblüfft die folgende Tatsache mindestens genauso. Das geöffnete Maul beim Hai will uns nämlich nicht sagen: Ich werde dich gleich fressen. Im Gegenteil: Er will uns gar nichts sagen, denn genau genommen will er nur atmen. Fische, egal ob Knorpelfische (Haie und Rochen) oder Knochenfische (Forelle, Dorsch, Karpfen usw.), müssen zum Atmen ihren Mund geöffnet halten, damit das Wasser, aus dem sie ihren Sauerstoff beziehen, durch den Mund hinein- und aus den Kiemenspalten wieder hinausfließen kann. Schließt ein Hai hingegen sein Maul, dann hält er im übertragenen Sinne die Luft an. Wir tun dies unbewusst bei Anspannung oder Schreck auch, und jeder kennt das Gefühl, dass er einen Kloß im Hals hat. Bei Haien ist dies nicht anders: Sind sie angespannt, schließen sie ihr Maul. Im Gegensatz zu uns haben sie aber einen guten Grund, denn so schützen sie ihre empfindlichen Kiemen. Möglicherweise stammt unser Reflex, die Luft anzuhalten, sogar vom Verhalten der Fische ab. In jedem Fall sollten wir uns über einen Hai mit geschlossenem Maul mehr Sorgen machen als über einen Hai, der seine Zähne fletscht.

Bei meiner Recherche stieß ich auf folgendes Zitat: ***Haie sind die harmlosesten Großraubtiere auf dem Planeten!*** Vielleicht haben Sie schon einmal gehört, dass die meisten Haiangriffe verhältnismäßig glimpflich ausgehen. Die Tiere machen einen sogenannten Testbiss, stellen fest, dass wir nicht schmecken, und stecken uns in die Kategorie »Passt nicht in mein Beuteschema«. Der Rest der potentiellen Mahlzeit wird dann verschmäht. Dies ist ein im Verlauf der Evolution entstandenes überaus sinnvolles Verhalten, denn was wir nicht kennen, könnte uns Probleme bereiten, und daher empfinden wir solche Nahrung als nicht schmeckend. So steuert die Biologie sinnvolles Verhalten. Raubtiere sind daher oft sehr wählerisch mit ihrer Beute, und ihr Verhalten ist durch Selektion an ihre Beutetiere angepasst. Manchmal kann ein solches Verhalten sogar intelligent aussehen, aber das ist es in den allermeisten Fällen nicht.

Haie beispielsweise schwimmen ihre Beute immer von hinten an und haben eine klare Vorstellung von dem möglichen Sichtfeld ihres Opfers. Sowohl ihr Verhalten als auch ihre Einschätzung des Sichtfeldes haben sich im Verlauf der Evolution optimiert.

Nun hat man aber beobachtet, dass Haie das menschliche Sichtfeld ausgesprochen gut beurteilen können. Dies ist insofern überraschend, als Haie Menschen erst seit etwa 50 Jahren im Wasser vermehrt begegnen und eine Anpassung durch Selektion praktisch ausgeschlossen ist. Haie müssen somit dazu in der Lage sein, anhand unserer Reaktionen unser Gesichtsfeld abzuleiten. Hochentwickelte Raubtiere[317] und Primaten[318] können das, aber so primitive Lebewesen wie Haie?

Der bekannte Haiforscher Erich Ritter[319] hat ein entsprechendes Experiment[320] durchgeführt, und siehe da: Ganz so primitiv, wie wir dachten, sind sie also gar nicht! Seine Empfehlung an Taucher, die sich bedroht fühlen, lautet daher folgendermaßen: Stellt euch aufwärts/vertikal Bauch an Bauch und schaut euch gegenseitig über die Schulter. Ihr könnt euch dann gegenseitig ansehen und beruhigen, aber habt gleichzeitig alles im Blick. Der Hai, egal, von wo er kommt, fühlt sich immer angesehen. Unter diesen Umständen hält Ritter einen Haiangriff für praktisch ausgeschlossen. Vielleicht ahnen Sie es schon, das Zitat mit dem ungefährlichen Raubtier stammt von ihm. Doch damit Haie auch für Sie zu ungefährlichen Raubtieren werden, müssen wir uns die »Tierchen« noch etwas genauer anschauen.

Im Kapitel »Persönlichkeit« haben Sie schon erfahren, dass viele Tiere unterschiedliche Charaktere haben und dass dieses Unterschiedlichsein große ökologische Bedeutung hat. Es ist daher also keine Überraschung, dass man auch bei Haien unterschiedliche Persönlichkeiten entdeckt hat. Eine Form, wie man dies darstellen kann, ist die Art, wie man sein Sozialleben führt. So konnte gezeigt werden, dass einige Zitronenhaie (*Negaprion brevirostris*) lieber mit Freunden abhängen und andere nicht.[321] Ganz ähnliche soziale Präferenzen wurden auch bei weiblichen Bullenhaien (*Carcharhinus leucas*) beobachtet.[322] Von Ratten wissen wir beispielsweise, dass einige gern lachen und sich lieber mit denen zusammen gesellen, die auch gern lachen (dazu mehr im Kapitel »Tiere im Labor«). Allein die Tatsache, dass Haie so etwas wie Präferenzen zu bestimmten anderen Tieren haben, ist schwer zu glauben. Vor gut 10 Jahren war es eine Sensation, als man bei Delfinen ein

Netzwerk mit individuellen Präferenzen belegen konnte.[323] Der menschliche Begriff für eine solche Beobachtung ist Freundschaft. Einzelne Haie empfinden also Zuneigung zu bestimmten anderen Individuen und pflegen Freundschaften – ungeheuerlich. Ich wäre nicht überrascht, wenn irgendwann ein Forscher bei freundschaftlich verbundenen Haien eine höhere Isotocinkonzentration (siehe: »Wie wir fühlen«) feststellen würde. In diesem Fall hätten wir wieder ein schönes Beispiel dafür, wie Gefühle unser Verhalten und eben auch das Verhalten von Haien steuern.

Vielleicht fragen Sie sich auch, wie sich Haie überhaupt erkennen. Ganz ähnlich wie auch viele andere Tiere haben Haie individuelle Kennzeichen. Diese werden beispielsweise von uns Menschen genutzt, um einzelne Tiere zu erkennen. Viele Forscher führen sogar riesige Foto-ID-Kataloge von ihren Beobachtungstieren. Ganz ähnlich erkennen Buntbarsche andere am Gesicht und differenzieren zwischen bekannten und unbekannten Tieren.[324]

Im Kapitel »Kultur und Imitation« haben wir bereits erfahren, dass das Lernen durch Imitation eine besondere kognitive Leistung ist. Vielleicht können Sie sich vorstellen, wie überrascht ich war, als ich erfahren habe, dass auch Zitronenhaie zu sozialem Lernen durch Imitation fähig sind.[325] Vermutlich könnte ich mit etwas mehr Recherche unzählige weitere spannende Aspekte über die kognitiven Fähigkeiten von Haien präsentieren, doch vielleicht interessiert es Sie mehr, wie Sie mit einem Hai Missverständnisse vermeiden können.

Erich Ritter hat mir dazu einige Tipps gegeben. Er muss es wissen, denn schließlich gibt er in seinem Shark Education and Research Center (SERC) Seminare für konfliktfreie Begegnungen mit Haien.[326] Ich muss allerdings gestehen, dass ich als Vater Gänsehaut bekam, als ich erfuhr, dass er auch Kinderkurse gibt. Letztlich spricht aber auch dies für sich. Hier die Tipps:

1. Nicht ins Wasser gehen, wo geangelt wird. Fische, die auf einen Angelhaken gebissen haben, leiden große Schmerzen.[327] In einer solchen Stresssituation werden Hormone ausgeschüttet, die für Haie wahrnehmbar sind. Außerdem verlieren die verletzten Tiere Schuppen und Kot. Für Haie pro-

duziert dies einen verlockenden Geruchskorridor. Haben Haie eine solche Spur aufgenommen, signalisieren ihre Sinne eindeutig ein Beutetier. Befindet sich ein planschender Schwimmer in diesem Geruchskorridor, besteht das Risiko, dass er gebissen wird. Haie sind vorsichtige Tiere, aber wenn ihre Nase und die Wahrnehmung von Vibrationen eindeutig für Beute sprechen, ist das Aussehen Nebensache.

2. Schwimmer sind gefährdeter als Taucher, denn an die Oberfläche kommen meist nur verletzte Tiere. Wenn dann auch noch wild geplanscht wird, vermutet ein Hai ein verletztes Tier. Auch in diesem Fall besteht das Risiko, gebissen zu werden.
3. Nimmt man einen Hai wahr, sollte man sofort mit der Aktivität aufhören, sich gerade ins Wasser stellen und die Füße nicht mehr bewegen. Sich bewegende Füße kreieren Wasserdruck, etwas, das den Hai weiter anlocken kann.
4. Wird man von einem Hai umkreist, sollte man ihn permanent anblicken und sich mit minimalen Armbewegungen mit ihm mitdrehen. Der Hai zeigt in diesem Moment lediglich Interesse. Die Situation ist völlig ungefährlich, und man sollte den seltenen Moment der Begegnung genießen. Diese Strategie entspricht auch der der Runa in Südamerika und deckt sich mit den Empfehlungen, die sich aus dem Perspektivismus von Eduardo Kohn ableiten (siehe das Kapitel »Ein Perspektivwechsel«).
5. Dauern die Umkreisungen länger als drei oder vier Minuten und nehmen die Maulschließungen zu, könnte ein Angriff bevorstehen. Dann hilft nur eines: Man muss auf den Hai zuschwimmen (auch wenn es schwerfällt). Dieses Verhalten zeigt deutlich, dass man keine Beute ist. Immerhin ist auch ein Mensch ein recht großes Tier, und das Verletzungsrisiko durch einen unbekannten Gegner kann sehr hoch sein. Kommt der Hai sehr nah, kann man versuchen, Wasser gegen die Kiemen zu drücken oder gar die Kiemen zu berühren. Wann immer Haie einander verletzen oder gar töten wollen, beißen sie einander in die Kiemen. Der Hai weiß

zwar nicht, was ein Mensch ist, aber das Signal wird er verstehen und entsprechend reagieren.

6. Konnte sich ein Hai aber unbemerkt annähern und hat zugebissen, darf man den betroffenen Körperteil auf keinen Fall wegziehen. Man kann mit hundertprozentiger Sicherheit davon ausgehen, dass die Tiere wieder loslassen. In diesem Fall bleiben nur ein paar Stichwunden durch die scharfen Zähne. Reißt man hingegen das Bein oder den Arm weg, hält der Hai dagegen und reißt das Stück Fleisch ab. Bis hierher muss man schon Nerven wie Stahlseile haben, doch nun beginnt die eigentliche Herausforderung. Sie müssen nämlich aus eigener Kraft aus dem Wasser herauskommen. Der Hai hat sich durch seinen Testbiss schon davon überzeugt, dass sie keine Nahrung sind, und wird keinen erneuten Angriff starten. Kommt nun allerdings Hilfe, ist es sehr wahrscheinlich, dass der Hai seinen Besitz verteidigt (Claim Response), und dann gibt es nicht nur einen Verletzten.
7. In keinem Fall sollte man versuchen, hektisch davonzuschwimmen. Haie sind im Zweifelsfall sowieso schneller. Das Hauptproblem ist aber, dass ein Wegschwimmen dem Hai signalisiert, dass man Beute ist, und dies muss unter allen, wirklich allen Umständen vermieden werden.

Hält man sich an diese Regeln, wird man zu 99,999 Prozent die Begegnung mit einem potentiell extrem gefährlichen Raubtier überleben und kann sie vielleicht sogar genießen. Diese Gewissheit gibt es, so Erich Ritter, bei keinem anderen Raubtier. Wer mir nicht glaubt – was ich gut verstehen kann, denn ich kann es ja selbst kaum glauben –, dem empfehle ich einen Hai-Kurs bei Herrn Ritter. Seine Ratschläge beruhen auf der Auswertung von Hunderten Haiangriffen. Wer sich für die Originalquelle interessiert, der findet viele Daten beim Shark Accident Victim Network[328] und beim Shark Research Institute.[329]

In meinem Buch »Persönlichkeitsrechte für Tiere«[330] gehe ich sehr detailliert auf einen Fall ein, bei dem ein Delfin einen Taucher um Hilfe bittet.[331] Ich habe dieses Beispiel gewählt, um zu zeigen, dass Delfine ein Konzept von anderen haben. Mit dieser Theorie

Wie viel Kuscheltier steckt im Hai?

of Mind (siehe das Kapitel »Mitgefühl«) sind sie dazu in der Lage, zu verstehen, ob beispielsweise ein Mensch ihnen helfen kann. Nun gibt es immer wieder Beispiele, dass Tiere Menschen darum bitten, ihnen zu helfen. Meist sind es aber entweder junge Tiere oder Tiere, die in irgendeiner Form an den Menschen gewöhnt sind. Die Tiere kommen zu uns, weil sie mit uns positive Erfahrungen gemacht haben. Mit dem obengenannten Delfin war es etwas anderes, denn er kam zu den Tauchern, ohne jemals gefüttert worden zu sein oder normalerweise die Nähe von Menschen zu suchen.

Nun gibt es verschiedene Videos von Haien, in denen praktisch genau das Gleiche wie bei unserem Delfin beobachtet werden kann. Einmal hat ein Hai einen Angelhaken im Maul[332], oder er hat sich in einer Leine verheddert.[333] In beiden Fällen schwimmen die Haie um die Menschen herum und erwecken den Eindruck, um Hilfe zu bitten. Die Taucher greifen die Tiere in die Seite oder an die Rückenflossen, und die Tiere lassen sich in Ruhe von ihrem Problem befreien, ganz so, als wüssten sie, dass ihnen geholfen wird.

So gern ich auch Haien so komplexe kognitive Fähigkeiten zutrauen möchte, ich glaube tatsächlich, dass dieses Verhalten keineswegs etwas mit höheren kognitiven Fähigkeiten wie einer Theory of Mind zu tun hat. Viele Tiere zeigen ein Verhalten, das danach aussieht, als würden sie uns um Hilfe bitten.[334] Doch die meisten Tiere sind angefüttert und an den Menschen gewöhnt. Die Haie schwimmen beispielsweise – egal, ob mit oder ohne Angelhaken – um die Taucher herum, weil sie von diesen gefüttert werden. Mit einem geschickten Griff ist es in diesem Moment möglich, den sogenannten Reptilienreflex (Tonic immobility) auszulösen. Diese Starre ist bei Haien weit verbreitet und wird überall auf der Welt von Tierärzten in Aquarien angewandt, um medizinische Behandlungen ohne Medikamente oder größeren Aufwand durchführen zu können.[335]

Auch könnte es sein, dass Menschenfinger vom Hai als Putzerfische wahrgenommen werden. Diese Tiere leben mit den Haien und anderen großen Fischen in Symbiose, denn der Hai profitiert von ihnen als Parasitenjäger, und die Putzerfische wiederum haben einen gedeckten Tisch, der ihnen immer wieder vor die Nase schwimmt. In einer Untersuchung konnte gezeigt werden, dass die Berührung durch die Putzerfische den Cortisolspiegel der großen Fische senkt und diese dadurch ruhiger werden.[336] Zunutze machen sich dies die Putzerfische, die besser arbeiten können, wenn ihre große Kundschaft nicht nervös herumzappelt.

Für mich stehen diese Aufnahmen somit nicht für die Intelligenz der Haie. Aber ich freue mich über die Menschen, die trotz zweifelsfrei vorhandenen Respekts und vielleicht sogar Angst den Tieren helfen. Diese Handlungen stehen in diametralem Gegensatz zu dem, was wir als Menschheit den Haien antun. Neben der Tatsache, dass wir die Tiere in unserer Kultur seit Jahrzehnten verteufeln, hat die Fischerei viele Arten an den Rand der Ausrottung gebracht. Einerseits verfangen sich unzählige Tiere als unbeabsichtigter Beifang in Fischernetzen, und auf der anderen Seite gelten ihre Flossen als Delikatesse. Letzteres hat dazu geführt, dass Haie gefangen werden und dass man ihnen bei lebendigem Leib die Flossen abschneidet, um sie dann immer noch lebend zurück ins Wasser zu werfen. Dort verenden sie dann qualvoll an den tödlichen Verletzungen. Diese Praxis wird als Shark-Finning bezeichnet und wurde zumindest von der Europäischen Union 2013 durch eine bessere Überwachung eines schon seit längerem eingeführten Verbotes durchgesetzt.[337] Doch die europäische Flotte ist nur eine von vielen, und so wurde die Zahl der Haie so dramatisch reduziert, dass man schon heute eine Begegnung mit ihnen als seltenes Naturerlebnis ansehen kann.

Obwohl internationale Abkommen wie die Bonner Konvention einige Arten unter Schutz gestellt haben und das Cites-Abkommen den Handel mit Produkten vieler Haiarten verbietet, bleibt die Bedrohung präsent. Viele Ökologen warnen vor den dramatischen Folgen, die damit verbunden sind, Raubtiere vom Ende der Nahrungskette aus dem Ökosystem zu entfernen. Dabei geht es nicht nur um den Verlust der Biodiversität, sondern um die Auswirkung auf das gesamte Ökosystem, in dem ein wesentlicher Bestandteil fehlt. Das Mittelmeer mit seinen giftigen Algenblüten oder Quallenplagen ist ein gutes Beispiel für ein aus dem Gleichgewicht geratenes marines Ökosystem.

Nach so viel Meer und »ungefährlichen«, aber zähnefletschenden Großraubtieren kommen wir zurück in unsere Heimat und begegnen einem wildlebenden Tier, das praktisch hinter jeder Ecke auf uns warten kann.

Tauben

Die uns so vertraute Taube ist eigentlich gar kein Wildtier, sondern ein sogenanntes »Nutztier«. Aber da fängt das Missverständnis schon an, denn Tauben sind laut Hessischem Verwaltungsgerichtshof Schädlinge.[338] Bitte verzeihen Sie mir, wenn ich nicht weiter auf dieses menschengemachte Paradox eingehe. Unabhängig davon sind Tauben aber faszinierende Tiere, die es verdient haben, von uns besser verstanden und auch geschätzt zu werden.

Die Haustaube (*Columba livia f. domestica*) ist eine vor circa 10 000 Jahren domestizierte Felsentaube (*Columba livia*) und vermutlich die älteste domestizierte Vogelart.[339] Schon früh machte man sich ihre unglaubliche Orientierungsfähigkeit zunutze, nahm sie mit auf Reisen und ließ sie als Brieftaube zurück nach Hause fliegen. Doch ihre Fähigkeiten gehen weit über die Navigation hinaus, und so sollten sie im Zweiten Weltkrieg Raketen steuern[340], und noch in den 1980er Jahren unternahm man Versuche, sie bei der Seenotrettung einzusetzen, weil sie vom Flugzeug aus besser Opfer identifizierten als die menschlichen Beobachter.[341] Es ist übrigens immer noch ein Rätsel, warum sich Tauben, obwohl sie keine Zugvögel sind, so gut orientieren können.[342]

Eines Tages rief meine Mutter mich ganz aufgeregt an und erzählte mir, dass sich das Taubenpärchen, das unter ihrem Vordach lebte, gestritten habe und seit zwei Tagen nicht mehr miteinander kuscheln würde. In der Nacht saßen die beiden Tiere normalerweise direkt nebeneinander, doch nun schien etwas sie zu entzweien. Kann es sein, dass dieses Taubenpaar Beziehungsprobleme hatte?

Schauen wir uns dazu die kognitiven Fähigkeiten der Tiere etwas genauer an. Wir wissen beispielsweise, dass Tauben ein beachtliches Gedächtnis haben und sich mehrere 100 unterschiedliche Bilder merken können.[343] Darüber hinaus sind sie dazu in der Lage, menschliche Gesichter einem Geschlecht zuzuordnen,[344] sie können dies sogar mit völlig neuen Bildern.[345] Auch können sie entscheiden, ob etwas gleich oder unterschiedlich ist, und sind

Tauben unter dem Vordach meiner Mutter. Ein Liebespaar mit Beziehungsproblemen?

somit in der Lage, zu abstrahieren. Seit mehr als zehn Jahren wissen wir auch, dass die Tiere eine beeindruckende Problemlösungskompetenz haben und ihre Ziele mit innovativen Ideen erreichen. Mehr noch, das so erlangte Wissen wird untereinander weitergegeben und somit sozial durch Imitation gelernt.[346] Bedenkt man die unglaublichen kognitiven Fähigkeiten von Ratten, dann ist die abwertende Bezeichnung für Tauben als »Ratten der Lüfte« eigentlich ein Kompliment. Sowohl Ratten als auch Tauben sind kognitiv extrem hochentwickelte Tiere und können sich daher auch den von uns geschaffenen neuen und sich stetig verändernden Umweltbedingungen ausgezeichnet anpassen.

Doch ist es unter diesen Bedingungen plausibel, darüber zu spekulieren, ob zwei Tiere Beziehungsprobleme haben? Wir haben im Kapitel »Liebe« erfahren, welche Mechanismen für die Bindung in einer Beziehung und auch für die Aufrechterhaltung einer Beziehung nötig sind. Zweifelsfrei empfinden die Vögel in ihrer Beziehung genauso wie wir, denn die neuronale und biochemische Grundlage ist, wie wir bereits wissen, vergleichbar. Doch eine Beziehung ist für uns Menschen weit mehr, denn sie kann beispielsweise durch Missverständnisse oder unterschiedliche Einstellungen getrübt werden.

Die Frage ist nun: Können wir uns auf Grundlage der Erkenntnisse zu den kognitiven Fähigkeiten von Tauben vorstellen, dass dies auch für die Tiere unter dem Vordach meiner Mutter gilt? Ich denke, ja. Wir reden über Tiere mit Persönlichkeit, einem guten Gedächtnis, der Fähigkeit zum abstrakten Denken, mit Problemlösungskompetenz und gegenseitigem Lernen. In dieser Konstellation ist es absolut denkbar, über eine unterschiedliche Auffassung in Streit zu geraten und eine Beziehungskrise zu haben. In dem Moment, in dem ich dies schreibe, frage ich mich allerdings selbst, ob die Tiere auch dazu in der Lage sind, über ihre Beziehungsprobleme nachzudenken. Dem Internet sei Dank, ist eine entsprechende Veröffentlichung fünf Sekunden später auf meinem Display. Tatsächlich gibt es ein Experiment, bei dem eine Form der Metakognition, nämlich die Suche nach zusätzlichen Informationen, bei Tauben belegt werden konnte.[347]

Wenn ein Tier eine Entscheidung auf Grundlage seiner bestehenden Kenntnisse nicht treffen kann, aber die Möglichkeit bekommt, zusätzliche Informationen abzufragen, dann wird ein Tier mit Metakognition dies tun. Es ist sich seines begrenzten eigenen Wissens bewusst und bestrebt, dieses Wissen zu vergrößern, um die Aufgabe korrekt zu lösen. Natürlich darf man sich fragen, ob es einen Unterschied zwischen dem Reflektieren über die eigene Beziehung oder über das eigene Wissen gibt. Aber solange mir niemand beweist, dass es einen Unterschied zwischen diesen beiden Arten gibt, ist das für mich eins.

Wissen wir also hundertprozentig, dass die beiden Tauben Beziehungsproblemen hatten? Nein! Ist es nach allem, was wir über die Tiere wissen, plausibel? Ein klares Ja!

Nach all dem hier präsentierten Wissen war ich schon fast so weit, zu schreiben, dass die Tiere als Brieftauben genutzt werden können, weil sie so schnell wie möglich zu ihrem Partner zurückmöchten. Bei Delfinen macht man sich diesen Trick zunutze. Auf den Bahamas gibt es beispielsweise eine Firma, die ihre gefangenen Delfine aus dem Gehege freilässt, um mit ihnen Schwimmprogramme im offenen Meer durchzuführen. Die Betreiber kämen allerdings niemals auf die Idee, befreundete Tiere mit hinauszunehmen. Die jeweils befreundeten Tiere bleiben in dem Gehege und sorgen so dafür, dass die anderen wieder zurückkommen.

Allerdings war ich mir nicht sicher, ob dies auch auf Tauben zutrifft. Also rief ich kurzerhand beim Verband Deutscher Brieftaubenzüchter an und wollte wissen, ob die Tiere zu ihrem vertrauten Areal, zu ihrem sozialen Netzwerk oder zu ihrem Partner zurückfliegen, doch niemand konnte mir diese Frage beantworten. Das war für mich überraschend, denn im vergangenen Jahrzehnt gab es dank miniaturisierter GPS-Logger eine wahre Flut an Veröffentlichungen darüber, wie eine Taube zurückfindet und wie man diese Fähigkeit optimieren kann. Noch dazu sind Tauben, wie wir schon erfahren haben, beliebte Versuchstiere in der Kognitionsforschung.

Auch meine Nachfragen bei der Abteilung Biopsychologie an der Ruhr-Universität Bochum, die einen internationalen Ruf für ihre Experimente zur Kognition mit Tauben hat, sowie bei der Arbeitsgruppe Neurosensorik an der Universität Oldenburg, blieben zunächst ohne Ergebnisse.

Schließlich rief mich jedoch der Leiter der Oldenburger Arbeitsgruppe Professor Mouritsen zurück. Ich wiederholte meine Frage, und er beantwortete sie ganz lapidar: »Sie kommen zu einer gesicherten Futterquelle zurück.« Ich erwiderte, dass die Fütterung durch uns Menschen sich ja erst im Verlauf der Domestizierung etabliert habe, sich aber die Fähigkeit des Zurückfindens im Verlauf der Evolution entwickelt habe und somit die Motivation nichts mit der Fütterung zu tun haben könne. »Das mag schon sein, aber Heimat bedeutet auch bekannte Futterquellen«, antwortete Professor Mouritsen, »und man kann Tauben verkaufen. Bereits nach kurzer Gewöhnung können die Käufer die Tiere wieder einsetzen.« Hätte ich recht, und die Partnerschaft oder das soziale Netzwerk wären entscheidend, dann würden die Tauben sofort in ihre ursprüngliche Heimat zurückfliegen, und der Verkäufer hätte seine Tauben zurück. Dies wäre kein nachhaltiges Geschäftsmodell – und damit hatte er mich. Auch ohne komplexen Versuch war meine Frage allein mit Logik und gesundem Menschverstand beantwortet.

Etwas peinlich berührt, versuchte ich, meinen Standpunkt mit meiner Erfahrung zu begründen, und sprach von verschiedenen Tierarten, bei denen man mit detaillierten Analysen des sozialen Netzwerkes gut zeigen konnte, dass die Tiere tatsächlich bestimmten Sozialpartnern gegenüber Präferenzen haben und motiviert sind, mit diesen zusammen zu sein. Er antwortete daraufhin: »Da müssen Sie aber aufpassen, dass Sie nicht vermenschlichen, die meisten Tiere funktionieren doch einfacher, als man denkt, und in erster Linie bestimmen das Futter und der Durst das Verhalten bei Tieren.« Auch wenn ich durchaus der Meinung bin, dass es unter bestimmten Umständen richtig ist, Tiere zu vermenschlichen, gebe ich Professor Mouritsen recht: Man darf Vergleiche eben nur ziehen, wenn man weiß, dass etwas wirklich vergleichbar ist.

Dennoch ließ mir das Thema keine Ruhe, und ich recherchierte weiter. In einer Veröffentlichung, die sich mit dem Navigationserfolg unterschiedlicher Gruppenzusammenstellungen und der Performance einzelner Tiere beschäftigte, fand ich einen interessanten Hinweis: »Pair flights with the mated partner exhibit the poorest performance.«[348] Demnach sind also Tauben, die in einer monogamen Beziehung leben und gemeinsam in ihre Heimat zurückfliegen sollen, weniger effizient als alle anderen Gruppenkonstellationen und Einzeltiere. Ihre Motivation, zurückzukommen, ist offenkundig geringer, und vielleicht habe ich ja doch ein bisschen recht, und die beiden genügen sich selbst. Doch was passiert, wenn man Paare trennt? Fliegen die verpaarten Weibchen schneller zurück als die Soloweibchen? Das wäre zumindest eine schöne Bestätigung für meine These. In der Untersuchung waren allerdings die Soloweibchen ein bisschen schneller, und so müssen wir wohl damit leben, dass wir eben nicht alles wissen und viele Ergebnisse widersprüchlich sind.

Jagdwild

Es ist 21:30 Uhr am 4. Mai 2018, ich sitze in einer kleinen Pension in einem etwas verschlafenen Örtchen namens Mallnitz inmitten der Österreichischen Alpen. Der Nationalpark Hohe Tauern hatte mich zu einem Tagesseminar mit dem Titel »Clever – Die Intelligenz von Wildtieren« eingeladen. Der Nationalpark ist praktisch vollständig in Privatbesitz, und die Jäger, die auf ihrem eigenen oder auf gepachtetem Land jagen, haben ein großes Mitspracherecht, und so wurde die Veranstaltung von der Bildungsplattform der Kärntner Jägerschaft getragen. Ich referierte also in einem Saal voller Jäger, für mich eine völlig neue Erfahrung.

Es gibt natürlich keinen Zweifel, warum sich Jäger für die Intelligenz von Tieren interessieren. Sie werden immer wieder mit deren Intelligenz konfrontiert, und einer der Vorträge stand sogar unter dem Motto »Warum Wild so viel vom Jäger lernt, aber Jäger so wenig vom Wild lernen«. In diesem Vortrag prangerten zwei Bogenjäger an, dass die normalen Jäger dank neuester Technik immer bequemer werden und sich immer weniger mit der Natur beschäftigen, die Tiere hingegen die Wirkung der neuen Technik schnell durchschauen und Gegenmaßnahmen ergreifen.

Ich erfuhr aber auch ausgesprochen lustige Dinge. So tarnen sich kluge Jäger, wenn sie von einem Anstand zum nächsten gehen, als Wanderer, indem sie laut mit sich selber sprechen. Das zeigt, dass die Tiere die Fähigkeit besitzen, uns Zweibeiner deutlich differenzieren zu können, ein Verhalten, das man leicht mit Konditionierung erklären kann. Doch der Tag wurde noch viel interessanter.

Sie kennen ja bereits meine Grundeinstellung zu Tieren und ahnen, dass die Freude an der Jagd und am Töten außerhalb meiner Vorstellungskraft liegt. Vielleicht fragen Sie sich auch, warum ich überhaupt an einer Veranstaltung für Jäger teilnehme, noch dazu als Referent? Dafür gibt es zwei Gründe. Zum einen habe ich nicht die geringste Ahnung von der Jagd und von Jägern, und so hat eine solche Veranstaltung für mich einen großen Wert, denn ich bekomme in relativ kurzer Zeit einen sehr unmittelbaren Eindruck. Zum anderen betonte ich in meinem Vortrag in jedem einzelnen Beispiel die Nähe von Tieren zu uns Menschen. Dies ist aus meiner Sicht ein legitimer und wissenschaftlich gut zu begründender Standpunkt, der, so meine Hoffnung, moralische Bedenken weckt und langfristig zu einem Umdenken führt.

Bei den Jägern vor mir hatte ich aber das Gefühl, dass sich im Verlauf meines Vortrages zusehends ein gewisses Unbehagen ausbreitete. Als ich von der Vergleichbarkeit des Gefühls Liebe bei der Bergwühlmaus und uns Menschen sprach und deutlich machte, dass die Bindung einer Mutter zu ihrem Kind mit dem Gefühl einer Kuh zu ihrem Kalb vergleichbar ist, sah ich viele mit den Augen rollen. Zu unvorstellbar war es offenbar für die Jäger, dass wir Menschen uralten Steuerungsmechanismen der Natur genauso folgen wie eine Maus oder eine Kuh. Hier kratzte ich an dem Fundament, auf dem die menschliche Hybris errichtet wurde und die es uns legitim erscheinen lässt, uns über alle anderen Tiere zu erheben. Aufmerksam wurde die Jägerschaft allerdings, als ich erzählte, dass der Bindung und Vertrauen erzeugende Stoff Oxytocin Banker bereitwilliger Kredite vergeben lässt. Komisch – in diesem Fall war die Wirkung dieser alten Steuerungsmechanismen glaubhaft und offenkundig sogar willkommen.

Gleich nach meinem Eröffnungsvortrag kamen die beiden oben schon erwähnten Bogenjäger zu Wort. Ich erfuhr in ihrem Vortrag, dass es allein in den USA 3,5 Millionen Bogenjäger gibt, dass aber in Österreich die Bogenjagd verboten ist und dass die beiden Schützen gern in Ungarn und anderen Ländern jagen. Interessant war auch, dass Bogenschützen oft in Städten zum Einsatz kommen. Die geringe Schussweite von 20 Metern macht Fehlschüsse sehr unwahrscheinlich, und geschickt getarnte Jäger können dank der Lautlosigkeit ihrer Waffe gleich mehrere Tiere auf einmal töten. Bogenjäger jagen normalerweise im Dickicht des Waldes und sind daher in besonderem Maße darauf angewiesen, von ihren Opfern nicht erkannt zu werden. Ein tiefes Einfühlungsvermögen in die Natur und die Tiere ist somit unabdingbare Voraussetzung und ebenso Herausforderung. An dieser Stelle betonten die beiden Jäger ihre Hauptaussage: Wild bleibt Wild, aber der Jäger verliert seinen Bezug zur Natur. Diese Kritik zielte natürlich nicht auf sie selbst und andere Bogenjäger, sondern auf die vielen Büchsenjäger, die aus großer Entfernung, mit hohem technischem Aufwand und mit freiem Schussfeld schießen.

Nun folgte ein kleiner Exkurs zum Verhalten der Tiere, den ich ausgesprochen interessant fand, denn er deckt sich mit Erkenntnissen zur Persönlichkeit bei Tieren[349] und der immer wieder beobachteten großen Dynamik in tierischem Verhalten. So berichteten die beiden von Tieren, die sich dem Jagddruck entziehen, indem sie in Schutzgebiete oder Städte abwandern. Dies ist natürlich keine Überraschung, aber sie betonten, dass ein und dieselbe Art beide Strategien verfolgen kann. Gemeinhin geht man davon aus, dass bestimmte Tiere eher Kulturfolger sind und sich leichter an städtische Bedingungen anpassen und dass sich andere Arten eben noch weiter zurückziehen. Dieser Aspekt wurde auch von einem anderen Redner beim Thema Wildschweine aufgegriffen. Auch er betonte die augenscheinliche Individualität der Tiere. Im Kontext seiner Erzählung hatte man aber den Eindruck, als sei diese Feststellung nicht ganz wissenschaftlich und müsse erst noch genauer untersucht werden. Doch unter dem Begriff »consistent individual differences« wird das Thema Persönlichkeit schon seit über zehn Jahren disku-

Bogenjäger auf Hochsitz

tiert (siehe das Kapitel »Persönlichkeit«), und wir wissen sogar, dass es diesen wichtigen und für das Überleben einer Population bedeutenden Mechanismus sogar bei Insekten gibt.

Warum also diese Zurückhaltung? Ein anderer Redner sprach bei Aspekten, die nicht mit einfachen Verhaltensmechanismen erklärt werden können, von Tieren als Black Box und dass die Tiere sich instinktiv verhalten hätten. Hier hinkt die Wildtierbiologie in ihren Begriffen um Jahre, wenn nicht sogar Jahrzehnte, dem Stand der aktuellen Verhaltensforschung hinterher, und ich frage mich: Warum wissen wir über die kognitiven Fähigkeiten eines Erdhörnchens aus Afrika oder eines Delfins aus der Karibik mehr als über die Rehe in unseren heimischen Wäldern? Warum werden Fragen zur Kommunikation oder des Soziallebens der heimischen Wildtiere kaum gestellt? Warum wird keine Netzwerkanalyse durchgeführt oder getestet, ob die Tiere über sich selbst reflektieren können? Und warum verwendet man eine Sprache mit veraltetem Vokabular, mit dem diese Fragen tatsächlich gar nicht gestellt werden können? Praktisch alle Wildtierbiologen, die ich an dem Tag kennengelernt habe, waren selbst Jäger. Will man als Jäger nicht wissen, dass ein Reh Mutterliebe empfindet, vielleicht logisch und strategisch denken kann, eine Biographie hat und in einer Kultur lebt?

Noch einmal zurück zu dem Vortrag der beiden Bogenschützen. Mit ehrlicher Bewunderung berichteten sie davon, dass Muffelwild (Wildschafe) ein menschliches Augenzwinkern auf 50 und eine Armbewegung auf 1000 Meter Entfernung wahrnehmen kann, dass es besser hört als ein Hund und sogar im Infrarotbereich sieht. Darüber hinaus erfuhr ich viel über Windrichtungen im Wald, das Säubern der Pirschsteige, das Tragen von Handschuhen (denn Hände gehören zu Menschen und die sind potentiell gefährlich), die Tricks, die menschliche Silhouette aufzulösen und die dringende Empfehlung, nichts Wackelndes wie eine Hundeleine oder Karabiner zu tragen.

Mit einer weiteren Empfehlung an die zuhörende Jägerschaft hatte ich allerdings ein Problem. Die Herren Bogenschützen empfahlen allen Ernstes, die angeschlossenen Tiere liegen zu lassen und sich erst später dem Platz mit dem erlegten Tier zu nähern. Auf diese Weise soll vermieden werden, dass die anderen Tiere aus der Situation lernen. Die Bogenjagd ist in Österreich verboten, denn die Tötung lässt sich nicht mit dem Tierschutz vereinbaren. Im Gegensatz zur Jagd mit der Büchse erfolgt die Tötung weniger effektiv, ist somit schmerzvoller, und der Sterbeprozess ist verlängert. Die Empfehlung, die angeschossenen Tiere eine Weile liegen zu lassen, zeugt von einer unglaublichen Ignoranz gegenüber den

Der Rothirsch (*Cervus elaphus*) wird weise im Alter und hat vermutlich eine Gefahrenkarte im Kopf, die komplementär zu den Jagdverbotszonen ist.

Schmerzen und Leiden eines anderen Individuums. Gerechterweise muss ich aber sagen, dass ich auch unter den Büchsenjägern kritische Stimmen gegenüber den Bogenjägern gehört habe.

Nach dem Mittagessen folgte ein Vortrag von Dr. Flurin Filli, einem Wildbiologen, der im Schweizer Nationalpark für Betrieb und Monitoring verantwortlich ist. Er stellte eine Studie aus Kanada vor, bei der deutlich gezeigt werden konnte, dass weibliche Rothirsche im Verlauf ihres Lebens klüger werden. Es ging in der Studie darum, zu klären, ob das unterschiedliche Verhalten einzelner Tiere durch Persönlichkeit zustandekommt, also zum großen Teil angeboren ist, und in welchem Maße die Erfahrungen der Tiere Einfluss auf ihr Verhalten haben. Wenig überraschend, wurden beide Einflüsse bestätigt. Darüber hinaus konnte gezeigt werden, dass die Rothirsche ab einem Alter von zehn Jahren für Jäger praktisch nicht mehr erreichbar sind. Die Tiere reagierten sogar auf Jäger mit Bogen, Armbrust und Büchse unterschiedlich und passten ihr Verhalten an die Schussdistanz an.[350] Dies ist aus meiner Sicht ein schönes Beispiel für den Einfluss einer Biographie auf die Persönlichkeit und erneut ein Beweis dafür, dass die allermeisten Tiere nicht nur im Hier und Jetzt leben, sondern genauso wie wir ein episodisches Gedächtnis haben, das ihnen dabei hilft, die Herausforderung des Lebens besser zu managen.

Es folgten die Zwischenergebnisse einer aktuellen Studie, bei der deutlich wurde, dass die beobachteten Hirsche im Nationalpark der Schweiz eine Karte der Schutzgebiete beziehungsweise eine eigene Gefahrenkarte im Kopf haben müssen. Ich wies darauf hin, dass nicht alle Tiere in allen Gebieten Erfahrung gemacht haben können und dass sich die Daten nur plausibel erklären lassen, wenn die Tiere ihre gemachten Erfahrungen mit anderen teilen, also miteinander über die unterschiedlichen Areale und ihre Gefahren kommunizieren. Dies wäre tatsächlich beachtlich, denn in ihrer Kommunikation müsste die Angabe von geographischen Daten möglich sein. Doch darin wollte mir der Referent nicht folgen.

Im Anschluss folgten noch einige spannende Anekdoten, wobei mir eine in besonderer Erinnerung geblieben ist. Damit solche Daten wie die über die Raumnutzung bei Hirschen überhaupt möglich sind, müssen die Tiere besendert werden. Dies geht natürlich nur, indem man sie fängt. So geschah es auch regelmäßig mit Gämsen, die mit Hilfe von Schlingen in einem bestimmten Waldabschnitt gefangen wurden. Nach zwei Jahren zeigte es sich dann, dass eine erfahrene Gams alle Jungtiere daran hinderte, den entsprechenden Waldabschnitt zu besuchen. Natürlich ist das nur eine Anekdote, aber wenn wir die kognitiven Fähigkeiten, über die wir in dem Kapitel »Wir müssen Tiere vermenschlichen« erfahren haben, zugrunde legen, dann sind solche Beobachtungen leicht zu erklären und überhaupt keine Überraschung.

Beim Abendessen erfuhr ich von Herrn Filli eine weitere spannende Anekdote. Im Schweizer Nationalpark verbreitete sich eine schwere Augenentzündung, die die meisten Gämsen erblinden ließ. Die betroffenen Tiere wanderten mit ihrem letzten Augenlicht und entgegen ihrer Gewohnheit ins Tal, um sich dort auf den Wiesen zu ernähren. Sie nahmen also ein großes Risiko in Kauf in dem Bewusstsein, erblindet im Berg keine Überlebenschance zu haben. Nun sind übereinanderstolpernde und kranke Tiere für einen Nationalpark nicht gerade ein Aushängeschild, und so ließ Herr Filli das Tal für Besucher sperren. Er hatte die Erfahrung gemacht, dass die Besucher vom Nationalpark erwarten, den Tieren zu helfen oder sie zu erlösen. Dies führte in der Vergangenheit zu der Situation, dass er entgegen seiner eigenen Philosophie, nach der im Nationalpark nicht in natürliche Prozesse eingegriffen wird, den Besuchern zuliebe erkrankte Tiere schießen ließ. Nach einiger Zeit ging die Anzahl der erkrankten Tiere zurück. Die meisten Tiere hatten überlebt und wanderten wieder auf den Berg. Ein schönes Beispiel für die Richtigkeit der aktuellen Verhaltensweise in Nationalparks und Schutzgebieten, möglichst wenige Eingriffe in die natürlichen Prozesse vorzunehmen. Dies deckt sich übrigens auch mit der Einstellung des vielleicht bekanntesten Wolfsjägers. Bob Hayes,[351] ein erfahrener Wolfsforscher, war 20 Jahre lang für das Management, also den Abschuss von Wölfen, im Yukon Territory verantwortlich. Er kommt zu dem Schluss: Aus biologischer Sicht ist das Töten von Wölfen falsch.«[352]

Dennoch, bei aller Kritik, bleibt es eine unwiderlegbare Tatsache: Jedes Wild hat ein unverhältnismäßig besseres Leben gehabt als jedes Tier in der Massentierhaltung. Ich persönlich habe nur mein Problem mit Menschen, die Freude daran empfinden, andere Lebewesen zu töten. Ich verstehe es einfach nicht. Außerdem kann und will ich nicht akzeptieren, dass ein blutig geschossenes Tier nur schwitzt und der auf das Opfer angesetzte Bluthund als Schweißhund bezeichnet wird. Das ist Opferabwertung und kognitive Dissonanz, wie sie im Lehrbuch steht.

Tiere im Tourismus

Es vergeht kaum ein Urlaub meiner Mutter, von dem sie nicht mit irgendeiner skurrilen Tierbegegnung als Geschichte zurückkommt, und als tierlieber Mensch fragt sie sich oft: Ist das überhaupt in Ordnung? Die Attraktionen reichen vom Kuscheln mit Rochen bis hin zum Füttern von Krokodilen. Die meisten Touristen sind

Rochen streicheln und Krokodile füttern (rechte Seite) – nur zwei Beispiele von unzähligen Attraktionen, mit denen Reiseveranstalter an exotischen Urlaubsplätzen werben.

von solchen Angeboten begeistert. Wer erzählt nicht gern, wie sich die Haut eines Rochens oder Hais anfühlt, und wer denkt nicht gern beeindruckt daran zurück, mit welcher Geschwindigkeit sich ein Krokodil aus dem Wasser katapultieren konnte. Doch was bedeuten diese Interaktionen für die Tiere?

Ein Krokodil, das für jede der aufeinanderfolgenden Besuchergruppen mehrfach mit einem Köder motiviert wird, aus dem Wasser zu springen, hat vorher eine Abmagerungskur nach Skinner erfahren (siehe: »Unser altes Bild von Tieren«). Mit anderen Worten: Es hat seit Wochen, vielleicht sogar seit Monaten nichts gegessen. Natürlich kann eine solche Situation auch im Freiland entstehen, doch wenn dort ein Tier nicht erfolgreich ist, kommt es zu einer entsprechenden Erholungsphase, denn die Beute ist nun einmal verschwunden. Ein vor der Nase herumtanzendes Stück Fleisch motiviert das ausgehungerte Tier aber zu Höchstleistungen, und zumindest ich finde es fraglich, ob so etwas sein muss. In Florida auf einer Krokodilfarm habe ich selbst beobachtet, dass ein Krokodil den Köder mitsamt einem großen Metallhaken und Seil ver-

schluckt hat. Dies ist für die Betreiber überhaupt kein Problem, denn die Tiere sollten ohnehin geschlachtet werden. Die Touristenshows waren nur eine willkommene Nebeneinnahme.

Rochen sind, bis auf wenige Ausnahmen, für uns Menschen ungefährlich, und so werden sie oft in größeren Aquarien zum Streicheln dargeboten. Im Freiland werden sie, wie auf dem Foto zu sehen, auf flachen Sandbänken angefüttert. Manchmal greift ein geschickter Guide sich ein Tier und löst den oben beschriebenen Reptilienreflex aus. In diesem Moment verharren die Tiere und können in aller Ruhe einem Touristen in den Arm gelegt werden. Nach einigen Sekunden bis zu Minuten löst sich der Reflex, und die Tiere schwimmen etwas verdattert von dannen.

An dieser Stelle ist es wichtig, zu verstehen, warum es den Reflex überhaupt gibt. Im Verlauf der Evolution gab es viele Raubtiere, die kognitiv relativ einfach gebaut waren. Sie reagierten hauptsächlich auf Bewegung und vermieden es, tote Tiere zu essen. Das Problem mit toten Tieren ist, dass man nie genau weiß, wie lange sie schon tot sind und ob durch Verwesung bereits Gifte entstanden sind. Es ist daher sicherer, ein Tier frisch zu töten. Wenn nun ein Beutetier trotz wiederholten Hineinbeißens nicht reagiert, ist es tot und gehört somit in die Kategorie »besser nicht essen«. Damit ein Beutetier tatsächlich wie tot erscheint, muss gravierend in die Steuerungsprozesse des Tieres eingegriffen werden – eine Situation, zu der es nur in ganz extremen Ausnahmesituationen kommen sollte. Auch hier darf man sich durchaus fragen, ob dies gerechtfertigt ist. Schließlich geht es nur um die Belustigung einiger Urlauber.

Ein weiterer Punkt ist die Fütterung selbst. Mit Ausnahme der Fütterung von Zugvögeln, die sich entschlossen haben, den Winter über bei uns zu bleiben, bin ich grundsätzlich gegen die Fütterung von Wildtieren. Bei den Vögeln darf man vielleicht eine Ausnahme machen, denn oftmals ist ihr Bestand durch die drastisch reduzierte Zahl von Insekten bedroht, und sie haben ohnehin Schwierigkeiten, sich adäquat zu ernähren. Mit der Fütterung im Winter können wir vielleicht einen kleinen Ausgleich dafür schaffen, dass die Pestizide unserer Landwirtschaft den Vögeln die Nahrung vergiften. In den allermeisten anderen Fällen verursacht die Fütterung von Wildtieren aber nur Probleme. Die zusätzliche Nahrung bringt in vielen Fällen das Nahrungsnetz durcheinander und bevorteilt eine bestimmte Art. Diese Art wird ihre Population vergrößern, und dann beginnen die Probleme. Ein Stadtteich wird durch die Fäkalien einer viel zu großen Population von Vögeln überdüngt und kippt um. Angefütterte Delfine geraten in die Schrauben der Motorboote, und Pelikane, die von Fischern die Reste gefüttert bekommen, sterben an der schieren Menge Fischgräten in ihrem Magen. Bei kognitiv höher entwickelten Tieren kann es zu gravierenden Verhaltensänderungen kommen. So weiß man beispielsweise von Delfinen an der Westküste Australiens, dass angefütterte Tiere ihren Jungen das Jagen nicht mehr beibringen und dass dadurch die Jungtiersterblichkeit so dramatisch steigt, dass lokale Populationen gefährdet werden. Ich könnte hier unzählige weitere Beispiele anführen, und daher sollte aus meiner Sicht, von begründeten Ausnahmen abgesehen, auf jede Fütterung wildlebender Tiere verzichtet werden.

Wir Menschen sind fasziniert davon, Dinge anzufassen, schon das Wort *begreifen* macht deutlich, wie wichtig es für unsere Wahrnehmung ist, etwas mit den Händen zu berühren. Doch abgesehen von domestizierten Tieren, die explizit daraufhin gezüchtet sind, die Nähe zu uns Menschen zu akzeptieren oder sogar zu mögen, wird das *Begreifen* zur Qual. Für die meisten Wildtiere sind wir große, gefährliche Tiere, sie empfinden in unserer Nähe Stress und möglicherweise sogar Todesangst. Sie sind nicht dazu in der Lage, zu beurteilen, dass wir als Menschen sie ja nur streicheln wollen.

Ich selbst war einmal als frischgebackener Biologe in einer ziemlich unangenehmen Situation, als ich auf dem Kreuzfahrtschiff »Astor« als Lektor gearbeitet habe. Eines Tages führte ich eine Exkursion in den brasilianischen Regenwald und wurde von einer Gruppe einheimischer Kinder mit Begeisterung begrüßt. Sie hatten ein junges Faultier bei sich und reichten es für einen Dollar von einem zum anderen. Ich war so perplex und hin und her gerissen zwischen meinem Mitgefühl für die Kinder, die sich ein bisschen Geld verdienen wollten, und der Sorge um das Faultier, dass ich nicht intervenierte. Am Ende der Veranstaltung erwähnte ich lediglich, dass Faultiere nicht faul sind, sondern nur langsam, und dass ihre Langsamkeit sie davor bewahrt, von Ameisen angegriffen zu werden. Normalerweise stürzen sich diese auf jedes Tier, das sich bewegt, und verhindern so, dass an dem Baum, mit dem sie in Symbiose leben, geknabbert wird. Faultiere hingegen sind so langsam, dass die Ameisen sie nicht wahrnehmen. Mein abschließender Kommentar war dann lediglich, dass sich vermutlich das kleine Faultier in seinem ganzen Leben noch nie so schnell bewegt hat. Doch die mitschwingende Kritik ging vermutlich unter, und ich schäme mich noch heute, keine deutlicheren Worte gefunden zu haben.

Doch was kann ich tun, wenn ich als Tourist mit einer Tierattraktion konfrontiert werde, die ich für bedenklich halte? Zunächst einmal halten nur die allerwenigsten Menschen solche oder selbst viel extremere Interaktionen für bedenklich. Die meisten Touristen gehen davon aus, dass die Einheimischen wissen, was sie tun und dass der Reiseveranstalter die Angebote geprüft hat. Beides stimmt allerdings nur sehr eingeschränkt. Ein Guide, der den Trick mit dem Reptilienreflex gelernt hat, weiß nichts über den evolutionären Hintergrund und was es für das Tier bedeuten kann. Die Reiseveranstalter wiederum haben nur ein Problem, wenn die Touristen ein Problem haben. Solange es niemanden stört, kann mit den Tieren fast alles gemacht werden, was Geld bringt.

11. Tiere in Menschenhand

Neben den Themen Politik und Religion gibt es wohl kaum ein Thema, das so ambivalent diskutiert wird wie das Verhältnis zwischen uns und den Tieren in unserer Obhut. Für die einen ist eine Kuh ein Nutztier und für die anderen ein heiliges Wesen. Für die einen sind Hunde und Katzen geliebte Haustiere und für die anderen willkommene Ergänzung des Nahrungsspektrums. Prallen diese Kulturen aufeinander, ist das Entsetzen groß, auf beiden Seiten. So titelte die Bild am 19. September 2014: »Das ist der Katzen-Griller«, und machte auf einen Fall aufmerksam, bei dem ein Asiate ein Kätzchen mit einem Bunsenbrenner gegrillt hatte.[353] Ein Aufschrei des Entsetzens ging durch Deutschland, aber Angebote wie Schweinesteaks aus der Oberschale, mariniert, oder Geschnetzeltes nach Gyros-Art und weitere Würzungen, je Kilogramm für 3,33 € inkl. MwSt.[354] bleiben völlig unkommentiert, obwohl seit Jahren jeder Fleischkonsument weiß, mit welchen Qualen dieser geringe Preis von den Tieren bezahlt wird.

Den Umgang mit »unseren« »Nutztieren« in der industriellen Landwirtschaft halte ich für bestialisch und lebensverachtend und bin mir sicher, dass künftige Generationen das genauso sehen werden. Jeder vernünftig denkende und mitfühlende Mensch kann, wenn er ehrlich zu sich ist, die Qualen, die beispielsweise ein Schwein auf den zwei Quadratmetern Lebensraum, die ihm als artgerecht zugestanden werden, erleidet, nicht rechtfertigen. Womit auch, weil es schmeckt oder weil ein Kilo Schwein im Angebot billiger ist als ein Kilo Biozucchini oder Biobrot? Es gibt sowohl ethische als auch gesundheitliche und ökologische Bedenken, unseren Fleischkonsum betreffend. Dem gegenüber steht lediglich unsere Gewohnheit. Wenn wir wirklich so hoch entwickelte Individuen sind, wie wir glauben, dann sollten wir unser Verhalten von einem

Tag zum nächsten ändern können. Wie Sie wissen, wurden unzählige Bücher zu diesem Thema veröffentlicht, eines möchte ich Ihnen besonders empfehlen. Es heißt: »Artgerecht ist nur die Freiheit«, ist von Hilal Sezgin und hat mich schwer beeindruckt.[355]

Auch zum Thema Tierhaltung in Zoos ließen sich ganze Bücher füllen. Doch ich habe dazu bereits viel geschrieben[356] und war sogar zu einer Bundestagsanhörung geladen,[357] so dass ich in diesem Buch nicht näher darauf eingehen möchte.

Wie Sie wissen, geht es mir darum, das Bild, welches wir Menschen von Tieren haben, zu aktualisieren und dem Stand der Wissenschaft anzupassen. Da der Kontakt zu Haustieren für die meisten Menschen die primäre Quelle der Erfahrung mit Tieren ist, beginnen wir einfach mit unseren Lieblingen

Haustiere

In einer großen deutschen Zeitung[358], deren Sonderausgabe ungefragt und kostenlos in meinem Briefkasten lag, ging es um die Frage: »Was ist Heimat, und wie denken die Deutschen wirklich darüber?« Eine der 24 Seiten widmete sich dem Thema Haustier und dokumentierte auf diese Weise, wie wichtig den Deutschen ihre geliebten Vierbeiner sind. Unter dem Titel »Meine Heimat ist mein Dackel Jockel« wurde eine Haustierbesitzerin, stellvertretend für alle Halter der 30 Millionen Haustiere in Deutschland, vorgestellt. Erzählt wurde »bildtypisch« eine Geschichte mit Emotion, Helden und einem Drama. Das Drama bestand darin, dass unsere Heldin eines Tages ihren Dackel vor einem Schäferhund retten musste und diesen Einsatz mit einer schweren Bissverletzung bezahlte. Wir hatten also einen guten und einen bösen Hund, wahrlich kein objektives Bild, aber journalistisch korrekt. Doch was machen wir mit Tieren wie dem bissigen Schäferhund, die in unserer Obhut nicht so funktionieren, wie wir wollen?

Stellen Sie sich vor, Sie bekommen ein junges, verspieltes Haustier, dessen Bewegungsdrang eindeutig stärker ausgeprägt ist als Ihr eigener. Ein beliebtes und vor allen Dingen sehr effizientes

Spielzeug ist ein Laserpointer. Mit einer winzigen Bewegung Ihrer Hand kann der Punkt meterweit flitzen, und für die meisten Vierbeiner ist dies ein beliebter Zeitvertreib. Leider kann man es auch übertreiben, und so fixieren sich manche Haustiere auf ein bestimmtes Spielzeug, wie beispielsweise einen Ball oder eben einen Lichtpunkt. Nun erzeugen nicht nur Laserpointer Lichtpunkte, sondern auch alle möglichen Reflexionen, und so kann es leicht passieren, dass sich aus dem ursprünglich gewollten Spielverhalten eine ungewollte Obsession entwickelt. Der fixierte Vierbeiner stürzt sich dann auf alles, was glitzert. Im Alltag ist dies eine recht unpraktische Geschichte, denn plötzlich wird in der Fußgängerzone ein beliebiger Frauenschuh mit Strasssteinen oder ein Kleid mit Pailletten zum attraktiven Spielzeug, dem man hinterherjagen und in das man hineinbeißen muss.

In diesem Moment schlägt die Stunde der Ratgeber und Tierversteher. Allen voran Cesar Millan, der Hundeflüsterer. Mit einer Auflage von mehreren Millionen Büchern und einer eigenen Fernsehshow kann er wohl als echter Star gelten. Recherchiert man seinen Namen auf YouTube, dann findet man gleich am Anfang das Video »Showdown with Holly«.[359] Ein Video, das über 14 Millionen Mal aufgerufen wurde. Damit spielt die One-Man-Show »Dog Whisperer« mit Cesar Millan in der gleichen Liga wie National Geographic mit seinem riesigen Team und unzähligen freien Mitarbeitern. Doch was ist sein Rezept, und welche magischen Worte flüstert er den Hunden zu?

Lisa Jackson-Schebetta von der University of Washington beschreibt seine Formel folgendermaßen: Ein Tier braucht Bewegung, Disziplin und Liebe, in genau der Reihenfolge. Darüber hinaus muss unmissverständlich klar sein, wer der Chef ist. Vermutlich finden die meisten das alles gar nicht so schlecht, doch sie kritisiert, dass jede einzelne unerwünschte Handlung der Tiere mit immer dem gleichen Mantra beantwortet wird. In der Praxis bedeutet dies Bestrafung mit Angst, Schmerzen oder Überraschung.[360] Millans Trick besteht darin, in einer unauffälligen und für einen Hund schwer zu berechnenden Handlung zu treten oder mit der Hand zu schlagen.[361] Sein daraufhin unauffälliges und nicht aggressives Verhalten macht es den Hunden schwer, ihn als Gegner zu betrachten, und so wird er, von einigen wenigen Ausnahmen abgesehen, von den Tieren nicht gebissen.

Ein Tier mit einem Laserpointer-Problem wird somit unauffällig, aber schmerzhaft getreten, um ihm das anerzogene spielerische Verhalten abzugewöhnen, und wenn ein Hund beispielsweise Angst vor einem Schneemann hat, bellt und an der Leine zerrt, dann soll er durch meine Bestrafung mehr Angst vor mir als vor dem Schneemann haben.

Mit diesen Beispielen zeigt Lisa Jackson-Schebetta deutlich, wie wenig durchdacht die Methode von Cesar Millan ist. Sie fußt einzig auf der Grundannahme, dass ein Tier, das wir besitzen, von uns *bezwungen* werden muss. Auch dies ist wieder ein schönes Bild für die Macht der Sprache, denn bei reinrassigen Hunden wird immer der *Zwinger*name mit angegeben.

Dennoch, für die meisten Hundebesitzer sind Millans Lehren hilfreich und passen in das eigene Welt-/Tierbild. Deutlich wird diese Akzeptanz nicht nur in der Auflage seiner Bücher, sondern auch in den hohen Zuschauerzahlen seiner Shows.[362] Doch wenn dieses bewährte Verfahren nicht richtig sein soll, was ist nun die Alternative, und welche aktuellen Erkenntnisse können uns dabei helfen, das Verständnis zwischen uns und unseren Haustieren zu verbessern?

Vielleicht können Sie sich noch an die Bedeutung von Oxytocin erinnern, die wir im Kapitel »Wie wir fühlen« kennengelernt haben, und vielleicht können Sie sich auch noch daran erinnern, dass Hunde unter dem Einfluss von Oxytocin weniger aggressiv waren. Nun könnte man natürlich auf die Idee kommen, Problemhunden Oxytocin zu verabreichen, aber man kann diesen Effekt auch viel einfacher erreichen. »Schau mir in die Augen, Kleines« funktioniert nicht nur zwischen uns Menschen. Japanische Forscher konnten zeigen, dass sowohl bei Hunden als auch bei ihren Besitzern die Oxytocinkonzentration ansteigt, wenn sich beide intensiv in die Augen blicken.[363] Gibt man zusätzlich Oxytocin, blicken die Hunde intensiver und länger in das Gesicht ihrer Herrchen und Frauchen, und daher sprechen die Forscher auch von einer Art Feedbackschleife. Wenn ich zeichnen könnte, bekämen Sie jetzt ein lustiges Bild von einem Menschen und einem Hund, die sich durch eine rosa Brille tief in die Augen blicken. Ja, so schön kann Liebe sein, und wie Sie wissen, meine ich das jetzt nicht lustig, sondern völlig im Ernst. Genau so steuert Mutter Natur sinnvolles Verhalten. Bei handaufgezogenen Wölfen funktioniert dies übrigens nicht, und so gehen die Forscher davon aus, dass unsere gegenseitigen Empfindungen im Verlauf der Evolution gewachsen sind.

Doch was genau macht man eigentlich mit diesem intensiven Blick? Ganz exakt kann das vermutlich niemand sagen, aber eines scheint sicher: Wenn ich mich auf die Gefühle anderer und eben auch meiner Haustiere einlasse, sie bewusst wahrnehme und auch meine Gefühle offen zeige, dann steigere ich das Verbundenheitsgefühl. Einige Forscher hat dies sogar dazu gebracht, eine sogenannte Pet Bonding Scale zu etablieren. In ihrer Umfrage wird deutlich, dass insbesondere die Menschen, die die Emotionen ihrer Haustiere gut einschätzen können, auch ein enges Verhältnis zu ihren Tieren haben.[364] Dieses Ergebnis ist, wie so viele Untersuchungen, eigentlich nicht überraschend, doch hilft uns diese Bestätigung beim Umgang mit Tieren, denn es ist eben nicht mehr nur Spekulation. Wenn Sie ein bisschen Englisch verstehen, dann empfehle ich Ihnen, die Umfrage einfach mal auszufüllen.[365] Allein die Tatsache, sich der eigenen Einschätzung bewusst zu werden, kann hilfreich sein, wenn es darum geht, das Verhältnis zu einem Tier besser einzuschätzen. Besonders interessant wird es ab Frage 41.

Bevor Sie mir nun aber vorwerfen, das sei doch alles reines Kopfkino, betrachten wir die Wahrnehmung von Hunden uns Menschen gegenüber und von uns Menschen Hunden gegenüber etwas genauer und beantworten die folgenden Fragen:

Was versteht das Tier?

»Ich kann Hunde nicht leiden, die riechen, dass ich Angst habe!« Mit einer solchen oder ähnlichen Aussage ist wohl jeder schon einmal konfrontiert worden. Tatsächlich können Hunde riechen, ob Menschen Angst haben. Sie sind aber genauso gut dazu in der Lage, zu riechen, ob es uns gut geht und wir lustig drauf sind. Bemerkenswert fand ich eine Beobachtung, bei der deutlich wurde, dass Hunde mehr Interesse an fremden Menschen haben, die freundlich riechen, als an jenen, die ängstlich oder aggressiv riechen.[366]

Vielleicht hilft es ängstlichen Menschen, wenn sie wissen, dass Hunde nur weiterschnüffeln, weil sie ihr Gegenüber besser einschätzen wollen. Möglicherweise verspüren sie sogar den Antrieb, dem fremden Menschen gegenüber besonders freundlich zu sein. Ihr Verhalten dient dann nur einem Zweck: Das neue ängstliche Individuum soll möglichst problemfrei in die aktuelle soziale Gemeinschaft integriert werden. Die Tatsache, dass Hunde Aggression lieber erst einmal ignorieren (und nicht gleich drauflosgehen), leitet dabei ein verträgliches Miteinander ein. Wohingegen man auf ein freundliches Gegenüber sofort zugehen kann und gleich Spaß hat.

Für mich ist diese aktuelle Untersuchung ein schönes Beispiel dafür, dass soziale Tiere im Allgemeinen eher ein freundliches Miteinander bevorzugen als ein aggressives Gegeneinander. In jedem Fall haben wir nun unser erstes Beispiel dafür, dass zumindest Hunde die emotionalen Regungen von uns Menschen wahrnehmen können, sie können sie einfach riechen. Doch können Sie sich vorstellen, dass auch unsere Gesichter für unsere vierbeinigen Freunde von Bedeutung sind?

Tatsächlich können Hunde auch an unseren Gesichtern ablesen, ob wir freundlich oder aggressiv gestimmt sind. In einem klassischen Test, bei dem mit positiver Verstärkung ein bestimmtes Verhalten forciert wurde, konnte etwas ganz Erstaunliches entdeckt werden. Dazu müssen Sie sich vorstellen, dass Hunde verschiedene Gesichter auf einem Display zu sehen bekommen. Die Gesichter waren neutral oder zeigten unterschiedliche Emotionen. Nun wurden die Identifikationen sowohl von freundlichen als auch von aggressiven Gesichtern mit Futter belohnt. Normalerweise würde man erwarten, dass die Tiere, wenn sie überhaupt dazu in der Lage sind, die Mimik von uns Menschen zu lesen, gleich gut auf freundliche und aggressive Gesichter reagieren und sich ihre Belohnungen holen. Die Forscher erwarteten aber ein anderes Verhalten. Sie gingen davon aus, dass es für die Tiere schwieriger ist, einen negativen Gesichtsausdruck mit einem positiven Ereignis wie der Belohnung mit Futter in Einklang zu bringen. Demnach müsste es ihnen leichter fallen, auf das freundliche Gesicht zu reagieren, und genau dies wurde beobachtet.[367] Auf diese Weise konnte gezeigt werden, dass Hunde unsere Mimik erkennen. Darüber hinaus konnte aber auch gezeigt werden, dass sie unsere Gefühle auf Grundlage unseres Gesichtsausdruckes richtig einschätzen. Dies ist eine durchaus bemerkenswerte Leistung für ein Tier, von dem immer gesagt wird, dass es sich hauptsächlich über die Nase orientiert. Vermutlich ist es jetzt wenig überraschend, wenn ich Ihnen sage, dass eine andere Untersuchung zeigen konnte, dass Hunde sowohl im Gesicht ihrer Artgenossen als auch in unseren Gesichtern lesen können.[368] Von der Qualität her spielt es natürlich keine Rolle, ob ich Emotionen geruchlich oder visuell wahrnehmen kann. Es ist aber schon beachtlich, dass Hunde offenkundig beides sehr gut beherrschen. Wir können das nicht, und so freue ich mich über so eindeutige Signale wie das Wackeln des Schwanzes oder das Fletschen der Zähne.

Nun wird es wirklich spannend. Nachdem man festgestellt hat, dass der Gesichtsausdruck bei vielen Tieren wie Schimpansen, Hunden oder Schafen eine wichtige Rolle spielt, wollte man natürlich wissen, wie der visuelle Eindruck im Gehirn verarbeitet wird. Nun unterscheidet sich unser Gehirn von dem eines Schimpansen, eines Hundes oder Schafes ganz gewaltig, und auch das Gehirn eines Schafes ist mit dem eines Hundes nicht hundertprozentig vergleichbar. Das Gute ist aber, dass wir sehr genau wissen, welche Bereiche des Gehirns für welche Aufgaben verantwortlich sind und wie sich die einzelnen Bereiche im Verlauf der Evolution entwickelt haben. Wir können also sehr genau sagen, ob in dem Gehirn eines Hundes die gleichen Bereiche aktiv sind wie bei uns. Nachdem es den Forschern gelungen war, Hunde dazu zu überreden, lange genug und ruhig in einem FMRI-Gerät (functional magnetic resonance imaging) zu verweilen, war die Überraschung groß. Sowohl bei Menschen als auch bei Hunden waren die gleichen Hirnbereiche aktiv.[369] Die Forscher haben sogar ein Video dazu veröffentlicht.[370] Wenn Sie also ab jetzt Ihrem geliebten Vierbeiner tief in die Augen blicken und er zurückschaut, dann halten Sie es bitte für möglich oder sogar wahrscheinlich, dass Ihr Gegenüber genauso empfindet wie Sie. Lassen Sie es einfach zu, auch wenn Ihnen dies früher als unangemessene Vermenschlichung angekreidet wurde, die Wissenschaft steht heute hinter Ihnen.

Doch wie weit können sich Hunde nun wirklich in uns hineinversetzen? Allein das Erkennen einer Gefühlsregung sagt noch nichts darüber aus, ob ein Tier auch dazu in der Lage ist, sich wirklich in uns hineinzuversetzen. Um dies zu können, braucht man eine Theory of Mind, wie wir sie im Kapitel »Mitgefühl« kennengelernt haben. Ein kleiner Trick, um sich dieser Frage anzunähern, funktioniert folgendermaßen: Ihr Hund oder ein anderes Tier ist dazu in der Lage, anhand von Gerüchen, an Ihrem Gesichtsausdruck oder am Klang Ihrer Stimme zu erkennen, wie Sie sich fühlen und was Sie vielleicht wünschen. Dabei werden aber nur äußere Zeichen interpretiert.

Doch was passiert, wenn Ihnen die Augen verbunden werden? Für uns Menschen ist die Situation klar: Wenn Sie verbundene Augen haben, dann können Sie nicht sehen, was ich Ihnen vor die Nase halte. Damit mir dies klar ist, muss ich mir aber vorstellen können, dass Sie mit verbundenen Augen nichts sehen. Ich versetze mich also in Ihre Gedanken hinein. Dies ist etwas ganz anderes, als zu erkennen, dass Sie mit verbundenen Augen vor einen Baum laufen und diesen offenkundig nicht gesehen haben. Ich blicke also nicht auf Ihr Verhalten, sondern in Ihr Denken hinein.

Die Forscher haben sich folgendes Experiment ausgedacht: Zwei Personen sitzen an einem Tisch und essen. Die meisten Hunde beginnen nun zu betteln und hoffen, irgendetwas vom Tisch zu bekommen. Doch was passiert, wenn eine der Personen verbundene Augen hat und das Betteln des Hundes gar nicht sehen kann? Wird sich der Hund dieser Person genauso oft nähern wie der anderen ohne verbundene Augen? Es ist kaum zu glauben, aber die

Hunde haben tatsächlich die Person ohne Augenklappe bevorzugt. Ihnen war offenbar klar, dass sie von der Person mit Augenklappe nicht viel zu erwarten hatten, denn die konnte ihr Betteln ja nicht sehen.[371]

Ganz ähnliche Fähigkeiten wurden kürzlich auch bei Pferden erkannt.[372] Es fällt durchaus schwer, sich das vorzustellen, aber diese Tiere können tatsächlich in unsere Gedanken schauen und vielleicht sogar über uns nachdenken. Eine unglaubliche Leistung.

Bitte gestatten Sie mir an dieser Stelle eine kleine Ergänzung zum Verständnis. Wir haben hier über Tiere geschrieben, die nicht nur die Emotionen von ihresgleichen einschätzen können, sondern auch dazu in der Lage sind, menschliche Emotionen wahrzunehmen. Grundsätzlich sind vermutlich alle sozial lebenden Tiere dazu in der Lage, Emotionen bei ihren Artgenossen zu erkennen. Diese Fähigkeit ist einfach extrem praktisch, wenn es darum geht, das Sozialleben zu optimieren. Viele Menschen sprechen Tieren grundsätzlich die Fähigkeit ab, Emotionen zu haben. Dies ist natürlich aus wissenschaftlicher Sicht völliger Unsinn. Doch wie soll man beispielsweise das Verhalten von Schweinen interpretieren, die bei Stress schreien, in Starre verfallen oder vor Panik ihren Darm und ihre Blase entleeren oder in freudigen Situation beginnen, spielerisch herumzuhüpfen, zu quieken und mit dem Schwanz zu wackeln? Und wie soll man Verhalten erklären, bei dem Schweine, die andere Schweine schreien hören oder sehen, wie diese erstarren oder zu schreien beginnen, sich aber spielenden und freudig herumhüpfenden Schweinen mit Begeisterung anschließen?

Diese Beobachtungen, die tatsächlich Teil einer wissenschaftlichen Studie waren,[373] lassen sich nur erklären, wenn man Emotionen bei Tieren zulässt und den Tieren zutraut, dass Angst und Panik genauso ansteckend sind wie Spaß und Freude. Doch wenn man diese Form des emotionalen Erlebens bei Tieren zulässt, wie kann man dann noch als Konsument für die gegenwärtigen Haltungsbedingungen in der industriellen Fleischproduktion mitverantwortlich sein, und wie kann man seinem geliebten Haustier noch ehrlich in die Augen blicken?

Vermutlich kennen Sie das: Ihre Nase richtet sich in Richtung Achselhöhle, und Sie drehen sich angewidert zur Seite. Stress- oder Angstschweiß stinkt selbst in unserer eigenen Nase. Auch wenn wir heute nicht mehr gegen wilde Tiere kämpfen und unser Deo einiges kaschiert, in Meetings, in denen es hart zugeht, kämpft unser Körper. Vermutlich soll das obligatorische Sakko in wichtigen Gesprächen eigentlich nur tarnen, wie durchgeschwitzt unsere Hemden sind, und vielleicht soll der in der westlichen Welt verbreitete Mindestabstand zu einer fremden Person nur dafür sorgen, dass der kernige Duft nicht unsere Anspannung verrät. Gewöhnlich geht es uns darum, möglichst wenig zu riechen, und überfüllte öffentliche Verkehrsmittel können für unsere Nase schnell unerträglich werden. Wir dürfen also nicht enttäuscht sein, wenn wir nicht riechen können, ob es unserer Katze gerade gut geht oder sie traurig ist. Der Geruchssinn spielt in unserem Alltag eine untergeordnete Rolle. Vermutlich tun wir unserer Nase damit Unrecht, denn sie ist, wie wir im Kapitel »Partnerwahl« erfahren haben, zu viel mehr fähig, als wir ihr in unserer Kultur zutrauen. Ich kenne jedenfalls nicht eine einzige Veröffentlichung, die sich damit beschäftigt hat, ob wir Menschen den emotionalen Status von Tieren erschnüffeln können. Demgegenüber gibt es viele Beispiele, wie präzise unser Gehör arbeitet und wie gut wir an der Stimme von Tieren ablesen können, in welcher Stimmung sie sind.

Vielleicht erinnern Sie sich noch an das erste Kapitel dieses Buches, in dem wir erfahren haben, dass Menschen dazu in der Lage sind, den emotionalen Zustand verschiedener Tiere anhand der Stimme zu erkennen. Vermutlich ist es für Sie nun keine Überraschung, dass wir sowohl die Lautäußerungen von Hunden[374] als auch von Katzen[375] richtig deuten können. Möchten Sie das Schnurren einer Katze, die sozialisiert ist und um Futter bettelt[376] oder nur einfach vor sich hin schnurrt[377], einmal anhören? Dann folgen Sie einfach den angegebenen Links. Ich bin sicher, Sie werden den Unterschied wahrnehmen und hätten die Zuordnung auch selber richtig treffen können. Genauso gut können wir übrigens auch die Emotionen von Schweinen am Quieken richtig erkennen.[378]

Interessant ist auch die Tatsache, dass es überhaupt keine Rolle spielt, ob jemand Erfahrung mit Tieren hat oder nicht.[379] Ganz ähnlich wie die spektakuläre Untersuchung am Beginn unseres Buches handelt es sich auch hier um Fähigkeiten, die wir im Verlauf der Evolution erworben haben und die wir mit vielen Tieren teilen. Das gegenseitige Erkennen von Gefühlen ist also überhaupt nichts Besonderes, sondern im Tierreich vermutlich weit verbreitet.

Beispiel Leinenzwang bei Hunden

Zweifelsfrei ist das Thema Leinenzwang eine heikle Angelegenheit, aber die Leine ist zu einem wichtigen Kommunikationsmittel geworden und daher ein ausgezeichnetes Beispiel für unseren Umgang mit Tieren. Wie wir im Kapitel »Dialog« erfahren haben, ist es ausgesprochen wichtig, mit Tieren im Dialog zu stehen. Wir müssen die Meinung am anderen Ende der Leine akzeptieren, um im Dialog zu bleiben. Wenn ich meinen Hund durch die Landschaft zerre und seine Kommunikation ignoriere, dann dokumentiere ich mit jedem Zug an der Leine, dass ich kein Interesse an Partnerschaft habe. Wenn ich hingegen wahrnehme, dass mein Hund gerade an einer Ecke schnüffeln möchte, werde ich meinem vierbeinigen Gefährten ein echter Kommunikationspartner sein. Ob es eine Kommunikation und Synchronisation zwischen den beiden Interaktionspartnern gibt, erkennt man leicht am Durchhängen der Leine.[380] Ist die Leine auf Spannung, steht sie symbolisch für die Beziehung der beiden.

Doch schauen wir uns zunächst den Spaziergang mit Hund etwas genauer an. Im Gegensatz zum restlichen Tag, an dem der Mensch arbeitet oder andere wichtige Dinge erledigt, ist der Spaziergang eine Zeit des Miteinanders. Aus diesem Grund mag ich auch den Begriff »Hunde ausführen« nicht besonders. Er klingt so, als würden wir einen Gegenstand durch die Gegend bewegen.

Dem gegenüber steht die Tatsache, dass der Hund den Spaziergang womöglich als wichtigsten Teil seines Tages empfindet. Die Empfehlung, zwei Stunden pro Tag mit einem Hund spazieren zu gehen, trägt diesem Umstand Rechnung. In dieser kurzen Zeit muss ein Hund wahnsinnig viel leisten. Er lebt in dieser Zeit sein eigenes Sozialleben mit anderen Hunden, hat Freunde und steht unter Stress, weil beispielsweise ein bestimmter Hund immer wieder aufdringlich wird. Für Jungtiere ist das Ganze noch viel komplizierter, denn sie müssen in diesen wenigen Stunden lernen, wie man sich in der sozialen Hundegemeinschaft richtig verhält. Erfolgt dies nicht, werden die Hunde als Erwachsene Probleme haben und machen.[381]

Jeder Hund hat eine eigene Vorstellung von dem Spaziergang bzw. von der räumlichen Nutzung, man könnte sogar von mentalen Karten reden. In der Wissenschaft spricht man oft von Animal Geographies. Auf dieser Karte gibt es Gefahrenbereiche, man muss Markierungen setzen und über die Nase Informationen von anderen aufnehmen. Diese Ansprüche müssen wir respektieren. Auch wenn uns als Menschen ein Spaziergang, der uns nicht von A nach B führt, als sinnlos erscheint, ist er es nicht – weder für unseren Hund noch für uns, wie aktuelle Untersuchungen zum Spazierengehen bei Kindern zeigen.[382] Insofern ist es vermutlich keine Überraschung, dass Forscher den Spaziergang mit Hund als vermutlich wichtigsten Teil der Mensch-Tier-Beziehung identifiziert haben.[383]

Wir sollten diese Spaziergänge deshalb für alle Beteiligten so entspannt wie möglich gestalten. Wir intensivieren in diesen Momenten die Beziehung zu unseren nichtmenschlichen Begleitern, denn der Spaziergang ist Beziehungsarbeit. Bleibt mein Hund, wenn er frei laufen kann, gern in meiner Nähe bzw. in Rufweite, akzeptiert er, dass ich ihn, wenn es absolut nötig ist, an die Leine nehme, und hängt diese dann locker zwischen uns? Wenn ja, habe ich die Grundlage für ein freudvolles und nicht mit Konflikten behaftetes Miteinander geschaffen. Wenn wir diesen Umgang in unseren Alltag integrieren und unser Hund ohne Traumata (z. B. Zwingerhaltung, zeitweiser Ausschluss aus der sozialen Gemeinschaft/Familienleben) und Fehlkonditionierung (z. B. Futterfixierung oder Laserpointer) groß werden konnte, dann haben wir einen normalen Hund und sind auf die Hilfe von Cesar Millan und anderen Tierflüsterern nicht angewiesen.

Bitte verstehen Sie mich an dieser Stelle aber nicht falsch, ich habe überhaupt nichts gegen ein ausgiebiges Training mit den Hunden, und es ist keine Frage, dass ein Hund in der Welt, in der wir leben, gehorsam sein muss. Dies gilt aber eben nicht immer! Es ist einer echten Beziehung nicht förderlich, ein Tier permanent zu dominieren. Dies entspricht nicht der Idee des Dialoges, und wir berauben uns der tiefsten und schönsten Momente mit unserem Haustier.

Doch wie können wir ein solches Idealszenario umsetzen? Eigentlich ist das gar nicht so schwer, denn eine derartige Beziehung ergibt sich auf natürliche Weise von allein. Außerdem sind wir zumindest bei Hunden eine Koevolution eingegangen, bei der sich beide Arten aneinander angenähert haben. Es wird aber problematisch, wenn unsere menschliche Kultur auf diese private Beziehung Einfluss nimmt.

In einem Interview für das Dogs Magazin habe ich mich aus diesem Grund ziemlich eindeutig zum Thema Leinenzwang geäußert. Einige Tage nach dem Erscheinen des Artikels bekam ich eine freundliche Mail aus der Schweiz. Manu Minder betreibt dort im Kanton Thurgau einen Hof für in Not geratene Tiere.[384] Sie wollte mir nur mitteilen, dass sie meine Meinung teilt und dass es in der Schweiz ähnlich problematisch ist. Ganz beiläufig verriet sie mir, dass sie in ihren Urlaub zumindest die Hunde mitnimmt. Ich fragte sie verwundert, wo man denn mit mehr als 10 Hunden ein willkommener Gast sei. Frankreich, war ihre Antwort, dort gibt es praktisch keine Leinenpflicht, und die Menschen sind Hunden gegenüber viel toleranter als bei uns. Das ist insofern überraschend, als dort 30 bis 40 Prozent der Haushalte einen Hund haben. In Deutschland sind es nur 13 Prozent. Obwohl es somit rein rechnerisch in Frankreich viel häufiger zu Zwischenfällen kommen müsste, fühlt sich unser Staat berufen, die Freiheit der Tiere mit dem Leinenzwang zu reglementieren. Interessant ist auch, dass in Frankreich weniger Hunde in Verkehrsunfälle verwickelt sind.[385]

Leinenpflicht wird in Frankreich kaum eingefordert. Die Hunde vom GLÜCKSHOF im Kanton Thurgau (Schweiz) machen Urlaub an der französischen Mittelmeerküste in La Croix-Valmer.

Glaubt man den Frankreichkennern, dann gelten den Franzosen Katzen und Hunde mehr als Autos.

Aber Spaß beiseite: Was ist die wissenschaftliche oder sachliche Grundlage, auf der deutsche Behörden einen Leinenzwang vorschreiben? Bitte verzeihen Sie mir, wenn ich jetzt nicht auf alle lokalen Gegebenheiten eingehe. Ich habe mir daher überlegt, zwei Städte, die ich gut kenne, exemplarisch herauszusuchen und zu erkunden, wie sie zu ihrem Standpunkt zum Thema Leinenzwang gekommen sind. Da ich während der letzten 20 Jahre jeweils zur Hälfte in Berlin und Erfurt gelebt habe, fällt meine Wahl auf diese beiden Städte. Ich habe also kurz entschlossen die entsprechenden Pressestellen mit dem folgenden Text angeschrieben:

Sehr geehrtes Presseteam,

ich bin Sachbuchautor und schreibe derzeit an einen Buch über die Interaktion zwischen Menschen und Tieren. Ich werde in diesem Zusammenhang auch die Haltung von Haustieren aufgreifen und interessiere mich daher für die Regelung im Hinblick auf den Leinenzwang.

Ich werde als Beispiel die Städte Erfurt und Berlin vergleichen. In

Erfurt gibt es seit 1999 den Leinenzwang, und die Stadt blickt somit auf fast 20 Jahre Erfahrung zurück. In Berlin gibt es auch einen Leinenzwang, aber Hundehalter können sich mit einem Sachkundenachweis davon befreien.

Ich möchte nun nachvollziehbar vergleichen, wie die beiden Städte zu ihrem Standpunkt gekommen sind. Mich interessieren dabei ausschließlich sachliche Informationen, wie zum Beispiel herangezogene Gutachten (wissenschaftliche oder juristische), Expertenbefragungen, Evaluierungen, Statistiken und mit Einschränkungen auch Umfragen von Meinungsforschungsinstituten. Ich habe kein Interesse an politischen Diskussionen, Einzelfällen oder Presseberichten. Ich gehe davon aus, dass die Stadt eine umfangreiche Dokumentation besitzt, aus der sich der Standpunkt der Stadt und die geltenden Vorschriften ableiten lassen.

Im Besonderen interessiert mich die Einschätzung der Stadt zum Thema artgerechte Haltung von Hunden und ob diese mit einem Leinenzwang gewährleistet ist. Diese Frage ist vermutlich nur durch ein juristisches und ein verhaltensbiologisches Gutachten zu klären, in denen zwischen dem Tierschutzgesetz und der Stadtordnung abgewogen wird. Liegen der Stadt entsprechende Gutachten vor? Von besonderem Interesse ist in diesem Zusammenhang, ob Hunde in ihrer Jugend genügend Möglichkeiten haben, mit anderen Hunden zu sozialisieren. Findet dies nicht statt, sind Verhaltensauffälligkeiten zu erwarten, und infolgedessen würde sich das Risiko, das von diesen Hunden ausgeht, erhöhen.

Ich würde mich sehr freuen, wenn Sie mir entsprechende Unterlagen zur Verfügung stellen könnten. Ich bin aber darauf angewiesen, dass diese Dokumente öffentlich zugänglich sind, denn ich muss sie als Quelle zitieren können.

In der Hoffnung, Ihnen nicht gar zu große Umstände zu machen, danke ich Ihnen im Voraus für Ihre Bemühungen.

Mit besten Grüßen,
Karsten Brensing

Zwei Tage später hatte ich eine umfangreiche Dokumentation der Aktivitäten der Stadt Berlin von der Senatsverwaltung für Justiz,

Verbraucherschutz und Antidiskriminierung in meinem E-Mail-Postfach. Kernelement war der sogenannte Bello-Dialog,[386] in dem Bürger, Sachkundige und Vertreter der Ämter in fünf Sondierungstreffen ihre Meinung entwickelten und letztlich entsprechende Empfehlungen aussprachen. Berlin entschied sich daraufhin, Hundehaltern die Möglichkeit zu geben, sich mit einer Qualifizierung vom Leinenzwang zu befreien. Darüber hinaus wurde ich darauf hingewiesen, dass Hundeschulen mit speziellen Angeboten für Welpen und Junghunde zur Verfügung stehen, und man gab mir einen Link mit den Beißstatistiken.

Doch keine der aktiven Gruppen diskutierte über mögliche künftige Verhaltensauffälligkeiten, die sich aus dem Leinenzwang ergeben könnten, und kein Jurist prüfte, ob dies mit den Vorgaben einer artgerechten Haltung vereinbar ist. Das war enttäuschend, aber immerhin war Berlin bestrebt, eine möglichst breite Diskussion auch in der Öffentlichkeit zu ermöglichen.

Nun hoffte ich, dass Erfurt auf Grund seiner 20-jährigen Erfahrung mit dem Leinenzwang solide und nachvollziehbare Dokumentationen zur Verfügung stellen würde. Nach erneuter Nachfrage bekam ich schließlich auch eine Antwort. In der Mail wurde mir bestätigt, dass sich Erfurt bereits seit 1997 mit dem Thema Leinenzwang auseinandersetzt. Darüber hinaus wurde mir mitgeteilt, wann welche Vorschrift in Erfurt erlassen wurde. Der abschließende Satz lautete: *Die von Ihnen angefragten Informationen und Unterlagen, wie Gutachten, Expertenbefragungen etc., sind in unserem Bürgeramt nicht vorhanden.*

Das für mich schockierende Fazit: Erfurt hat keinerlei sachliche Grundlagen zur Entscheidungsfindung herangezogen. Darüber hinaus wurde die Entscheidung, den Leinenzwang einzuführen, ohne eine Bürgerbeteiligung durchgeführt, und ich komme nicht umhin, diese Politik als reinen Populismus zu betrachten.

Auf nochmalige Nachfrage bekam ich folgende Antwort: *Die ordnungsbehördliche Verordnung der Stadt Erfurt richtet sich an den Halter, der die Pflicht zum Anleinen seines Hundes auf öffentlichen Straßen und Anlagen zu erfüllen hat. Er wird hierdurch belastet und in seinen Rechten eingeschränkt – keinesfalls der Hund. Die tier-*

schutzrechtlichen Anforderungen an die Haltung dieses Hundes werden durch diese ordnungsrechtliche Bestimmung nicht berührt. So es nämlich durch den Leinenzwang tatsächlich zu einer tierschutzrelevanten Einschränkung der Befriedigung des Bewegungsbedürfnisses des Hundes käme, hat der Halter tierschutzrechtlich die Pflicht, diesem Bewegungs- und Sozialisierungsbedürfnis auf andere Weise Rechnung zu tragen.

Hier wird wieder einmal deutlich, wie unser Rechtssystem funktioniert. Durch die Leinenpflicht wird die Freiheit der Menschen eingeschränkt, die Freiheit der Hunde wird durch eine solche Verordnung nicht eingeschränkt. Darüber hinaus ist der Halter für etwaige Schäden, die seinem Hund durch diese Regelung entstehen, selbst verantwortlich. Wenn es nicht so traurig wäre, dann müsste ich über diese Schildbürgerlogik lachen.

Sowohl Berlin als auch Erfurt haben es versäumt, den Standpunkt und die Konsequenzen für die Hunde zu berücksichtigen. Keiner kann sagen, ob und welche negativen Auswirkungen Leinenzwang auf die Tiere hat und ob damit möglicherweise sogar das Risiko für Verletzungen steigt. Was ist beispielsweise mit einem nicht sozialisierten und angeleinten Hund, der aufgrund eines Bewegungsdefizits lebhaft und unkoordiniert mit dem Kleinkind der Familie spielt? Wer will ausschließen, dass sich Versetzungen und Aktionen nur verschieben und sich eine ganze Generation von asozialen Tieren entwickelt?

Doch kommen wir noch einmal zu unserem Städtevergleich zurück. Berlin hat beispielsweise im Jahre 2012 etwa 10,7 Millionen Euro aus Hundesteuern eingenommen,[387] das sind im Durchschnitt für jeden Bürger 2,97 €. Erfurt hat im selben Jahr 935 055 Euro eingenommen,[388] das sind im Durchschnitt für jeden Bürger 4,43 €. Pro Kopf erreicht Erfurt also circa 50 Prozent mehr Einnahmen als Berlin.

Ich habe mit meinem Neufundländermischling die Berliner Schloßstraße ohne Leine und nur mit Handzeichen problemlos überquert. Es kann nicht artgerecht sein, ein Tier in den wichtigsten Stunden seines täglichen Lebens an der Leine zu führen oder es in spielplatzgroßen Auslaufgebieten freizulassen. Wenn ich religiös wäre, würde ich wohl sagen, dass Gott die Hunde in diesem Fall wohl gleich mit Leine geschaffen hätte. Mein jetziger Hund Darwin wurde in Berlin, in einer Stadt, die damals keinen Leinenzwang kannte, geboren, zog aber mit uns als Welpe nach Erfurt. Ich glaube, in seinem Verhalten negative Auswirkungen einer mangelnden Sozialisierung zu erkennen, und für mich steht fest: Ich werde unter diesen Bedingungen keinen Hund mehr haben. Schade!

Tiergestützte Therapie

Die tiergestützte Therapie ist hier aus einem ganz besonderen Grund aufgegriffen. Es gibt praktisch keine Interaktion mit Tieren, die so sehr auf eine echte Kooperation mit den Tieren angewiesen ist. Nun fragen Sie sich vielleicht: Was meine ich mit echt? Eine echte Interaktion ist in meinen Augen eine Interaktion, die nicht durch Mechanismen der Verstärkung zustande gekommen ist. Bei einem typischen Training bringt man Tieren ein bestimmtes Verhaltensmuster bei. Ein Polizeihund beispielsweise wird genau auf die Erfordernisse abgerichtet, die er in seinem späteren Leben als Arbeitstier braucht.

Bei einem Tier in der tiergestützten Therapie ist das anders. Auch diese Tiere müssen funktionieren und sind in unserem Sinne erzogen, aber ihre Arbeit als Therapietiere und als echte Interaktionspartner für die Patienten verrichten sie selbst. Man kann ihnen nicht beibringen, eine Beziehung zu ihrem Gegenüber aufzubauen. Man kann vielleicht versuchen, Tiere mit einer geeigneten Persönlichkeit auszuwählen, aber das eigentliche Verhalten bestimmen die Tiere selbst. Aus diesem Grund ist für mich die tiergestützte Therapie eine ganz besondere Form der Mensch-Tier-Interaktion und ein gutes Beispiel dafür, dass sich Mensch und Tier auf Augenhöhe begegnen können. Insbesondere bei Therapeuten, die mit Tieren psychische Probleme und Verhaltensauffälligkeiten therapieren wollen, ist es meiner Meinung nach eine unerlässliche Voraussetzung. Dennoch gibt es natürlich unzählige Fälle, in denen dieses ideale Szenario nicht zustande kommt. In meinen Seminaren[389] ist es mir daher ein wichtiges Anliegen, diese Grundidee zu vermitteln.

Ich bin kein Therapeut, und so lege ich mehr Wert auf das Verhalten der Tiere als auf die Wirkung beim Menschen. Dennoch möchte ich kurz auf beide Seiten eingehen, denn es gehören schließlich beide Seiten zur Therapie.

Es gibt viele Theorien, die zu beschreiben versuchen, was in der tiergestützten Therapie passiert. Mal wird besonderer Wert auf die Interaktion gelegt, mal auf die Bildung von Vertrauen, und ein anderes Mal wird die Wirkung allgemein mit der uns innewohnenden Biophilie erklärt. Wer sich für den theoretischen Hintergrund interessiert, dem kann ich nur das Buch »Bindung zu Tieren. Psychologische und neurobiologische Grundlagen tiergestützter Interventionen« empfehlen.[390] Hierin wird unter anderem auch detailliert auf den gegenwärtigen Kenntnisstand zum Thema körpereigene Biochemie und psychologische Wirkung der Interaktion mit Tieren eingegangen.

Befragt man praktisch arbeitende Therapeuten, dann liegt dem Erfolg ein einfaches Grundprinzip zugrunde. Es ist die Interaktion miteinander, die im Laufe der Zeit immer intensiver wird. Auf dieser Grundlage lassen sich je nach Krankheit unterschiedliche Herausforderungen für die Patienten entwickeln. Mal steht Vertrauen, ein anderes Mal Verantwortungsgefühl im Vordergrund, und mal sind die Interaktion und das Sich-in-ein-anderes-Lebewesen-Hineinversetzen die Herausforderung.

Je nach Mentalität und Interesse der Patienten kommen unterschiedliche Tiere zum Einsatz, denn nur wenn beide Seiten miteinander harmonieren und über die Zeit eine Verbindung zueinander aufbauen können, kann der Therapeut die Interaktion sinnvoll lenken. Die Hauptvoraussetzung dafür ist Zeit, denn ohne diese kann es keine engen sozialen Beziehungen geben. Wie wir im Kapitel »Wie wir fühlen« schon erfahren haben, wird unser Verhalten, aber auch unsere Einstellung zu großen Teilen durch unsere Gefühle und somit durch das Zusammenspiel von Hormonen, Neurotransmittern und Nerven erzeugt. Wenn es beispielsweise schon reicht, sich tief in die Augen zu blicken, um die Oxytocinkonzentration zu erhöhen (siehe das Kapitel »Haustiere«), dann wird schnell deutlich, wie stark soziale Interaktionen auf unser Innenleben wirken. Betrachtet man diese Ebene, dann kann die tiergestützte Therapie sogar Medikamente ersetzen und eine weitaus nachhaltigere Wirkung entfalten, als dies mit einem pharmakologischen Eingriff möglich ist.

Dies alles kann aber nur funktionieren, wenn zwischen dem Tier und dem Patienten tatsächlich eine Beziehung besteht. Auch in diesem Fall nehme ich wieder die Delfintherapie als Negativbeispiel, um zu verdeutlichen, was nicht funktioniert. Bei Delfinen wird die Interaktion mit Nahrung belohnt. Die eigentlichen Interaktionspartner sind also der Trainer und der Delfin, sie haben eine Beziehung. Dem Patienten wird nur eine Show vorgeführt. Dies kann ihn zwar kurzfristig motivieren, bestimmte Dinge zu tun, aber es wird nicht zu einer Beziehung zwischen Therapietier und Patienten kommen. Darüber hinaus reichen die zwei bis drei Wochen Delfintherapie auch nicht aus, um eine nachhaltige Wirkung im Sinne einer tiergestützten Therapie zu entfalten.

Doch wie kann man ein Tier dazu motivieren, zu einem wildfremden Menschen eine Beziehung aufzubauen? Für die meisten tiergestützt arbeitenden Therapeuten steht eines fest: Dem Tier muss es gut gehen. Im Idealfall besitzt das Tier eine gefestigte Persönlichkeit und ist entspannt. Ein gestresstes Tier oder ein Tier, das im Rahmen der Therapie unter Stress gerät, ist gänzlich ungeeignet. Je nach Art der Therapie kann es sinnvoll sein, das Tier sich vorher kräftig auszutoben zu lassen oder den Bewegungsdrang in der Therapie auszunutzen. Wenn das Tier unter diesen Bedingungen die Begegnung mit dem Patienten als Bereicherung empfindet, dann werden diese Begegnungen zu einer echten Win-win-Situation.

Zwangsläufig sind damit alle Tierarten, die nicht über viele Generationen hinweg domestiziert und somit auf uns und die Nähe zu uns gezüchtet wurden, ausgeschlossen. Abgesehen von wenigen Ausnahmen sollten die Tiere auch eine bekannte Biographie ohne jegliche Traumata haben. Nur unter diesen Bedingungen kann meiner Meinung nach sicher gearbeitet werden. Dennoch sollte jedem bewusst sein, dass Unfälle passieren können und dass nichts im Leben hundertprozentig berechenbar ist.

Damit das Restrisiko aber so klein wie möglich gehalten wird, sollte es den Tieren wirklich so gut wie nur irgend möglich gehen. Die Stiftung Bündnis Mensch & Tier beschäftigt sich intensiv mit Fragen der Mensch-Tier-Beziehung und hat für verschiedene Tierarten Haltungsempfehlungen herausgegeben. In der folgenden Tabelle werden als Beispiel die Bedingungen für Hunde angegeben. Wer sich diese Tabelle ansieht, wird schnell sehen, dass selbst die Haltung von Hunden ausgesprochen anspruchsvoll ist. Aus meiner Sicht sollte sich jeder, der diese Empfehlung nicht einhalten kann, sehr genau überlegen, ob die Anschaffung wirklich nötig ist. Bei Tieren, die in der Therapie eingesetzt werden, sollten diese Bedingungen aber unbedingt eingehalten werden können.

Zeitliche und inhaltliche Orientierung täglicher Arbeiten
Tiere bevorzugen Gleichmaß und zeitlich
ritualisierte Handlungen während des Tages

Uhrzeit	Tätigkeiten
7:00	Spaziergang mit dem Hund, etwa 45 min.
7:45	Außenarbeiten im Garten und auf dem Hof, der Hund ist dabei.
8:00	fressen, danach mindestens 1 Std. ruhen ohne Toben
8:30	Der Hund fährt mit zur Arbeit + ist den ganzen Tag dabei
13:00	Spaziergang mit dem Hund, mindestens 1 Std., oft 2 Std.

15:00	Der Hund ist dabei, ob zu Hause oder unterwegs.
19:00	Außenarbeiten im Garten und auf dem Hof, der Hund ist dabei.
19:30	kurzer Spaziergang, 15 min.
20:00	fressen, danach mindestens 1 Std. ruhen ohne Toben
22:00	letzter kurzer Abendspaziergang
während der individuellen Hauptbeschäftigungszeit	insgesamt 6 Stunden Kontaktmöglichkeiten zu seinem persönlichen Bezugsmenschen

Zeitaufwand/Tag: mindestens 6 Std. für die Grundversorgung inkl. gemeinsame Zeit für die Beziehungspflege (s. o.)

Die Stiftung Bündnis Mensch & Tier gibt für einige Tierarten Merkblätter und Empfehlungen zur Tierhaltung heraus. Hier ist ein Beispiel für einen exemplarischen Tagesablauf mit einem Hund.

Was ist eigentlich das Gegenteil von tiergestützter Therapie? Richtig, menschengestützte Therapie! Tatsächlich kann man gestresste Hunde mit wildfremden Menschen therapieren. Es reichen schon 15 Minuten pro Tag, und die Tierheimbewohner werden entspannter.[391] Im folgenden Kapiteln werden wir getreu diesem Beispiel auch die Idee wieder umdrehen.

Tiere im Labor

Natürlich gibt es für mich auch einen besonderen Grund, das Thema Tiere im Labor aufzugreifen. Vielleicht erwarten Sie jetzt, dass ich auf Grundlage all der präsentierten Ergebnisse ethische Fragen aufwerfe und mich grundsätzlich gegen Tierversuche wende. Dies tue ich nicht, denn ich bin ja auch nicht gegen Menschenversuche, die ich an mir und meinen Kindern bereits habe durchführen lassen. Letztlich ist Versuch nicht gleich Versuch, und es hängt alles davon ab, was der Versuch für das einzelne Individuum bedeutet. Darüber hinaus sind ethische Implikationen auch nicht das Thema dieses Buches. Mir geht es einzig und allein darum, Ihnen Wissen zu vermitteln, das Ihnen dabei hilft, Tiere besser zu verstehen.

Für die meisten Forscher in der Pharmakologie oder der Biomedizin ist es selbstverständlich, Medikamente an Tieren zu testen oder durch Experimente an Tieren überhaupt erst neue Medikamente zu finden. Das funktioniert gut und ist seit Jahrzehnten etablierte Forschungstätigkeit. Es ist somit ganz normal, Ergebnisse aus Tierversuchen auf die Wirkung beim Menschen zu übertragen. Dabei spielt es keine Rolle, ob es sich um einen Blutdrucksenker, ein Schmerzmittel oder um ein Psychopharmakon handelt. Die meisten Konsumenten hinterfragen dieses Procedere nicht, sondern freuen sich, wenn das Medikament wirkt. Einzig die Tierversuchsgegner kritisieren die Übertragbarkeit und haben damit natürlich teilweise auch recht, denn Medikamente wirken auf unterschiedliche Organismen ganz verschieden, und viele Forscher würden sogar gerne zwischen Männern und Frauen und unterschiedlichen Rassen[392] unterscheiden. Vermutlich werden in Zukunft manche Medikamente sogar auf ein Individuum zugeschnitten. Grundsätzlich funktionieren Säugetiere aber recht ähnlich, und so ist es nicht ungewöhnlich, dass Medikamente für Menschen auch von Tierärzten verwendet werden.

Nun komme ich zum Punkt: Wir müssten in diesem Fall eigentlich davon sprechen, dass Menschen vertierlicht werden, denn wir übertragen die Erkenntnisse über Tiere auf den Menschen. Die Frage ist nur: Warum soll es nicht auch umgekehrt funktionieren, wenn wir Tiere vermenschlichen? Wie ich oben schon angeführt habe, werden auch für die Entwicklung und Erprobung von Psychopharmaka Tierversuche herangezogen. Doch wie kann man diese Medikamente für psychische Erkrankungen an Tieren testen, wenn diese keine Psyche oder keinen Geist haben? Da man es aber tut, muss zwangsläufig jedem klar sein, dass die Tiere, mit denen man diese Tests durchführt, eine Psyche und einen Geist haben. Wir werden im Folgenden ein paar Beispiele kennenlernen, die deutlich machen, wie nah uns Tiere sind und wie weit wir mit unserer Vermenschlichung gehen können. Ich verspreche ihn schon jetzt: Sie werden überrascht sein!

Tiere mit Psyche, Geist und Seele

Vielleicht können Sie sich noch an unser Kapitel »Biographien« erinnern. Darin habe ich gezeigt, dass ein wichtiger Teil der Alzheimer-Forschung an Mäusen gemacht wird. Dies ist insofern erstaunlich, als die Alzheimer-Krankheit unser episodisches Gedächtnis und damit unsere Biographie betrifft. Die Tatsache, dass man das episodische Gedächtnis von Mäusen erforscht, bedeutet zwangsläufig im Umkehrschluss, dass Mäuse eben auch eine Biographie haben. Immerhin glauben die meisten Menschen immer noch, dass Tiere nur im Hier und Jetzt leben.

Bereits 1984 entdeckte man, dass Chlorpromazin, ein 1950 entdecktes Psychopharmakon aus der Gruppe der Neuroleptika, auf aggressive Fische beruhigend wirkt.[393] Dennoch, im Gegensatz zu Tierversuchen bei physiologischen Fragestellungen, war es bis zum Beginn unseres Jahrtausends ausgesprochen ungewöhnlich, psychische Krankheiten wie Schizophrenie mit Hilfe von Tieren zu untersuchen.[394] Heute sind Tierversuche zur Behandlung und zum Verständnis psychischer Krankheiten selbstverständlich.

In einer frühen Untersuchung interessierten sich die Forscher beispielsweise für lachende Ratten. Das war natürlich kein Witz;

Ratten empfinden Freude und können tatsächlich lachen. Sie lachen zwar in einem Frequenzbereich, den wir nicht hören können, aber das ist den Ratten natürlich egal. Das Interessante an dieser Entdeckung ist die Tatsache, dass die Fähigkeit, Freude zu empfinden und zu lachen, der Gegenpol von Depression und Antriebsarmut ist. Die Forscher hoffen nun, die Mechanismen, die der Freude und dem Spaß zugrunde liegen, an den Ratten untersuchen und besser verstehen zu können.[395] Letztlich erhofft man sich eine Pille, die sowohl Ratten als auch Menschen zum Lachen bringt.

Blickt man etwas weiter, dann sind die Implikationen gigantisch. Dazu muss man wissen, dass die Antriebsarmut viel mit dem Wirken unseres Belohnungssystems zu tun hat. In meinem Buch »Das Mysterium der Tiere« gibt es ein ganzes Kapitel zu diesem Thema.[396] Blockiert man beispielsweise einen wichtigen Botenstoff des Belohnungssystems, das Dopamin, dann hören Säugetiere auf zu spielen, und Vögel stellen das Singen ein. Das Belohnungssystem ist eine geniale Erfindung der Natur, es bringt Individuen dazu, bestimmte Dinge, die für sie wichtig sind, zu machen. Ohne diesen inneren Antrieb und das Streben nach Freude gibt es keine Motivation und letztlich keinen Erfolg. Aus diesem Grund interessieren sich die Forscher so intensiv für diese Mechanismen, die sich im Verlauf der Evolution entwickelt haben und die wir zumindest mit den Säugetieren und Vögeln teilen. Freude am Tätigsein, der Spaß am Spiel und das Überraschungsmoment beim Witz sind die großen Motivatoren für unsere Aktivität, und daher sollen die obengenannten Ratten auch Kindern mit ADHS helfen.

Es ist für mich an dieser Stelle unmöglich, auch nur einen Bruchteil der Tierexperimente zu psychologischen Fragestellungen aufzulisten, denn es handelt sich um Abertausende Untersuchungen. Ich bediene mich daher eines kleinen Tricks, um Ihnen die Bedeutung dieser Forschung nahezubringen. Ich zähle einfach die wissenschaftlichen Veröffentlichungen auf, in denen mit Hilfe von Tierexperimenten an Mäusen und Ratten die zehn häufigsten psychologischen Erkrankungen untersucht wurden. Dazu kombiniere ich die Namen der Krankheiten mit den Begriffen »mouse model« und »rat model« und suche in PubMed, der wichtigsten medizinischen Suchmaschine.[397] Das Ergebnis steht in der Klammer neben dem Namen der Krankheit. Die Liste der zehn Krankheiten erhebt übrigens keinen Anspruch auf Richtigkeit, denn ich habe sie einfach nur im Internet gefunden.[398]

1. Schizophrenie (etwa 700 Veröffentlichungen)
2. bipolare Störung (etwa 120 Veröffentlichungen)
3. obsessive Zwangsstörungen (etwa 80 Veröffentlichungen)
4. Borderlinesyndrom (3 Veröffentlichungen)
5. Depression (etwa 2000 Veröffentlichungen)
6. posttraumatisches Belastungssyndrom (etwa 920 Veröffentlichungen)
7. Demenz (etwa 4930 Veröffentlichungen)
8. Burn-out (0)
9. AD(H)S (etwa 170 Veröffentlichungen)
10. Angststörungen (etwa 880 Veröffentlichungen)

Vielleicht sollte ich noch erwähnen, dass die Anzahl der Veröffentlichungen mit Sicherheit um einiges höher ist. Nutze ich zum Beispiel Googles wissenschaftliche Suchmaschine Scholar[399], dann werden mir bei Schizophrenie statt 700 über 10 000 Treffer präsentiert. PubMed ist im Gegensatz dazu sehr spezifisch und vermeidet Doppelungen. Der Nachteil ist allerdings, dass viele Publikationen aus angrenzenden Forschungsbereichen nicht mit gelistet werden. Darüber hinaus fehlen auch alle Untersuchungen, die mit anderen Tieren durchgeführt wurden. Letztlich ist die genaue Zahl aber völlig egal, denn ich wollte Ihnen nur deutlich machen, dass es für die derzeitige Wissenschaft völlig selbstverständlich ist, mit Hilfe von Tierversuchen Aspekte unserer Psyche und unseres Geistes zu verstehen.

Die Tatsache, dass die meisten Experimente an Mäusen und Ratten durchgeführt werden, hat übrigens nichts damit zu tun, dass diese Tiere uns in besonderem Maße nah oder dass sie besonders intelligent sind, es sind nur einfach die Tierarten, mit denen wir Menschen am besten experimentieren können. Das psychische Innenleben von Säugetieren und womöglich auch von Vögeln, Reptilien und Fischen unterscheidet sich somit nicht gravierend von dem unseren.

Psychologische Betreuung von Elefanten

Ich habe oben schon geschrieben, dass viele Tierärzte Tieren Medikamente für Menschen verordnen und dass dies in den meisten Fällen gut funktioniert. Vermutlich ist es daher keine Überraschung, wenn dies auch für psychische Probleme gilt. Doch ein Beispiel hat mich sehr überrascht und zutiefst berührt:

»Die Luft wird von explodierenden Maschinengewehrsalven zerrissen, und der Junge sieht, wie seine Eltern zu Boden stürzen, ein Bild, das sich für immer in sein Gedächtnis brennt. Gemeinsam mit den anderen Kindern wird er verschleppt und in ein neues Leben gezwungen. Zehn Jahre später mordet er als Teenager Hunderte unschuldige Opfer. Die Szene könnte die Folgen einer posttraumatischen Störung (PTSD: post-traumatic stress disorder) eines Kindes im Kosovo oder in Ruanda beschreiben.«[400]

Mit diesen Worten beginnt ein Artikel über Elefanten, der in der wichtigsten naturwissenschaftlichen Zeitschrift »Natur« erschienen ist. Der Artikel führt weiter aus, dass es vermutlich keinen einzigen Elefanten auf der Erde gibt, der nicht in seiner frühen Kindheit und Jugend durch die Ermordung eines nahen Familienmitglieds traumatisiert wurde und vermutlich unter einer posttraumatischen Störung leidet. Das Interessante an dieser Veröffentlichung ist nicht nur der psychologische Aspekt, sondern die Betonung der Kultur, in der die Tiere leben. In ihrer Kultur wird das kulturelle Erbe von wenigen zentralen Köpfen bestimmt. Diese wenigen sind oft älter und erfahrener und entsprechend klug.[401] Werden gerade diese Tiere getötet oder gefangen, dann raubt man einer viel größeren Zahl von Tieren ihr normales Leben. Sie wachsen nicht mehr in einer Kultur auf, in der sie als Mitglieder zu funktionieren lernen, sondern sind ihrer Wurzeln beraubt, wissen nicht, wie man sich normal verhält, und werden oft aggressiv. Die Opfer dieser Aggression waren im oben zitierten Fall Nashörner.

Glücklicherweise werden diese und andere vergleichbare Erkenntnisse aktuell im internationalen Naturschutz diskutiert.[402] Leider fehlen das Wissen und die Erfahrung, diese Erkenntnisse umzusetzen. Trotz allem ist es ein Durchbruch, wenn diese Themen überhaupt diskutiert werden. Die Kulturdebatte ist mehr als 15 Jahre alt, und es wird höchste Zeit, diese neuen Erkenntnisse in das Naturschutzmanagement einzubeziehen. Auch wenn wir heute noch nicht genau wissen, wie wir dieses neue Wissen anwenden sollen, so ist eines doch sicher: Das reine Management von Populationen, wie es im Naturschutz üblich ist, reicht bei Tieren mit komplexen kognitiven Fähigkeiten und sozialem Lernen nicht aus. Bei diesen Tierarten hängt zu viel an einzelnen Individuen, die als Träger der Kultur und des Wissens für künftige Generation fungieren. Ich kann es nur immer wieder betonen: Unser altes Bild von Tieren hilft uns nicht weiter! Wenn wir nicht akzeptieren, dass viele Tierarten vergleichbare Ansprüche an ihr Leben haben wie wir, dann werden wir keine angemessenen Lebensbedingungen für Tiere ermöglichen, und es werden noch sehr viel mehr Tierarten aussterben. Leider stehen unsere Elefanten ganz oben auf der Liste bzw. vor dem Abgrund.

Das Mausmodell

Nach meiner Schulzeit und weil ich in der DDR keinen Studienplatz bekommen hatte, arbeitete ich am Schweineohrmodell. Professor Klöcking,[403] einer der Leiter des Instituts für Pharmakologie und Toxikologie in Erfurt, war so freundlich und stellte mich als ungelernten Laborassistenten an. Zu dieser Zeit war es meine Aufgabe, jeden Morgen in den Schlachthof zu fahren, um einen Eimer mit vier frischen Schweineohren zu holen. Meine Arbeit bestand nun darin, das Gefäßsystem der Schweineohren mit einer physiologischen Flüssigkeit zu durchspülen. Je nach zugefügter Ingredienz reagierte das Gefäßsystem unterschiedlich, und es konnten Aussagen zum Einfluss des Stoffes auf die Gerinnung gemacht werden. Das Schweineohr stand modellhaft für den Säugetierorganismus, und genauso sprechen die Forscher heute vom Mausmodell oder vom Rattenmodell. Auch in diesen Fällen stehen die Tiere als Modell oder quasi als Simulation der Realität.

Bis hierher ist alles einfach, doch nun kommt die menschliche Psyche mit ins Spiel. Ich werde auf Vorträgen, aber auch in meinem Bekanntenkreis, ab und an von Wissenschaftlern in ein inhaltliches Gespräch verwickelt. Wenn ich dann beispielsweise erwähne, dass Mäuse, wenn sie ein episodisches Gedächtnis haben, zwangsläufig auch eine Biographie haben müssen oder wenn ich von schizophrenen oder bipolar gestörten Ratten erzähle und davon ausgehe, dass diese Tiere auch eine Psyche bzw. einen Geist haben, dann wird mir manchmal allen Ernstes entgegengehalten, dass diese Fähigkeiten nicht mit unseren zu vergleichen seien. Begründung: Es sei ja nur ein Mausmodell. Es fällt mir tatsächlich schwer, die Logik, die hinter einer solchen Erwiderung steckt, zu beschreiben. In meiner Welt ist ein solcher Gedanke einfach nur abstrus, entbehrt jeglicher Logik und widerspricht dem gesunden Menschenverstand. Dennoch passiert es mir häufig, dass gestandene Wissenschaftler oder erfahrene Professoren einen solchen Standpunkt vertreten.

Wir haben uns oben bereits mit dem Begriff der Opferabwertung beschäftigt. Aus meiner Sicht ist die Trennung zwischen Maus und Mausmodell ein klassischer Fall für kognitive Dissonanz. Diese Reaktion ist noch nicht einmal böse gemeint, sie wird wie selbstverständlich vertreten, denn wie könnte man auch nur auf die Idee kommen, eine Maus mit einem Menschen zu vergleichen. In dem Moment, in dem man vom Mausmodell spricht, spricht man nicht mehr von dem Tier, das eine Biographie hat, und wenn man die Schädeldecke einer lebenden Ratte öffnet, um die neuronalen und biochemischen Mechanismen des Mitgefühls zu erforschen, dann muss wohl das eigene kaltgestellt werden. Wie sonst kann man damit umgehen, dass meine Untersuchungsratte dazu in der Lage ist, auf dem Bild eines Artgenossen Schmerzen im Gesichtsausdruck zu erkennen,[404] Reue zu empfinden, also über das eigene Handeln zu reflektieren und Fehler zu bereuen,[405] dazu in der Lage ist, Tauschhandel zu betreiben und in der Vergangenheit gemachte Gefallen zu erwidern[406], oder auch nur, mit anderen abzuhängen und sich totzulachen?

Wie Sie oben erfahren haben, habe ich kurz nach der Schule selbst an Tierversuchen mitgewirkt, und Sie wissen, dass ich meine Doktorarbeit über Studien an gefangenen Tieren geschrieben habe. Ich kann mich schwerlich hinstellen und mit dem Finger auf Forscher zeigen, die nichts anderes tun. Aber der derzeitige Umgang mit Tieren beruht auf einem veralteten und falschen Tierbild und ist der wissenschaftlichen Tradition des Behaviorismus geschuldet.

Dies wird auch deutlich, wenn man sich die Inhalte der versuchstierkundlichen Qualifikation FELASA B ansieht. Diese Zusatzausbildung ist für alle Forscher vorgeschrieben, die in der EU mit Tieren experimentieren möchten. In dieser 40- bis 90-stündigen Weiterbildung werden die von der Federation of European Laboratory Animal Science Associations empfohlenen Inhalte gelehrt. Leider wird von dem Wissen, das ich Ihnen in diesem Buch vermittelt habe, kein einziger Aspekt aufgegriffen. Die Weiterbildung beschäftigt sich mit Hygiene, Zucht, Haltung, der richtigen Versuchsdurchführung, Tötung, der ethischen und juristischen Diskussion und vielen anderen Dingen, aber nicht mit der Kognition und dem emotionalen Erleben der Versuchstiere.

Somit muss jede Entscheidung, die auf Grundlage dieses Wissensdefizits getroffen wird, heute als falsch betrachtet werden. Aus meiner Sicht ist es daher absolut erforderlich, das Wissen über die kognitiven Fähigkeiten und die emotionale Tiefe von Tieren in die Öffentlichkeit zu tragen. Ich möchte Sie alle dazu ermuntern, Ihr in diesem Buch erworbenes Wissen weiterzutragen, erzählen Sie es denen, die es wissen wollen, nur so kann unserem aktuellen Umgang mit Tieren die Grundlage entzogen werden. All diese Informationen gehören in die öffentliche Diskussion, und dann muss entschieden werden, ob etwas moralisch tragbar ist oder eben nicht. Ich zumindest hoffe auf unser Mitgefühl, denn wenn man etwas besser weiß als früher, muss man sich danach richten.

V. DIE UNIVERSELLE VERSTÄNDIGUNGSFORMEL

Achtung: Diese Seiten sind nicht verständlich bzw. leiten fehl, wenn Sie die angegebenen Buchseiten nicht gelesen haben!

Kontexttrick (Seite 56ff.): Tiere haben im Verhältnis zu uns Menschen eingeschränkte Ausdrucksmöglichkeiten. Die meisten Tiere haben beispielsweise nur einen Ruf. Dieser wird in verschiedenen Situationen verwendet und hat je nach Kontext eine andere Bedeutung. Machen Sie sich dies zunutze, und vertrauen Sie Ihrer Intuition, um zu verstehen, was in einem Tier vorgeht. Die meisten Menschen machen dies automatisch, und das ist auch richtig so.

Emotionstrick (Seite 11–15): Ganz ähnlich dem universellen Verständnis von Musik (lustige, traurige oder melancholische Musik) sind wir dazu in der Lage, bei den unterschiedlichsten Wirbeltierarten den emotionalen Status anhand der Stimme zu erkennen. Auch wenn es schwerfällt, nutzen Sie Ihre Empfindungen! Mit großer Wahrscheinlichkeit ist ihre Einschätzung richtig.

Autismustrick (Seite 58ff.): Denken Sie in Bildern, lösen Sie sich von sprachlichen Gedanken, und konzentrieren Sie sich auf kleinste visuelle, akustische oder andere Details. Ignorieren Sie alle Ambivalenz im Denken und Fühlen, und konzentrieren Sie sich auf nur ein Kerngefühl, und das fühlen Sie bitte intensiv.

Theory of Mind (Seite 97–103): Nutzen Sie Ihre Fähigkeit, sich in andere Wesen hineinzuversetzen, und versuchen Sie auf Grundlage unserer drei kleinen Tricks zu überlegen, was das Tier in dieser Situation empfinden und denken könnte.

Perspektivismus (Seite 159ff.): Nun schaffen Sie eine Analogie zu ihrem eigenen Lebensumfeld und merken sich Ihre Gefühle und Gedanken, die Ihnen in dieser Situation einfallen.

Wissensfilter: Dieser Schritt ist an ein enzyklopädisches Wissen gebunden, und Sie kommen um eine detaillierte Recherche nicht herum. Sie müssen so viel wie möglich über das Tier wissen und dürfen nur die Aspekte Ihrer bisherigen Vorstellung passieren lassen, die mit diesem Wissen in Einklang stehen.

Vermenschlichung (Seite 83–130): Vermenschlichung ist nicht falsch, sondern kann ein unglaublich wichtiges Werkzeug zu einem besseren Verständnis werden! Wenn Sie alle Aspekte durch Ihren Wissensfilter gejagt haben, dann können Sie alle Elemente, bei denen die Tiere nachweislich die gleichen Fähigkeiten haben wie wir, getrost vermenschlichen. Je nachdem, wie mutig oder risikofreudig Sie sind, können Sie auch von einer Tierart auf die andere übertragen, aber nur wenn sich diese grundsätzlich in ihren kognitiven Fähigkeiten ähneln.

Dialog (Seite 71–80): Im Dialog mit dem Tier werden nun Ihre Annahmen überprüft. Reden Sie dabei, oder benutzen Sie Ihren Körper als Sprachorgan. Initiieren Sie eine Reaktion und interpretieren Sie diese auf Grundlage Ihrer Einschätzung. Egal, ob Sie sich gegenseitig verstanden haben oder nicht, der Dialog schafft eine Verbindung, auf die Sie aufbauen können. Daher: Bleiben Sie bitte im Dialog! Haben Sie auch bitte keine Angst, sich falsch zu verhalten, ein Dialog ist kein Vertrag, und im Miteinander wird die Gemeinsamkeit permanent neu diskutiert. Der Dialog ist vielleicht das wichtigste Element von allen, und Sie können kaum etwas falsch machen, daher scheuen Sie sich nicht, mit Tieren zu kommunizieren. Seien Sie offen für die Antworten und vor allem: Respektieren Sie auch eine Meinung, die Ihnen nicht gefällt. Denken Sie daran: Ihr Gegenüber darf das Interesse am Dialog nicht verlieren.

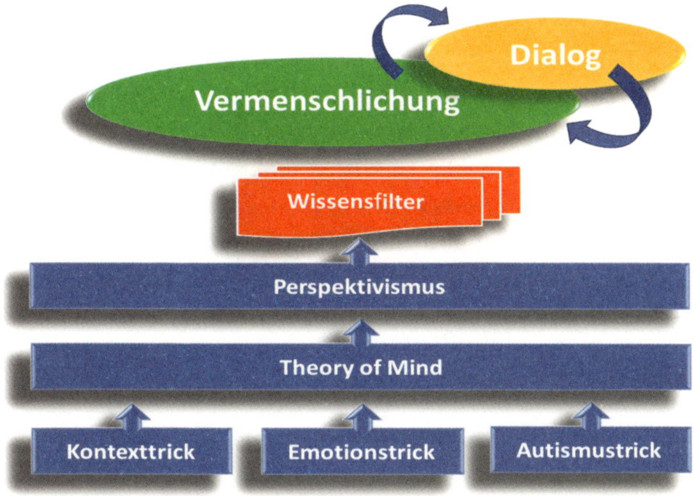

Die universelle Verständigungsformel gibt es nicht, aber wir können uns mit ein paar Tricks besser in Tiere und andere uns fremde Entitäten hineinversetzen. Die Abbildung ist so etwas Ähnliches wie ein Spickzettel, der uns zu bestimmten Gedanken anregen soll.

Grundsätzliches: Dieser ganze Prozess kann sehr einfach sein und sich in einem Bruchteil einer Sekunde abspielen. Wenn Sie beispielsweise einem großen und für Sie potentiell gefährlichen Raubtier begegnen, dann wissen Sie, dass Sie dem Tier deutlich machen müssen, dass Sie keine Beute sind. Auf keinen Fall dürfen Sie davonrennen. Im Gegenteil: Sie blicken das Tier an und zeigen keine Angst, vielleicht schreien Sie Ihren Ärger über die Bedrohung auch lautstark heraus und zeigen, dass Sie gefährlich sind. Wenn Sie hingegen einem potentiell gefährlichen Tier begegnen, das sich oder seine Nachkommen durch Sie bedroht fühlt, dann wenden Sie den Blick ab und ziehen sich ruhig zurück. Ein Hund, der Sie zähnefletschend anknurrt, will Sie nicht fressen, Sie sind für ihn keine Beute. Daher ziehen Sie sich einfach zurück und versuchen Sie, den Blickkontakt zu vermeiden.

Natürlich war dies nur ein ganz grundsätzliches und extrem gekürztes Beispiel, und es ist gut möglich, dass bei einer bestimmten Tierart oder Situation genau das Gegenteil richtig ist. Ich wollte an diesem Beispiel lediglich aufzeigen, wie einfach es sein kann. Es empfiehlt sich aber immer, so viel wie möglich über die Tiere und ihr Verhalten zu wissen und mit diesem Wissen die »Verständigungsformel« zu benutzen. Aufgrund unserer Schulbildung und unseres kulturellen Hintergrundes neigen wir dazu, Tiere zu unterschätzen, daher trauen Sie ihnen ruhig etwas mehr zu, als Sie glauben.

ANMERKUNGEN

1 Roßmäßler, E. A.: Der Wald – Den Freunden und Pflegern des Waldes geschildert. Leipzig, Heidelberg 1863.
2 Darwin C.: The descent of man and selection in relation to sex. London 1871.
3 Filippi, P. et al.: Humans recognize emotional arousal in vocalizations across all classes of terrestrial vertebrates: evidence for acoustic universals. Proceedings of the Royal Society of London B (2017) 284 20170990.
4 Belin, P. et al.: Human cerebral response to animal affective vocalizations. Proceedings of the Royal Society of London B (2008) 275, S. 473–481.
5 Juslin P. N., Laukka P.: Communication of emotions in vocal expression and music performance: different channels, same code? Psychological Bulletin (2003) 129, S. 770–814.
6 https://www.youtube.com/watch?v=CEQuDyuQFKE.
7 Mikrobiologischer Lehrpfad – Max-Plank-Institut für terrestrische Mikrobiologie, Lehrtafel: Bakterien mit Gemeinschaftssinn.
8 Wittgenstein, L.: Philosophische Untersuchungen (Erstveröffentlichung 1953). Berlin 2003.
9 Heidegger, M.: Being and Time. Oxford 1927.
10 Menzel, R., Eckoldt, M.: Die Intelligenz der Bienen: Wie sie denken, planen, fühlen und was wir daraus lernen können. München 2016.
11 Greggers, U. et al.: Reception and learning of electric fields in bees. Proceedings of the Royal Society of London B (2013) 280: 20130528.
12 Genty, E., Breuer, T., Hobaiter, C., Byrne, R. W.: Gestural communication of the gorilla (Gorilla gorilla): repertoire, intentionality and possible origins. Animal Cognition (2009) 12, S. 527–546.
13 Hobaiter, C., Byrne, R. W.: The gestural repertoire of the wild chimpanzee. Animal Cognition (2011) 14, S. 745–767.
14 Gillespie-Lynch, K. et al.: A cross-species study of gesture and its role in symbolic development: implications for the gestural theory of language evolution. Frontiers in Psychology (2013) doi: 10.3389/fpsyg.2013.00160.
15 Tomasello, M., Call, J.: Thirty years of great ape gestures. Animal Cognition (2018) doi: 10.1007/s10071-018-1167-1.
16 https://www.youtube.com/watch?v=yZa17tYe0TQ
17 Graham, K. E. et al.: Bonobo and chimpanzee gestures overlap extensively in meaning. Public Library of Science Biology (2018) 16(2): e2004825.
18 Rossano, F., Nitzschner, M., Tomasello, M.: Domestic dogs and puppies can use human voice direction referentially. Proceedings of the Royal Society of London B (2014) 281, S. 1785.
19 Krause, M. A. et al.: Animal pointing: changing trends and findings from 30 years of research. Journal of Comparative Psychology (2018) in press.

20 https://www.journals.elsevier.com/current-opinion-in-behavioral-sciences.
21 https://www.sciencedirect.com/journal/current-opinion-in-beh avioral-sciences/vol/21/suppl/C.
22 Brensing, K.: Das Mysterium der Tiere. Berlin 2017, S. 55–128.
23 Ebd., S. 235–246.
24 Chomsky, N.: Syntactic structures. New York 2002.
25 Darwin, C.: The Descent of man, and selection in relation to sex. London 1871.
26 Dunbar, R. I.: Groups, gossip, and the evolution of language. Chapter 5 in New aspects of human ethology. Wien (1996).
27 Seyfarth, R. M., Cheney, D. L.: The evolution of language from social cognition. Current opinion. Neurobiology (2014), 28 S. 5–9.
28 Fitch, W. T.: Kin selection and mother tongues: A neglected component in language evolution. In: Oller, D. K., Griebel, U. (Hgg.): Evolution of communication systems: A comparative approach. Cambridge 2004, S. 275–296.
29 Burkart, J. M., Hrdy, S. B., Van Schaik, C. P.: Cooperative breeding and human cognitive evolution. Evolutionary Anthropology: Issues, News, and Reviews (2009) 18, S.:175–186.
30 Griesser, M., Wheatcroft, D., Suzuki, T. N.: From bird calls to human language: exploring the evolutionary drivers of compositional syntax. Current Opinion in behavioral sciences volume 21 (The evolution of language), (2018), S. 6–12.
31 Slobodchikoff, C. N., Kiriazis, J., Fischer, C., Creef, E.: Semantic information distinguishing individual predators in the alarm calls of Gunnison's prairie dogs. Animal Behaviour (1991) 42, S. 713–719.
32 Slobodchikoff, C. N., Perla, B. S., Verdolin, J. L.: Prairie dogs: communication and community in an animal society. Cambridge 2009.
33 Griesser, M.: Mobbing calls signal predator category in a kin group-living bird species. Proceedings of the Royal Society- Biological Sciences (2009) 276(1669), S. 2887–2892.
34 Lima, S. G. C., Sousa-Lima, R. S., Tokumaru, R. S., Nogueira-Filho, S. L. G., Nogueira, S. S. C.: Vocal complexity and sociality in spotted paca (Cuniculus paca). Public Library of Science One (2018) 13(1), e0190961.
35 Soltis, J., King, L. E., Douglas-Hamilton, Vollrath, Savage: African Elephant Alarm Calls Distinguish between Threats from Humans and Bees. Public Library of Science One (2014) 9(2), e89403.
36 Moynihan, M. H.: Structures of animal communication. In: Man and beast revisited, Washington, D. C. 1991, S. 193–202.
37 Engesser, S., Crane, J. M. S., Savage, J. L., Russell, A. F., Townsend, S. W.: Experimental evidence for phonemic contrasts in a nonhuman vocal system. Public Library of Science Biol (2015) 13(6), e1002171.
38 Engesser, S., Ridley, A. R., Townsend, S. W.: Meaningful call combinations and compositional processing in the southern pied babbler. Proceedings of the National Academy of Sciences (2016), 113(21), S. 5976–5981.
39 ten Cate, C.: The comparative study of grammar learning mechanisms: birds as models. Current Opinion in Behavioral Sciences Volume 21, (2018) 21, S. 13 bis 18.
40 ten Cate, C., Healy, S. D.: Avian Cognition. Cambridge 2017.
41 www.johnclilly.com.
42 Herman, L. M.: What laboratory research has told us about dolphin cognition. International Journal of Comparative Psychology (2010) 23, S. 310–330.

43 Falk, D.: Comparative Anatomy of the Larynx in Man and the Chimpanzee: Implications for Language in Neanderthal. American Journal of Physical Anthropology (1975) 43, S. 123–132.
44 Gardner, R. A., Gardner, B. T., van Cantfort, T. E.: Teaching sign language to chimpanzees. Albany 1989.
45 Fouts, R. S.: Language: Origins, definition, and chimpanzees. Journal of Human Evolution (1974) 3, S. 475–482.
46 Rumbaugh, D. M.: Language learning by a chimpanzee. New York 1977.
47 Savage-Rumbaugh, E. S., McDonald, E., Sevcik, R. A., Hopkins, W. D., Rupert, E.: Spontaneous symbol acquisition and communicative use by pygmy chimpanzees [Pan paniscus], Journal of Experimental Psychology (1986) 112, S. 211 bis 235.
48 Savage-Rumbaugh, S., Lewin, R.: Kanzi: The ape at the brink of the human mind. New York 1994.
49 http://chimptrainersdaughter.blogspot.de.
50 Clarke E., Reichard, U. H., Zuberbühler, K.: The syntax and meaning of wild gibbon songs. Public Library of Science One (2006) 1(e73).
51 Pepperberg, I. M.: Evolution of communication from an avian perspective. In: Oller, D. K., Griebel, U. (Hgg.): Evolution of Communication Systems: A Comparative Approach.. Cambridge 2004, S. 171–192.
52 Pepperberg, I. M., Gordon, J. D.: Numerical comprehension by a Grey Parrot (Psittacus erithacus), including a zero-like concept. Journal of Comparative Psychology (2005) 119, S. 197–209.
53 Hudin, J.: Did Alex have language? Ethics & Politics (2009) XI(1), S. 271–290.
54 Scarf, D., Boy, K., Über Reinert, A., Devine, J., Güntürkün, O., Colombo, M.: Orthographic Processing in Pigeons (Columba livia). Proceedings of the National Academy of Sciences (2016) 113(40), S. 11272–11276.
55 Letzner, S., Güntürkün, O., Beste, C.: How birds outperform humans in multicomponent behavior. Current Biology (2017) 27(18), S. 996–998.
56 Allman, J. M., Watson, K. K., Tetrault, N. A., Hakeem, A. Y: Intuition and autism: a possible role for Von Economo neurons. Trends in Cognitive Science (2005) 9, S. 367–373.
57 Levinson, S. C.: Interactional biases in human thinking. In Social Intelligence and Interaction (Goody, E. N. Hrsg). Cambridge 1995, S. 221–260.
58 Mercader, J., Barton, H., Gillespie, J., Harris, J., Kuhn, S., Tyler, R., Boesch, C.: 4,300-Year-old chimpanzee sites and the origins of percussive stone technology. Proceedings of the National Academy of Sciences (2007) 104 (9), S. 3043 bis 3048.
59 Dediu, D., Levinson, S. C.: Neanderthal language revisited: not only us. Current Opinion in Behavioral Sciences (2018) 21, S. 49–55.
60 D'Anastasio, R. et al.: Micro-Biomechanics of the Kebara 2 Hyoid and Its Implications for Speech in Neanderthals. Public Library of Science One (2018) 8(12) e82261.
61 Lieberman, P. H., Klatt, D. H., Wilson, W. H.: Science (1969) 164, S. 1185.
62 Fitch, W. T., deBoer, V. B., Mathur, N., Ghazanfar, A. A.: Monkey vocal tracts are speech-ready. Science Advances (2016) 2(12) e1600723.
63 Boe, L.-J. et al.: Evidence of a Vocalic Proto-System in the Baboon (Papio papio) Suggests Pre-Hominin Speech Precursors. Public Library of Science One (2017) 12, e0169321.

64 d'Errico, F., Zilhao, J., Julien, M., Baffier, D., Pelegrin, J.: Neandertal acculturation in Western Europe? A critical review of the evidence and its interpretation. Current Anthropology (1998) 39, S. 1–44.
65 Binford, L. R.: Bones: Ancient men and modern myth. Academic Press. New York 1981.
66 Wynn T., Coolidge F. L.: The expert neandertal mind. Journal of Human Evolution (2004) 46: S. 467–487.
67 www.iucnredlist.org.
68 Haun, D. B. M., Rekers, Y., Tomasello, M.: Children conform to the behavior of peers; other great apes stick with what they know. Psychological Science (2014) 25(12), S. 2160–2167.
69 Cissewski, J., Boesch, C.: Communication without language – How great apes may cover crucial advantages of language without creating a system of symbolic communication. Gesture (2016) 15(2), S. 224–249.
70 Nishida, T.: The leaf-clipping display: a newly-discovered expressive gesture in wild chimpanzees. Journal of Human Evolution (1980) 9, S. 117–128.
71 www.youtube.com/watch?v=cZU2YYYxEsw.
72 www.youtube.com/watch?v=ppM1zbmFQd8.
73 White, S. A. et al.: Singing Mice, Songbirds, and More: Models for FOXP2: Function and dysfunction in human speech and language. The Journal of Neuroscience (2006) 26, S. 10376–10379.
74 Schreiweis, C., Bornschein, U., Burguière, E., Kerimoglu, C., Schreiter, S., Dannemann, M., Goyal, S., Rea, E., French, C. A., Puliyadi, R., Groszer, M., Fisher, S. E., Mundry, R., Winter, C., Hevers, W., Pääbo, S., Enard, W., Graybiel, A. M.: Humanized Foxp2 enhances learning automatization. Proceedings of the National Academy of Sciences (2014) 111(39), S. 14253 bis 14258.
75 Sieber, O. J.: Vocal communication in raccoons (Procyon lotor). Behaviour (1984) 90, S. 80–113.
76 Simonet, P., Versteeg, D., Storie, D.: Dog-laughter: Recorded playback reduces stress related behavior in shelter dogs. Proceedings of the 7th International Conference on Environmental Enrichment July 31–August 5 (2005).
77 Jarvis, E.: Learned birdsong and the neurobiology of human language. Annals of the New York Academy of Sciences (2004) 1016, S. 749–777.
78 Stoeger, A. S., Mietchen, D., Oh, S., de Silva, S., Herbst, C. T., Kwon, S., Fitch, W. T.: An Asian Elephant Imitates Human Speech. Current Biology (2012) 22(22), S. 2144–2148.
79 Ridgway, S., Carder, D., Jeffries, M., Todd, M.: Spontaneous human speech mimicry by a cetacean. Current Biology (2012) 22(20), S. 860–861.
80 https://www.youtube.com/watch?v=K4Uy_QOQfbs.
81 https://www.youtube.com/watch?v=XfqiEGYEQoQ&t=36s.
82 https://www.youtube.com/watch?v=BLNzK19179o.
83 Abramson, J. Z., Hernández-Lloreda, M. V., García, L., Colmenares, F., Aboitiz, F., Call, J.: Imitation of novel conspecific and human speech sounds in the killer whale (Orcinus orca). Proceedings of the Royal Society of London B (2018) 285(1871) 20172171.
84 Crockford, C., Herbinger, I., Vigilant, L., Boesch, C.: Wild chimpanzees produce group-specific calls: a case for vocal learning? Ethology (2004) 10, S. 221 bis 243.

85 Chen, Y. et al.: ›Compromise‹ in echolocation calls between different colonies of the intermediate leaf-nosed bat (Hipposideros larvatus). Public Library of Science One (2016) 11(3).
86 Arriaga, G., Zhou, E. P., Jarvis, E. D.: Of mice, birds, and men: The mouse ultrasonic song system has some features similar to humans and song-learning birds. Public Library of Science One (2012) 7 (10).
87 https://www.youtube.com/results?search_query=dancing+animals.
88 Laland, K., Wilkins, C., Clayton, N.: The evolution of dance. Current Biology (2016) 26(1), S. 5–9.
89 Murphy, J. C.: Secrets of the Snake Charmer: Snakes in the 21st century. Bloomington 2010.
90 Friedel, P., Young, B. A., van Hemmen, J. L.: Auditory Localization of Ground-Borne Vibrations in Snakes. Physical Review Letters (2008) 100, 048701.
91 http://news.bbc.co.uk/2/hi/south_asia/2733039.stm.
92 https://www.youtube.com/watch?v=3KJzDhMfWW8.
93 https://www.prowildlife.de/wp-content/uploads/2018/03/Ein-Leben-in-Ketten-Elefanten-im-Tourismus_lowres.pdf.
94 Snowdon, C. T. et al.: Cats prefer species-appropriate music. Applied Animal Behaviour Science, (2015) 166, S. 106–111.
95 http://www.scinexx.de/redaktion/wissen_aktuell/sound/catmusic.mp3.
96 Cäsar, C., Zuberbühler, K., Young, R. J., Byrne, R. W.: Titi monkey call sequences vary with predator location and type. Biology Letters (2013) 9(5).
97 Berthet, M., Neumann, C., Mesbahi, G. et al.: Contextual encoding in titi monkey alarm call sequences. Behavioral Ecology and Sociobiology (2018) 72(8).
98 Tejaswini, S., Sriraam, N., Pradeep, G. C. M.: Recognition of infant cries using wavelet derived mel frequency feature with SVM classification. International Conference on Circuits, Controls, Communications and Computing (2016).
99 Grandin, T., Johnson, C.: Animals in Translation: The woman who thinks like a cow. Bloomsbury. London 2006.
100 https://www.moviepilot.de/movies/temple-grandin.
101 https://www.ted.com/talks/temple_grandin_the_world_needs_all_kinds_of_minds#t-60818.
102 Solomon, O.: Doing, being and becoming: the sociality of children with autism in activities with therapy dogs and other people. The Cambridge Journal of Anthropology (2012) 30, S. 109–127.
103 Shortridge, G. C.: The mammals of south west Africa. London 1934.
104 https://www.youtube.com/watch?v=e2-HA4hnzSg (ab 6:46)
105 Manser, M., Fletcher, L.: Vocalize to localize: A test on functionally referential alarm calls. Interaction Studies (2004) 5 (3), S. 327–344.
106 Flower, T., Gribble, M., Ridley, A. : Deception by flexible alarm mimicry in an african bird. Science (2014) 344(6183), S. 513–516.
107 https://www.youtube.com/watch?v=tEYCjJqr21A.
108 https://www.youtube.com/watch?v=e2-HA4hnzSg (ab 26:55).
109 https://www.sciencedirect.com/science/article/pii/S0003347207003065.
110 Matrosova, V. A., Schneiderová, I., Volodin, I. A., Volodina, E. V.: Species-specific and shared features in vocal repertoires of three Eurasian ground squirrels (genus Spermophilus). Acta Theriologica (2012) 57(1), S. 65–78.

111 Molnár, C., Pongrácz, P., Faragó, T., Dóka, A., Miklósi, A.: Dogs discriminate between barks: The effect of context and identity of the caller. Behavioural Processes (2009) 82, S. 198–201.
112 Thornton, A., Samson, J.: Innovative problem solving in wild meerkats. Animal Behaviour (2012) 83(6), S. 1459–1468.
113 https://www.youtube.com/watch?v=gdlEPF_6Pd8.
114 Arnold, K., Zuberbühler, K.: Call combinations in monkeys: compositional or idiomatic expressions? Brain and language (2012), 120, S. 303–309.
115 Ouattara, K., Lemasson, A., Zuberbühler, K.: Campbell's monkeys concatenate vocalizations into context-specific call sequences. Proceedings of the National Academy of Sciences (2009) 106), S. 22026–22031.
116 Ridley, M.: Evolution. New York 2003.
117 Hurford, J. R.: Mutation, modularity, merge, communication and selection. Current Opinion in Behavioral Sciences 2018 (21), S. 76–79.
118 https://en.wikipedia.org/wiki/George_A._Kennedy_(classicist).
119 Kennedy, G.: A Hoot in the Dark: The Evolution of General Rhetoric. Philosophy and Rhetoric (1992) 25(1), S. 1–21.
120 Hawhee, D.: Toward a Bestial Rhetoric. Philosophy and Rhetoric (2011) 44(1), S. 81–87.
121 http://www.jmu.edu/stories/cohencenter/2016/10-24-parrish.shtml.
122 Bjørkdahl, K. (Hg.), Parrish, A. C. (Hg.), Cooper, M. M., Dionne, T. J., Gorsevski, E. W., Goksel, I., Greenwalt, D. A., Gruber, D. R., Gutiérrez, A., Hafen, S., Lerberg, M., Loe, K., Plec, E., Saltmarsh, J., Zertuche, H.: Rhetorical animals – boundaries of the human in the study of persuasion (Ecocritical Theory and Practice) Lanham 2017.
123 https://www.youtube.com/watch?time_continue=4&v=cbTdgK0fl88.
124 Pika, S., Fröhlich, M.: Gestural acquisition in great apes: the social negotiation hypothesis. Animal Cognition (2018) https://doi.org/10.1007/s10071-017-1159-6.
125 Wittgenstein, L: Philosophical investigations. Basil Blackwell, Oxford (1953).
126 Plooij, F. X.: Some basic traits of language in wild chimpanzees? In: Lock, A. (Hg) Action, gesture, and symbol: the emergence of language. New York (1978) S. 111–131.
127 Smuts, B.: Encounters With animal minds. Journal of Consciousness Studies (2001) 8(5), S. 293–309.
128 Strandburg-Peshkin, A., Farine, D., Couzin, I., Crofoot, M. C.: Shared decision-making drives collective movement in wild baboons. Science (2015) 348(6241), S. 1358–1361.
129 Snowdon, C. T.: Learning from monkey »talk« – Nonhuman primates are capable of several key elements of human language. Science (2017) 355(6330), S. 1120–1122.
130 Melis, A. P., Grocke, P., Kalbitz, J., Tomasello, M.: One for you, one for me: humans' unique turn-taking skills. Psychological Science (2016) (7), S. 987 bis 996.
131 Calcutt, S. E., Lonsdorf, E. V., Bonnie, K. E., Milstein, M. S., Ross, S. R.: Captive chimpanzees share diminishing resources. Behaviour (2014) 151, S. 1967 bis 1982.
132 de Waal, F. B. M: The chimpanzce's service economy: Food for grooming. Evolution & Human Behavior (1997) 18, S. 375–386.

133 Mitani, J. C.: Reciprocal exchange in chimpanzees and other primates. In: Kappeler, P. M., van Schaik, C. P. (Hgg.): Cooperation in primates and humans: Mechanisms and evolution. Berlin (2006), S. 107–119.
134 Leavens, D. A. et al.: Distal communication by chimpanzees (Pan troglodytes): Evidence for common ground? Child Development (2015) 86(5), S. 1623–1638.
135 https://www.youtube.com/watch?v=c4fnKEuScPQ.
136 https://www.usatoday.com/story/news/nation-now/2017/07/07/gorilla-loves-watching-cell-phone-videos-zoo-guests/459031001/.
137 Levinson, S. C.: Turn-taking in human communication – origins and implications for language processing. Trends in Cognitive Sciences (2016) 20(1), S. 6–14.
138 Bailey, W. J.: Insect duets: Underlying mechanisms and their evolution. Physiological Entomology (2003) 28, S. 157–174. (doi:10.1046/j.1365–3032.2003.00337.x)
139 Yoshida, S., Okanoya, K.: Evolution of turn-taking: A bio-cognitive perspective. Cognitive Studies (2005) 12(3), S. 153–165.
140 Pika, S, Wilkinson, R., Kendrick, K. H., Vernes, S. C.: Taking turns: bridging the gap between human and animal communication. Proceedings of the Royal Society of London B (2018) 285 e20180598
141 Takahashi, D. Y., Fenley, A. R., Teramoto, Y., Narayanan, D. Z., Borjon, J. I., Holmes, P., Ghazanfar, A. A.: The developmental dynamics of marmoset monkey vocal production. Science (2015) 349(6249), S. 734–738.
142 Goldstein, M. H., King, A. P., West, M. J.: Social interaction shapes babbling: Testing parallels between birdsong and speech. Proceedings of the National Academy of Sciences (2003) 100(13), S. 8030–8035.
143 http://evolang.org/torun/proceedings/schedule.html.
144 Mühlenbernd, R., Zywiczynski, P., Wacewicz, S.: Evolutionary stability of linguistic politeness and the politeness equilibrium principle. In: Cuskley, C., Flaherty, M., Little, H., McCrohon, L., Ravignani, A., Verhoef, T. (Hgg.): The evolution of language: Proceedings of the 12th International Conference (EVOLANGXII) (2018). doi:10.12775/3991–1079.
145 Bekoff, M.: Play signals as punctuation: The structure of social play in canids. Behaviour (1995) 132, S. 419–429.
146 Sima, M. J., Matzinger, T., Bugnyar, T., Pika, S.: Reconciliation and third-party affiliation in carrion crows. Ethology (2018) 124(1), S. 33–44.
147 https://www.geo.de/natur/tierwelt/17442-rtkl-wissenschaftler-bricht-ein-biologie-tabu-wir-muessen-tiere-vermenschlichen.
148 Troje, N. F., Huber, L., Loidolt, M., Aust, U., Fieder, M.: Categorical learning in pigeons: the role of texture and shape in complex static stimuli. Vision Research (1999) 39, S. 353–366.
149 Wu, W., Moreno, A. M., Tangen, J. M., Reinhard, J.: Honeybees can discriminate between Monet and Picasso paintings. Journal of Comparative Physiology A (2013) 199(1), S. 45–55.
150 Call, J.: Inferences about the location of food in the great apes (Pan paniscus, Pan troglodytes, Gorilla gorilla, and Pongo pygmaeus). Journal of Comparative Psychology (2004) 118, S. 232–241.
151 Schloegl, C., Schmidt, J., Boeckle, M., Weiß, B. M., Kotrschal, K.: Grey parrots use inferential reasoning based on acoustic cues alone. Proceedings of the Royal Society B (2012) 279(1745).

152 O'Hara, M., Auersperg, A. M. I., Bugnyar, T., Huber, L.: Inference by exclusion in goffin cockatoos (Cacatua goffini). Public Library of Science One (2015) 10(8).
153 O'Hara, M. et al.: Reasoning by exclusion in the kea (Nestor notabilis). Animal Cognition (2016) 19, S. 965.
154 Hill, A., Collier-Baker, E., Suddendorf, T.: Inferential reasoning by exclusion in children (Homo sapiens). Journal of Comparative Psychology (2012) 126(3), S. 243–254.
155 Bräuer, J., Kaminski, J., Riedel, J., Call, J., Tomasello, M.: Making inferences about the location of hidden food: social dog, causal ape. Journal of Comparative Psychology (2006) 120, S. 38–47.
156 Aust, U., Range, F., Steurer, M., Huber, L.: Inferential reasoning by exclusion in pigeons, dogs, and humans. Animal Cognition (2008) 11(4), S. 587–597.
157 Zaine, I., Domeniconi, C., de Rose, J. C.: Exclusion performance and learning by exclusion in dogs. Journal of the Experimental Analysis of Behavior (2016) 105(3).
158 Taylora, A. H., Miller, R., Gray, R. D.: New Caledonian crows reason about hidden causal agents. Proceedings of the National Academy of Sciences (2012) 109(40), S. 16389–16391.
159 Vonk, J.: Gorilla (Gorilla gorilla gorilla) and orangutan (Pongo abelii) understanding of first- and second-order relations. Animal Cognition (2003) 6, S. 77–86.
160 Flemming, T. M., Thompson, R. K. R., Fagot, J.: Baboons, like humans, solve analogy by categorical abstraction of relations. Animal Cognition (2013) 16, S. 519–524.
161 Smirnova, A., Zorina, Z., Obozova, T., Wasserman, E.: Crows spontaneously exhibit analogical reasoning. Current Biology, (2015) 25(2), S. 256–260.
162 Cheke, L. G., Loissel, E., Clayton, N. S.: How Do Children Solve Aesop's Fable? Public Library of Science One (2012) 7(7), e40574.
163 Jelbert, S. A., Taylor, A. H., Cheke, L. G., Clayton, N. S., Gray, R. D.: Using the Aesop's fable paradigm to investigate causal understanding of water displacement by new caledonian crows. Public Library of Science One (2014) 9(3), e92895.
164 Hanus, D., Mendes, N., Tennie, C., Call, J.: Comparing the performances of apes (Gorilla gorilla, Pan troglodytes, Pongo pygmaeus) and human children (Homo sapiens) in the floating peanut task. Public Library of Science One (2011) 6(6), e19555.
165 Bird, C. D., Emery, N. J.: Rooks use stones to raise the water level to reach a floating worm. Current Biology (2009) 19, S. 1410–1414.
166 Mitani, J. C., Watts, D. P., Amsler, S. J.: Lethal intergroup aggression leads to territorial expansion in wild chimpanzees. Current Biology, (2010) 20(12), S. 507–508.
167 Foote, A. L., Crystal, J. D.: Metacognition in the rat. Current Biology (2007) 17(6), S. 551–555.
168 Haun, D. B. M., Nawroth, C., Call, J.: Great Apes' Risk-Taking Strategies in a Decicion Making Task. Public Library of Science One (2011) 6(12), e28801, Doi:10.1371/journal.pone.0028801.
169 Smith, J. D., Schull, J., Strote, J., McGee, K., Egnor, R., Erb, L.: The uncertain response in the bottlenosed dolphin (Tursiops truncatus). Journal of Experimental Psychology: General (1995) 124(4), S. 391–408.

170 Rosati, A. G., Santos, L. R.: Spontaneous metacognition in rhesus monkeys. Psychological Science (2016) 27(9).
171 Vining, A. Q., Marsh, H. L.: Information seeking in capuchins (Cebus apella): A rudimentary form of metacognition? Animal Cognition (2015) 18(3), S. 667 bis 681.
172 Castro, L., Wasserman, E. A.: Information-seeking behavior: Exploring metacognitive control in pigeons. Animal Cognition (2013) 16, S. 241–254.
173 Perry, C. J., Barron, A. B.: Honey bees selectively avoid difficult choices. Proceedings of the National Academy of Sciences of the United States of America (2013) 110(47), S. 19155–19159.
174 Broom, D. M., Sena, H., Moynihan, K. L.: Pigs learn what a mirror image represents and use it to obtain information. Animal Behaviour (2009) 78(5), S. 1037–1041.
175 Itakura, S.: Mirror guided behavior in Japanese monkeys (Macaca fuscata fuscata). Primates (1987) 28, S. 149–161.
176 Pepperberg, I. M., Garcia, S. E., Jackson, E. C., Marconi, S.: Mirror use by African Grey Parrots (Psittacus erithacus). Journal of Comparative Psychology (1995) 109, S. 182–195.
177 Medina, F. S., Taylor, A. H., Hunt, G. R., Gray, R. D.: New Caledonian crows responses to mirrors. Animal Behaviour (2011) 82, S. 981–993.
178 Howella, T. J., Bennett, P. C.: Can dogs (Canis familiaris) use a mirror to solve a problem? Journal of Veterinary Behavior: Clinical Applications and Research (2011) 6(6), S. 306–312.
179 Rajala, A. Z., Reininger, K. R., Lancaster, K. M., Populin, L. C.: Rhesus monkeys (Macaca mulatta) do recognize themselves in the mirror: implications for the evolution of self-recognition. Public Library of Science One (2010) 5(9), e12865.
180 Parker, S. T.: A developmental approach to the origins of self-recognition in great apes and human infants. Journal of Human Evolution (1991) 6, S. 435 bis 449.
181 Ari, C., D'Agostino, D. P.: Contingency checking and self-directed behaviors in giant manta rays: Do elasmobranchs have self-awareness? Journal of Ethology (2016) 34(2), S. 167–174.
182 Stewart, J. D., Stevens, G. M. W., Marshall, G. J., Abernathy, K.: Are mantas self aware or simply social? A response to Ari and D'Agostino 2016. Journal of Ethology (2017) 35, S. 145–147.
183 Patterson, F. G., Cohn, R. H.: Self-recognition and self-awareness in lowland gorillas. in Parker, S. T., Mitchell, R. W., Boccia, M. L. (Hgg) Self-Awareness in Animals and Humans: Developmental Perspectives. New York 1994, S. 273–290.
184 Plotnik, J. M. P., de Waal, F. B. M., Reiss, D.: Self-recognition in an Asian elephant. Proceedings of the National Academy of Sciences (2006) 103(45), S. 17053–17057.
185 Reiss, D., Marino, L.: Mirror self-recognition in the bottlenose dolphin: A case of cognitive convergence. Proceedings of the National Academy of Sciences (2001) 98(10), S. 5937–5942.
186 Delfoura, F., Marten, K.: Mirror image processing in three marine mammal species: killer whales (Orcinus orca), false killer whales (Pseudorca crassidens) and California sea lions (Zalophus californianus). Behavioural Processes (2001) 53(3), S. 181–190.

187 Rahde, T.: Stufen der mentalen Repräsentation bei Keas (Nestor notabilis). Dissertation im Fachbereich Biologie, Chemie, Pharmazie der Freien Universität Berlin (2014).
188 Prior, H., Schwarz, A., Güntürkün, O., de Waal, F.: Mirror-Induced Behavior in the Magpie (Pica pica): Evidence of Self-Recognition. Public Library of Science Biology (2008) 6 (8).
189 Horowitz, A.: Smelling themselves: Dogs investigate their own odours longer when modified in an »olfactory mirror« test. Behavioural Processes (2017) 143, S. 17–24.
190 Gallup Jr., G. G., Anderson, J. R.: The »olfactory mirror« and other recent attempts to demonstrate self-recognition in non-primate species. Behavioural Processes 2018 148, S. 16–19.
191 Cammaerts, M. C., Cammaerts, R.: Are Ants (Hymenoptera, Formicidae) Capable of Self Recognition? Journal of Science (2015) 5, S. 521–532.
192 Call, J., Tomasello, M.: Does the chimpanzee have a theory of mind? 30 years later. Trends in Cognitive Sciences (2008) 12(5).
193 Krupenye, C., Kano, F., Hirata, S., Call, J., Tomasello, M.: Great apes anticipate that other individuals will act according to false beliefs. Science (2016) 354(6308), S. 110–114.
194 (Ab Minute 3:50).
195 Dallya, J. M., Emeryb, N. J., Claytona, N. S.: Avian theory of mind and counter espionage by food-caching western scrub-jays (Aphelocoma californica). In special issue: theory of mind: Specialized capacity or emergent property? European Journal of Developmental Psychology (2010) 7(1), S. 17–37.
196 Bartal, I. B. A., Decety, J., Mason, P.: Empathy and pro-social behavior in rats. Science (2011) 334(6061), S. 1427–1430.
197 https://www.youtube.com/watch?v=pieJ-GSdyx8&t=70s.
198 Brown, D., Caldwell, D., Caldwell, M.: Observations on the behavior of wild and captive false killer whales. Contribution in Science (1966) 95, S. 2 bis 28.
199 Chen, M. K., Lakshminarayanan, V., Santos, L. R.: How basic are behavioral biases? Evidence from capuchin monkey trading behavior. Journal of Political Economy (2006) 114, S. 517–537.
200 Connor, R. C., Norris, K. S.: Are dolphins reciprocal altruists? The American Naturalist (1982) 119(3), S. 385–372.
201 Stanton, M. A., Gibson, Q. A., Mann, J.: When mum's away: a study of mother and calf ego networks during separations in wild bottlenose dolphins (Tursiops sp.). Animal Behaviour (2011) 82, S. 405–412.
202 Connor, R. C., Watson-Capps, J. J., Sherwin, W. B., Krützen, M.: A new level of complexity in the male alliance networks of Indian Ocean bottlenose dolphins (Tursiops sp.) Biology Letters (2011) 7(4), S. 623–626.
203 Bruck, J. N.: Decades-long social memory in bottlenose dolphins. Proceedings of the Royal Society (2013) 280(1768).
204 https://www.youtube.com/watch?v=35-27TUUFBQ.
205 Carter, G. G., Wilkinson, G. S.: Food sharing in vampire bats: reciprocal help predicts donations more than relatedness or harassment. Proceedings of the Royal Society B (2013) 280, e20122573.
206 Wilkinson, G. S.: Reciprocal food sharing in the vampire bat. Nature (1984) 308, S. 181–184.

207 Chen, Y. et al.: ›Compromise‹ in echolocation calls between different colonies of the intermediate leaf-nosed bat (Hipposideros larvatus). Public Library of Science One (2016) 11(3).
208 Melendez, K. V., Feng, A. S.: Communication calls of little brown bats display individual-specific characteristics. Journal of the Acoustical Society of America (2010) 128(2), S. 919–923.
209 https://www.spektrum.de/news/wal-schuetzt-frau/1531429.
210 http://www.naturalhistorymag.com/exploring-science-and-nature/131929/save-the-seal.
211 https://www.youtube.com/watch?v=wAxyEleFIQg.
212 https://www.youtube.com/watch?v=Nubc09jTW-M.
213 Tan, J., Ariely, D., Hare, B.: Bonobos respond prosocially toward members of other groups. Nature Scientific Reports (2017) 7, e14733.
214 Dingemanse, N. J., Réale, D.: Natural selection and animal personality. Behaviour (2005) 142(9–10), S. 1159–1184.
215 Briffa, M., Sneddon, L. U.: Proximate mechanisms of animal personality among-individual behavioural variation in animals. Behaviour (2016) 153 (13–14), S. 1509–1515.
216 Holbrook, C. T., Wright, C. M., Pruitt, J. N.: Individual differences in personality and behavioural plasticity facilitate division of labour in social spider colonies. Animal Behaviour (2014) 97, S. 177–183.
217 Jones, A. C., Gosling, S. D.: Temperament and personality in dogs (Canis familiaris): A review and evaluation of past research. Applied Animal Behaviour Science (2005) 95(1), S. 1–53.
218 Bruck, J. N.: Decades-long social memory in bottlenose dolphins. Proceedings of the Royal Society (2013) 280(1768).
219 King, S. L., Janik, V.: Bottlenose dolphins can use learned vocal labels to address each other. Proceedings of the National Academy of Sciences of the United States of America (2013) 110(32).
220 Berg, K., Delgado, S., Cortopassi, K. A., Beissinger, S. R. Bradbury, J. W.: Vertical transmission of learned signatures in a wild parrot. Proceedings of the Royal Society of London B (2011) DOI: 10.1098/rspb.2011.0932.
221 Insley, S. J.: Long-term vocal recognition in the northern fur seal. Nature (2000) 406, S. 404–405.
222 Roy, D. S. et al.: Memory retrieval by activating engram cells in mouse models of early Alzheimer's disease. Nature (2016) 531, S. 508–512.
223 Clayton, N. S., Russell, J., Dickinson, A.: Are animals stuck in time or are they chronesthetic creatures? Topics in Cognitive Science (2009) 1, S. 59–71.
224 Foley, C. A. H., Pettorelli, N., Foley, L.: Severe drought and calf survival in elephants. Biology Letters (2008) 4, S. 541–544.
225 Zhang, S., Schwarz, S., Pahl, M., Zhu, H., Tautz, J.: Honeybee memory: A honeybee knows what to do and when. Journal of Experimental Biology (2006) 209(22) S. 4420–4428.
226 Loftus, E.: Creating False Memories. Scientific American (1997) 277 (3), S. 70 bis 75.
227 Ramirez, S. et al.: Creating a false memory in the hippocampus. Science (2013) 341,(6144), S. 387–391.
228 https://www.youtube.com/watch?v=LqV6z3tzUog, https://www.youtube.com/watch?v=Bc5uX0P5jJU,,http://www.dailymail.co.uk/video/news/video-

1153556/Meet-Val-Gruener-inseparable-lioness-sidekick-Sirga.html, https://www.youtube.com/watch?v=cBz-1lEVS9M,, https://www.youtube.com/watch?v=oyOrj9F82zo,, https://www.youtube.com/watch?v=P_ObxCVnhvs, https://www.youtube.com/watch?v=LEiR93wgyw8&list=PLLoPYaJqlcK7GN5PA5Bd.7YfvIcVlmhv4j&index=8, https://www.youtube.com/watch?v=YCO 51MpgZ7o.

229 www.ted.com/talks/rebecca_saxe_how_brains_make_moral_judgments (ab Minute 3:50)

230 https://www.youtube.com/watch?v=meiU6TxysCg.

231 Range, F., Leitner, K., Viranyi, Z.: The influence of the relationship and motivation on inequity aversion in dogs. Social Justice Research (2012) 25, S. 170–194.

232 Oberliessen, L. et al.: Inequity aversion in rats, Rattus norvegicus. Animal Behaviour (2016) 115, S. 157–166.

233 Wascher, C. A. F., Bugnyar, T.: Behavioral responses to inequity in reward distribution and working effort in crows and ravens. Public Library of Science One (2013) 8(2), e56885.

234 Brosnan, S. F., Flemming, T., Talbot, C. F., Mayo, L., Stoinski, T.: Orangutans (Pongo pygmaeus) do not form expectations based on their partner's outcomes. Folia Primatologica (2010) 82, S. 56–70.

235 Brosnan, S. F., Talbot, C., Ahlgren, M., Lambeth, S. P., Schapiro, S. J.: Mechanisms underlying responses to inequitable outcomes in chimpanzees, Pan troglodytes. Animal Behaviour (2010) 79(6), S. 1229–1237.

236 Grüter, C., Leadbeater, E.: Insights from insects about adaptive social information use. Trends in Ecology & Evolution (2014) 29, S. 177–184.)

237 Laland, K. N., Atton, N., Webster, M. M.: From fish to fashion: experimental and theoretical insights into the evolution of culture. Philosophical Transactions of the Royal Society B(2011) 366, S. 958–968.)

238 Range, F., Viranyi, Z, Huber, L.: Selective imitation in domestic dogs. Current Biology (2007) 17(10),S. 868–872.

239 Range, F., Virányi, Z.: Wolves are better imitators of conspecifics than dogs. Public Library of Science One (2014) 9(1), e86559.

240 https://www.ncbi.nlm.nih.gov/pmc/articles/PMC3906065/bin/pone.0086559.s003.m4v.

241 https://www.ncbi.nlm.nih.gov/pmc/articles/PMC3906065/bin/pone.0086559.s004.m4v.

242 https://www.ncbi.nlm.nih.gov/pmc/articles/PMC3906065/bin/pone.0086559.s002.m4v.

243 Brensing, K.: Das Mysterium der Tiere. Berlin 2017, S. 55–128.

244 Cooke, R. M., Goossens, L. L.: TU Delft expert judgment data base. Reliability Engineering & System Safety (2008) 93, S. 657–674.

245 Prelec, D., Seung, H. S., McCoy, J.: A solution to the single-question crowd wisdom problem. Nature (2017) 541, S. 532–535.

246 Minsky, M.: The society of mind. New York 1988.

247 https://www.youtube.com/watch?v=ojqDYuJ8D4I.

248 Sommerfeld, R. D., Boehm, T., Milinski, M.: Desynchronising male and female reproductive seasonality: dynamics of male MHC-independent olfactory attractiveness in sticklebacks. Ethology Ecology & Evolution (2008) 20 (4), S. 325–336.

249 Bartels, A., Zeki, S.: The neural correlates of maternal and romantic love. NeuroImage (2004) 21(3), S. 1155–1166.
250 Kosfeld, M., Heinrichs, M., Zak, P. J., Fischbacher, U., Fehr, E.: Oxytocin increases trust in humans. Nature (2005) 435, S. 673–676.
251 Oliva, J. L., Rault, J. L., Appleton, B., Lill, A.: Oxytocin enhances the appropriate use of human social cues by the domestic dog (Canis familiaris) in an object choice task. Animal Cognition (2015) 18(3), S. 767–775.
252 Aragona, B. J., Wang, Z.: The Prairie Vole (Microtus ochrogaster): An animal model for behavioral neuroendocrine research on pair bonding. In: Institute for Laboratory Animal Research Journal. (2004) 45(1), S. 35–45.
253 Rieger, N. S., Marler, C. A.: The function of ultrasonic vocalizations during territorial defence by pair-bonded male and female California mice. Animal Behaviour (2018) 135, S. 97–108.
254 Burkett, J. P. et al.: Oxytocin-dependent consolation behavior in rodents. Science (2016) 351(6271), S. 375–378.
255 Reddon, A. R., O'Connor, C. M., Marsh-Rollo, S. E., Balshine, S.: Effects of isotocin on social responses in a cooperatively breeding fish. Animal Behaviour (2012) Bd. 84, Nr. 4, S. 753–760.
256 Bosch, O. J. et al.: Oxytocin in the nucleus accumbens shell reverses CRFR2-evoked passive stress-coping after partner loss in monogamous male prairie voles. Psychoneuroendocrinology (2016) 64, S. 66–78.
257 http://www.sueddeutsche.de/wirtschaft/landwirtschaft-kuehe-in-eltern-zeit-1.3734580.
258 https://www.ted.com/talks/spencer_wells_is_building_a_family_tree_for_all_humanity?language=de.
259 Brensing, K.: Das Mysterium der Tiere. Berlin 2017, S. 318.
260 Bouvard, V. et al.: Carcinogenicity of consumption of red and processed meat. The Lancet Oncology, (2015) 16(16), S. 1599–1600.
261 Dinzelbacher, P.: Das fremde Mittelalter. Gottesurteil und Tierprozess. Essen 2006.
262 Brehm, A. E.: Bilder aus dem Thiergarten Nr. 7. Molli. Die Gartenlaube, Heft 15, S. 229. https://de.wikisource.org/wiki/Molli
263 http://fiskeharrison.wordpress.com/2009/04/09/talking-with-apes/.
264 Brensing, K.: Das Mysterium der Tiere. Berlin 2017, Seite 248–252.
265 Heinzen, T. E., Lilienfeld, S. O., Nolan, S. A.: Clever Hans: What a horse can teach us about self deception. Skeptic (2015) 20(1), S. 10–18.
266 Köhler, W.: Intelligenzprüfungen an Anthropoiden, Königliche Akademie der Wissenschaften. 1917.
267 Skinner, B. F.: Walden Two. Indianapolis 2005 (Erstauflage 1953).
268 Skinner-Buzan, D.: I was not a lab rat. Guardian, 12. März 2004. http://www.guardian.co.uk/education/2004/mar/12/highereducation.uk.
269 https://scholar.google.de/scholar?q=food-restricted&hl=de&as_sdt=0%2C5&as_ylo=2008&as_yhi= .
270 Skinner, B. F.: Superstition in the Pigeon. Journal of Experimental Psychology, (1947) 38, S. 168–172.
271 https://www.agrar-fachversand.com/de/rind/baendigung/kuhtrainer/kuhtrainergeraet-s7k-ako.
272 Oswald, T.: Der Kuhtrainer – Zur Tiergerechtheit einer Stalleinrichtung. Schriftenreihe der FAT (1992), Band 37.

273 Pollmann, U., Tschanz, B.: Leiden – ein Begriff aus dem Tierschutzrecht. Amtstierärztlicher Dienst und Lebensmittelkontrolle (2006) 13(4), S. 234–239.
274 Luy, J.: Gibt es ethische Normen für Tierschutz? 21. Hülsenberger Gespräche (2006).
275 www.bundestag.de/grundgesetz.
276 www.agrar-fachversand.com.
277 www.stiftung-fuer-tierschutz.de.
278 Butterfield, M. E., Hill, S. E., Lord, C. G.: Mangy mutt or furry friend? Anthropomorphism promotes animal welfare. Journal of Experimental Social Psychology (2012) 48(4), S. 957–960.
279 Bastian, B., Loughnan, S., Haslam, N., Radke, H. R.: Don't mind meat? The denial of mind to animals used for human consumption. Personality and Social Psychology Bulletin (2012), 38 (2), S. 247–256.
280 Fromm, E.: Die Seele des Menschen: Ihre Fähigkeit zum Guten und zum Bösen. München 1988 (Erstausgabe 1964).
281 Wilson, E. O.: Biophilia. Cambridge 1984.
282 Runakuna bedeutet »Menschen«. Die Eigenbezeichnung der Menschen, die Quechua sprechen, lautet Runa oder Nuna. Sie leben als quechuasprachige Ethnien in Ecuador, Peru und Bolivien.
283 Viveiros de Castro, E.: Cosmological deixis and Amerindian perspectivism. Journal of the Royal Anthropological Institute (1998) 4, S. 469–88.
284 Kohn, E.: How forests Think: Toward an anthropology beyond the human. Berkeley/Los Angeles 2013.
285 Willerslev, R.: Not animal, not not-animal: hunting, imitation and empathetic knowledge among the Siberian Yukaghirs. Journal of the Royal Anthropological Institute (2004) 10, S. 629–652.
286 http://www.independent.co.uk/news/uk/this-britain/from-swimming-with-dolphins-to-skydiving-what-we-want-to-do-most-before-we-die-86266.html.
287 Brensing, K.: Das Mysterium der Tiere. Berlin 2017, S. 289–300.
288 http://www.spektrum.de/lexikon/biologie/cniden/14579.
289 Classen, G.: Kritik am Verein und an der Therapie – prominente Unterstützer sprangen ab. Express, 28. November 2017.
290 Amtsgericht Köln, AZ 28 O 368/16.
291 Brensing, K., Linke, K.: Behaviour of dolphins Tursiops truncatus towards adults and children during swim-with-dolphin programs and towards children with disabilities during therapy sessions. Anthrozoos 16(4), S. 315–330.
292 Brensing, K., Linke, K., Todt, D.: Can dolphins heal by ultrasound? Journal of Theoretical Biology (2003) 225(1), S. 99–105.
293 http://www.accobams.org/.
294 https://www.youtube.com/watch?v=4KRD8e20fBo.
295 Brensing, K.: Mythos Delfintherapie. Schweizer Zeitschrift für Psychiatrie & Neurologie 4(8), S 44–48.
296 https://www.welt.de/wissenschaft/umwelt/article127612535/Die-Tiere-in-deutschen-Zoos-stehen-unter-Drogen.html.
297 https://www.youtube.com/watch?v=JxkjjNB1od0&t=6s.
298 https://de.wikipedia.org/wiki/Holoprosencephalie.
299 Nathanson, D. E.: Reinforcement Effectiveness of Animatronic and Real Dolphins, Anthrozoös (2015), 20(2), S. 181–194.
300 www.esaat.org/fileadmin/medien/downloads/Grundsaetze_ESAAT.pdf.

301 Wilke, M., Bossley, M., Doak, W.: Managing human interactions with solitary dolphins. Aquatic Mammals (2005) 31, S. 427–433.
302 https://www.youtube.com/results?search_query=Solitary++Dolphin.
303 O'Barry, R.: Behind the dolphin smile: One man's campaign to protect the world's dolphins. San Rafael 2012.
304 Parkes, M. J.: The Limits of Breath Holding. Scientific American (2012) 306, S. 74–79.
305 Pilleri, G.: Epimeletic behavior in cetacea: Intelligent or instinctive?. Investigations on Cetacea (1984) 16, S. 30–48.
306 http://www.spiegel.de/panorama/italien-delfin-rettet-14-jaehrigen-vor-ertrinken-a-91062.html.
307 http://www.irishdolphins.com/webpilot/list/details.asp?l=5&contentid=230.
308 Lilly, J. C.: The mind of the dolphin: A nonhuman intelligence. New York 1967.
309 Brensing, K.: Persönlichkeitsrechte für Tiere. Freiburg, 2013 S. 63–96.
310 Sukumar, R.: Review: Asian Elephant: Status, Distribution, Biology and Threats. Int. Zoo yearbook (2006) 40, S. 1–8. http://www.asiannature.org/sites/default/files/2006%20Sukumar%20Intl%20Zoo%20Yearbook.pdf
311 Clubb, R., Rowcliffe, M., Lee, P., Mar, K. U., Moss, C., Mason, G. J.: Compromised survivorship in zoo elephants. Science (2008) 322, S. 1649.
312 https://www.youtube.com/watch?v=lY1GB92inJ8.
313 Weizenbaum, J.: ELIZA – a computer program for the study of natural language communication between man and machine. Communications of the Association for Computing Machinery (1966) 9(1).
314 http://www.iucnredlist.org/details/22563/0.
315 Cecchetti, A., Stockin, K., Gordon, J., Azevedo, J.: Short-term effects of tourism on the behaviour of common dolphins (Delphinus delphis) in the Azores. Journal of the Marine Biological Association of the United Kingdom (2018) 98(5), S. 1187–1196.
316 Brensing, K.: Wale und Delfine – zu Tode geliebt? Integra Zeitschrift für Integrativen Tourismus und Entwicklung (2008) 2, S. 8–13.
317 Pack, A. A., Herman, L. M.: Bottlenosed dolphins (Tursiops truncatus) comprehend the referent of both static and dynamic human gazing and pointing in an object-choice task. Journal of Comparative Psychology (2004) 118, S. 160–171.
318 Kaminsk, i J., Call, J., Tomasello, M.: Body orientation and face orientation: two factors controlling apes' begging behavior from humans. Animal Cognition (2004) 7, S. 216–233.
319 https://de.wikipedia.org/wiki/Erich_Ritter.
320 Ritter, E. K., Amin, R.: Are Caribbean reef sharks, Carcharhinus perezi, able to perceive human body orientation? Animal Cognition (2014) 17(3), S. 745 bis 753.
321 Finger, J. S., Guttridge, T. L., Wilson, A. D. M. et al: Are some sharks more social than others? Short- and long-term consistencies in the social behavior of juvenile lemon sharks. Behavioral Ecology and Sociobiology (2018) 72, S. 17.
322 Loiseau, N., Kiszka, J. J., Bouveroux, T., Heithaus, M. R., Soria, M., Chabanet, P.: Using an unbaited stationary video system to investigate the behaviour and interactions of bull sharks Carcharhinus leucas under an aquaculture farm, African Journal of Marine Science (2016) 38(1), S. 73–79.

323 Lusseau, D. et al.: Quantifying the influence of sociality on population structure in bottlenose dolphins. Journal of Animal Ecology (2006) 75(1), S. 14 bis 24.
324 Kohda, M., Jordan, L. A., Hotta, T., Kosaka, N., Karino, K., Tanaka, H., Taniyama, M., Takeyama, T.: Facial recognition in a group-living cichlid. Public Library of Science One (2015), S. 10. e0142552.
325 Guttridge, T. L., van Dijk, S., Stamhuis, E. J., Krause, J., Gruber, S. H., Brown, C.: Social learning in juvenile lemon sharks, Negaprion brevirostris. Animal Cognition (2013) 16(1) S. 55–64.
326 http://www.sharkschool.com/de/reisen-kurse/kurse/.
327 http://www.spiegel.de/spiegel/a-749108.html.
328 http://sharkvictimnetwork.org.
329 www.sharkattackfile.net.
330 Brensing, K.: Persönlichkeitsrechte für Tiere. Freiburg 2013, S. 166–173.
331 www.youtube.com/watch?feature=player_embedded&v=CCXx2bNk6UA.
332 https://www.youtube.com/watch?v=l4AI6T0-isc.
333 https://www.youtube.com/watch?v=h7XjOMUpa1I&t=117s.
334 https://www.youtube.com/watch?v=Nfdo2uLLPqI.
335 Henningsen, A. D.: Tonic immobility in 12 elasmobranchs – use as an aid in captive husbandry. Zoo Biology (1994) 13, S. 325–332.
336 Soares, M. C., Oliveira, R. F., Ros, A. F., Grutter, A. S., Bshary, R.: Tactile stimulation lowers stress in fish. Nature Communications (2011) 2, S. 534.
337 https://www.sharktrust.org/en/news/article/370/stronger-shark-finning-ban-clears-final-hurdle-in-eu.html.
338 Hessischer Verwaltungsgerichtshof, Urteil vom 1. 9. 2011 (8 A396/10) https://openjur.de/u/307739.html.
339 Blechman, A.: Pigeons – The fascinating saga of the world's most revered and reviled bird. St. Lucia, Queensland 2007.
340 https://www.youtube.com/watch?v=ZRDIHcFRPFs.
341 Simmons, J. V., Jr.: Project Sea Hunt: A Report on Prototype Development and Tests. Naval Ocean Systems Center San Diego CA Final rept. FY 1979 bis 1980.
342 Gazda, M. A., Andrade, P., Afonso, S., Dilytė, J., Archer, J. P., Lopes, R. J., Faria, R., Carneiro, M.: Signatures of selection on standing genetic variation underlie athletic and navigational performance in racing pigeons. Molecular Biology and Evolution (2018) 355, S. 1176–1189.
343 Cook, R. G., Levinson, D. G., Gillet, S. R., Blaisdell, A. P.: Capacity and limits of associative memory in pigeons. Psychonomic Bulletin & Review (2005) 12, S. 350–358.
344 Huber, l., Troje, N. F., Loidolt, M., Aust, U., Grass, D.: Natural categorization through multiple feature learning in pigeons. The Quarterly journal of experimental psychology Sect B: Comparative and Physiological Psychology (1999) 53, S. 341–357.
345 Troje, N. F., Huber, L., Loidolt, M., Aust, U., Fieder, M.: Categorical learning in pigeons: the role of texture and shape in complex static stimuli. Vision Research (1999) 39, S. 353–366.
346 Bouchard, J., Goodyer, W., Lefebvre, L.: Social learning and innovation are positively correlated in pigeons (Columba livia). Animal Cognition (2007) 10 (2), S. 259–266.

347 Castro, L., Wasserman, E. A.: Information-seeking behavior: exploring metacognitive control in pigeons. Animal Cognition (2013) 16(2) S. 241–254.
348 Mehlhorn, J., Rehkaemper, G.: The influence of social parameters on the homing behavior of pigeons. Public Library of Science One (2016) 11 (11). e0166572.
349 Brensing, K.: Das Mysterium der Tiere. Berlin 2017, S. 235–246.
350 Thurfjell, H., Ciuti, S., Boyce, M. S.: Learning from the mistakes of others: How female elk (Cervus elaphus) adjust behaviour with age to avoid hunters. Public Library of Science One (2017) 12 (6). e0178082.
351 www.wolvesoftheyukon.ca.
352 Hayes, B.: Wölfe im Yukon. München 2010, S. 253.
353 https://www.bild.de/news/inland/traditionelles-essen/das-ist-der-katzen-griller-mit-dem-bunsen-brenner-37722712.bild.html.
354 https://www.real.de/markt/wochenprospekte/p/530992 (Werbung für den Zeitraum vom 11. 6. 2018 bis 16. 6. 2018).
355 Sezgin, H.: Artgerecht ist nur die Freiheit: Eine Ethik für Tiere oder Warum wir umdenken müssen. München 2014.
356 Brensing, K.: Persönlichkeitsrechte für Tiere. Freiburg 2013, S. 63 bis 96.
357 https://www.youtube.com/watch?v=JxkjjNB1od0.
358 http://www.axelspringer.de/presse/Heimat-fuer-alle-Kostenlose-Sonderausgabe-von-BILD-in-ueber-40-Millionen-Auflage_31793460.html.
359 https://www.youtube.com/watch?v=9ihXq_WwiWM.
360 Jackson-Schebetta, L.: Mythologies and Commodifications of Dominion in The Dog Whisperer with Cesar Millan. Journal for Critical Animal Studies 2009 (7(1).
361 https://www.youtube.com/watch?v=Ne1_m2e5XOY.
362 Millan, C., Peltier, M. J., Panster, A. (Übersetzer): Tipps vom Hundeflüsterer: Einfache Maßnahmen für die gelungene Beziehung zwischen Mensch und Hund. Arkana (2007).
363 Nagasawa, M., Mitsui, S., En, S., Ohtani, N., Ohta, M., Sakuma, Y., Onaka, T., Mogi, K., Kikusui, T.: Oxytocin-gaze positive loop and the coevolution of human-dog bonds. Science (2015) 348(6232) S. 333–336.
364 Su, B., Koda, N., Martens, P.: How Japanese companion dog and cat owners' degree of attachment relates to the attribution of emotions to their animals. Public Library of Science One (2018) 13 (1). e0190781.
365 http://journals.plos.org/plosone/article/file?id=10.1371/journal.pone.0190781.s001&type=supplementary.
366 D'Aniello, B., Semin, G. R., Alterisio, A., Aria, M, Scandurra, A.: Interspecies transmission of emotional information via chemosignals: from humans to dogs (Canis lupus familiaris). Animal Cognition (2018) 21(1), S. 67–78.
367 Müller, C. A.;, Schmitt, K., Barber, A. L. A., Huber, L.: Dogs Can Discriminate Emotional Expressions of Human Faces. Current Biology (2015) 25(5), S. 601–605.
368 Albuquerque, N., Guo, K., Wilkinson, A., Savalli, C., Otta, E., Mills, D.: Dogs recognize dog and human emotions. Biology Letters (2016) 12, e20150883).
369 Cuaya, L. V., Hernández-Pérez, R., Concha, L.: Our Faces in the Dog's Brain: Functional Imaging Reveals Temporal Cortex Activation during Perception of Human Faces. Public Library of Science One (2016) 11 (3). e0149431.
370 https://youtu.be/KchPrNorsJo.

371 Gácsi, M., Miklósi, A., Varga, O., Topál, J., Csányi, V.: Are readers of our face readers of our minds? Dogs (Canis familiaris) show situation-dependent recognition of human's attention. Animal Cognition (2004) 3, S. 144–153.
372 Ringhofer, M., Yamamoto, S.: Domestic horses send signals to humans when they face with an unsolvable task. Animal Cognition (2017) 20(3) S. 397–405.
373 Reimert, I., Bolhuis, J. E., Kemp, B., Rodenburg, T. B.: Indicators of positive and negative emotions and emotional contagion in pigs. Physiology & Behavior (2013) 109, S. 42–50.
374 Faragó T., Andics, A., Devecseri, V., Kis, A., Gácsi, M., Miklósi, D.: Humans rely on the same rules to assess emotional valence and intensity in conspecific and dog vocalizations. Biology Letters (2014) 10, e20130926.
375 Mccomb, K., Taylor, A. M., Wilson, C., Charlton, B. D.: The cry embedded within the purr. Current Biology (2009) 19, S. 507–508.
376 https://ars.els-cdn.com/content/image/1-s2.0-S0960982209011683-mmc2.mp3.
377 https://ars.els-cdn.com/content/image/1-s2.0-S0960982209011683-mmc3.mp3.
378 Maruščáková, I. L., Linhart, P., Ratcliffe, V. F., Tallet, C., Reby, D., & Špinka, M.: Humans (Homo sapiens) judge the emotional content of piglet (Sus scrofa domestica) calls based on simple acoustic parameters, not personality, empathy, nor attitude toward animals. Journal of Comparative Psychology (2015) 129, S. 121–131.
379 Pongrácz, P., Molnár, C., Miklósi, A.: Acoustic parameters of dog barks carry emotional information for humans. Applied Animal Behaviour Science (2006) 100, S. 228–240 (doi:10.1016/j.applanim.2005.12.004).
380 Ingold, T., Vergunst, J. L.: Introduction. In Ingold, T., Vergunst, J. L. (Hgg) Ways of walking: Ethnography and practice on foot. Burlington 2008, S. 1–19.
381 Brensing, K.: Das Mysterium der Tiere. Berlin 2017, S. 142–146.
382 Horton, J., Christiensen, P., Kraftl, P., Hadfield-Hill, S.: ›Walking … Just walking‹: How chidren and young people's everyday pedestrian practices matter. Social & Cultural Geography (2014) 15, S. 94–115.
383 Fletcher, T., Platt, L.: (Just) a walk with the dog? Animal geographies and negotiating walking spaces, Social & Cultural Geography (2018), 19(2), S. 211–229.
384 www.helpforanimals.ch.
385 https://magazin.mydog365.de/wissen/hunde-weltweit/hunde-in-frankreich/.
386 https://www.berlin.de/sen/verbraucherschutz/aufgaben/tierschutz/hundehaltung/bello-dialog-541321.php.
387 https://www.berliner-zeitung.de/3629020.
388 https://www.thueringer-allgemeine.de/web/zgt/leben/detail/-/specific/Thueringer-Staedte-profitieren-von-steigenden-Hundesteuer-Einnahmen-694338585.
389 https://www.hs-niederrhein.de/fileadmin/dateien/wissenschaftliche_weiterbildung/Tiergestuetzt/Broschuere_Tiergestuetzte_Therapie_und_Paedagogik_2018-19_RZ.pdf.
390 Julius, H., Beetz, A., Kotrschal, K., Turner, D. Uvnäs-Moberg, K.: Bindung zu Tieren. Psychologische und neurobiologische Grundlagen tiergestützter Interventionen. Göttingen 2014.
391 McGowan, R. T. S., Bolte, C., Barnett, H. R., Perez-Camargo, G., Martin, F.: Can you spare 15 min? The measurable positive impact of a 15-min petting session on shelter dog well-being. Applied Animal Behaviour Science (2018) 203, S. 42–54.

392 https://www.welt.de/print-welt/article179668/Medikamente-passend-zur-Hautfarbe.html.
393 Beeinflussung des Kampfverhaltens von Betta splendens durch Psychopharmaka. Advances in Ethology(1984), 66(S26) S. 42–77. https://doi.org/ 10.1111/j.1439-0310.1984.tb00238.x.
394 Lipska, B. K., Weinberger, D. R.: To model a psychiatric disorder in animals: schizophrenia as a reality test. Neuropsychopharmacology (2000) 23(3), S. 223 bis 239.
395 Burgdorf, P. J.: »Laughing« rats and the evolutionary antecedents of human joy? Physiology & Behavior (2005) 79(3), S. 533–547.
396 Brensing, K.: Das Mysterium der Tiere. Berlin 2017, S. 219–142.
397 https://www.ncbi.nlm.nih.gov/pubmed.
398 https://www.rtl.de/cms/psychische-krankheiten-die-10-haeufigsten-psychischen-erkrankungen-1644565.html.
399 https://scholar.google.de.
400 Bradshaw, G. A., Schore, A. N., Brown, J. L., Poole, J. H., Moss, C. J.: Elephant breakdown Social trauma: early disruption of attachment can affect the physiology, behaviour and culture of animals and humans over generations. Nature (2005) 433(807).
401 McComb, K., Moss, C., Durant, S. M., Baker, L., Sayialel, S.: Matriarchs as repositories of social knowledge in African elephants. Science (2001) 292, S. 491 bis 494.
402 CMS Workshop on Conservation Implications of Animal Culture and Social Complexity. held in Parma, Italy, from 12 to 14 April 2018. https://www.cms.int/sites/default/files/uploads/CMS_AnimalCultureWS_2018_Statement_Final.pdf
403 https://www.ggiz-erfurt.de/aktuelles-detail/prof-dr-dr-hans-peter-kloecking-zum-85-geburtstag.html.
404 Nakashima, S. F., Ukezono, M., Nishida, H., Sudo, R., Takano, Y.: Receiving of emotional signal of pain from conspecifics in laboratory rats. Royal Society Open Science 2015 DOI: 10.1098/rsos.140381.
405 Steiner, A. P., Redish, A. D.: Behavioral and neurophysiological correlates of regret in rat decision-making on a neuroeconomic task. Nature Neuroscience (2014) 17, S. 995–1002.
406 Dolivo, V., Taborsky, M.: Norway rats reciprocate help according to the quality of help they received. Biology Letters (2015) 11(2).

BILDNACHWEIS

2017 The Author(s) Published by the Royal Society. All rights reserved S. 12
Bai Xuejia | Dreamstime.com S. 14
VIER PFOTEN S. 15
Ellena Adams / School of Psychology > Psychology S. 25
All Canada Photos / Alamy Stock Foto S. 32
PookieFugglestein [CC0], from Wikimedia Commons S. 33
http://www.pnas.org/preview_site/misc/userlicense.xhtm S. 35
Toshitaka Suzuki, Center for Ecological Research, Kyoto University S. 35
www.johnclilly.com S. 39
http://filmreviewsnsuch.blogspot.com/2012/04/project-nim.html S. 41
2018 Elsevier S. 46
creativ commons CC BY-SA 3.0 S. 49
Icefront | Dreamstime.com S. 51
Diego Delso, delso.photo S. 54
Secrets of the Snake Charmer 2.0 S. 55
WolfmanSF S. 57
Mrs. Gross – PALCS Teacher S. 59
rezinkin / iStock / Getty Images Plus S. 62
robertharding / Alamy Stock Foto S. 62
ipplaccounts S. 68
Premaphotos / Alamy Stock Foto S. 68
Alicia P. Melis, Patricia Grocke, Josefine Kalbitz, Michael Tomasello S. 75
2015 Elsevier S. 77
Smirnova A, Zorina Z, Obozova T, Wasserman E: (2015) Crows Spontaneously Exhibit Analogical Reasoning. Figure 2. Examples of Identity and Relational Trials across Eight Exemplary S. 90
spiritpath7 / flickr S. 102
Sandstein CC BY 3.0 S. 109
The book of days: a miscellany of popular antiquities S. 134
Creator: St. Francis Master S. 137
CC BY-SA 3.0/ Zoph S. 149
e4entropy / flickr.com S. 149
Nick Dale /iStock by Getty Images S. 160
All pictures © 2004-2005 Cecilia Odé S. 161
Privatarchiv Karsten Brensing S. 165, 166, 168, 222, 241
CC BY-SA 2.5 /Diliff S. 171
Gorny & Mosch / Auktion 237, 2016, Los 1040 S. 177
Image courtesy of Heritage Auctions S. 177
www.dinosaursell.com S. 182

Steve Hinczynski / mediadrumworld.com S. 189
Turid Brensing S. 192, 204, 205
Beachnet | Dreamstime.com S. 199
benjaminjk / iStock by Getty Images S. 201

DANK & BITTE

Vielleicht teilen Sie meine Meinung, dass wir in der Vergangenheit Tiere maßlos unterschätzt haben. Leider haben wir auf dieser alten, aber falschen Grundlage unseren Umgang mit ihnen definiert. Dies ist heute nicht mehr haltbar. Ich habe daher eine Initiative mitgegründet, die sich zum Ziel gesetzt hat, den Status von Tieren in unserer Gesellschaft zu verbessern. Unter der Website www.iri.world können Sie sich über die Ziele informieren und unseren hochkarätigen wissenschaftlichen Beirat kennenlernen. Bisher arbeiten wir alle ehrenamtlich und werden das auch weiterhin tun. Ein gesellschaftliches Umdenken kann man aber nicht nebenbei erreichen. Dazu brauchen wir ein kleines Vollzeitteam und pro Jahr mindesten 120 000 €. Wenn jeder, der dieses Buch gelesen hat, nur 12 € pro Jahr spendet, können wir ein Umdenken einleiten! Daher werden Sie bitte:

Eine(r) von 10 000!
(www.iri.world)

Mein Dank: Ein Buch zu schreiben und ein Familienleben zu haben sind zwei großartige Dinge, nur leider sind diese beiden Dinge gar nicht so leicht miteinander zu vereinbaren. Daher gebührt meiner Frau Katrin ein riesiger Dank, denn trotz ihrer eigenen Arbeit hat sie mir in den wichtigsten Monaten den Rücken freigehalten. Dies gilt auch für meine beiden Jungs, die mit ihren fünf Jahren schon viel Verständnis für ihren Papa hatten, wenn der mal wieder hinter seinem Rechner verschwinden musste. Oma Bine und Opa Hans waren oft die Rettung in der Not, und meine Mutter hat mich mit ihren Bildern oft inspiriert, überhaupt ein Thema aufzugreifen.

Ein besonderer Dank geht an alle meine Interviewpartner die nicht nur ihr Wissen mit mir geteilt, sondern mich auch auf so manche interessante Fährte gesetzt haben. Meinem Cousin Thomas bin ich zu großem Dank verpflichtet, denn er hat meine phantasievolle Rechtschreibung in Einklang mit dem Duden gebracht. Meiner Lektorin Franziska Günther vom Aufbau Verlag verdanke ich nicht nur die Idee für das Buch, sondern auch viele Anregungen. Nicht zuletzt geht mein Dank an Uwe Neumahr von meiner Agentur. Ohne ihn wäre ich überhaupt nicht auf die Idee gekommen, Sachbücher zu schreiben.

Aus Mark Twain's Book of Animals, Part 3: Man's Place in the Animal World

»Der Mensch ist ein religiöses Tier. Er ist das einzige religiöse Tier. Er ist das einzige Tier, das die wahre Religion hat – mehrere davon. Er ist das einzige Tier, das seinen Nächsten liebt wie sich selbst und ihm die Kehle durchschneidet, wenn sein Glaube nicht der richtige ist. Er hat einen Friedhof aus der Erde gemacht und sein ehrlich Bestes gegeben, um seinen Nächsten den Weg in den Himmel und die Glückseligkeit zu ebnen.«

Ich glaube und hoffe, dass Mark Twain nicht recht hat. Wer weiß: Vielleicht gibt es auch religiöse Tiere, und vielleicht sind wir gar nicht so ignorant.

Ihr Karsten Brensing

PS: Sorry, ich hatte vergessen die eingangs gestellte Frage: Gibt es eine Übersetzungsapp fürs Handy?, zu beantworten. Die Antwort haben Sie im Buch schon erkannt: Sie wird kommen, aber eigentlich brauchen Sie keine App, die Evolution hat Sie bereits mit den nötigen Fähigkeiten ausgerüstet, um in den meisten Situationen prima klarzukommen. Trauen Sie sich einfach, diese Fähigkeiten zu nutzen, und Ihre Welt wird größer, schöner und freier.